华晟经世ICT专业群系列教材

数据共享与数据整合技术

叶树江　耿生玲　谢　锟　郭炳宇　姜善永　主编

人民邮电出版社

北京

图书在版编目（CIP）数据

数据共享与数据整合技术 / 叶树江等主编. -- 北京：人民邮电出版社，2019.6（2022.2重印）
华晟经世ICT专业群系列教材
ISBN 978-7-115-50947-5

Ⅰ. ①数… Ⅱ. ①叶… Ⅲ. ①数据处理—教材 Ⅳ. ①TP274

中国版本图书馆CIP数据核字（2019）第044604号

内 容 提 要

本教材一共6个项目，项目1为SOA基础知识导入，主要介绍了SOA的基本概念、发展历程，与企业IT战略之间的关系；项目2介绍了Web服务的相关基础知识，包括Web服务的体系结构特性、服务规范、SOAP、WSDL、UDDI等；项目3介绍了ESB的相关知识，明确了ESB与EAI之间的关系，介绍了SOA思想针对实际问题的具体实现思路，重点讲解了iESB引擎和iESB设计器的安装配置方法；项目4至项目6比较了REST和SOAP两种WebService方式的差别，并通过模拟校园中常见的多个信息系统整合开发应用场景，介绍了iESB暴露出来的服务在多系统的整合当中是如何被调用的以及不同的系统之间如何通过iESB实现数据共享，从而加深了对数据共享与数据整合技术在实际应用中的解读。本书在内容上贯穿以"学习者"为中心的设计理念，教材内容以"学"和"导学"交织呈现，相信能以通俗易懂的方式为学习者呈现其所需的教学内容。

本书适合作为高等院校计算机、电子信息类相关专业，特别是软件工程、企业信息化等专业的研究生与高年级本科生教材；也适合作为信息技术领域的咨询和培训机构的参考资料与培训教材。

◆ 主　编　叶树江　耿生玲　谢　锟　郭炳宇　姜善永
　责任编辑　贾朔荣
　责任印制　彭志环
◆ 人民邮电出版社出版发行　北京市丰台区成寿寺路11号
　邮编　100164　电子邮件　315@ptpress.com.cn
　网址　http://www.ptpress.com.cn
　北京七彩京通数码快印有限公司印刷
◆ 开本：787×1092　1/16
　印张：20.5　　　　　　　2019年6月第1版
　字数：485千字　　　　　2022年2月北京第3次印刷

定价：68.00元

读者服务热线：（010）81055493　印装质量热线：（010）81055316
反盗版热线：（010）81055315

前 言

在这样一个数据信息时代，以云计算、大数据、物联网为代表的新一代信息技术受到空前的关注。教育战略服务国家战略，相关的职业教育急需升级以顺应和助推产业发展。从学校到企业，从企业到学校，华晟经世已经为中国职业教育产教融合这项事业奋斗了15年。从最早做通信技术的课程培训到如今提供以移动互联、物联网、云计算、大数据、人工智能等新兴专业为代表的ICT专业群人才培养的全流程服务，我们深知课程是人才培养的依托，而教材则是呈现课程理念的基础。如何将行业最新的技术通过合理的逻辑设计和内容表达呈现给学习者，并达到理想的学习效果，是我们开发教材时一直追求的终极目标。

在这本教材的编写中，我们在内容上贯穿以"学习者"为中心的设计理念——教学目标以任务驱动，教材内容以"学"和"导学"交织呈现，项目引入以情景化的职业元素构成，学习足迹借图谱得以可视化，学习效果通过最终的创新项目得以校验，具体解释如下。

1. 教材内容的组织强调以学习行为为主线，构建了"学"与"导学"的内容逻辑。"学"是主体内容，包括项目描述、任务解决及项目总结；"导学"是引导学生自主学习、独立实践的部分，包括项目引入、交互窗口、思考练习、拓展训练及双创项目。

2. 情景化、情景剧式的项目引入。模拟一个完整的项目团队，采用情景剧作为项目开篇，并融入职业元素，让内容更加接近于行业、企业和生产实际。项目引入更多地还原工作场景，展示项目进程，嵌入岗位、行业认知，融入工作的方法和技巧，更多地传递一种解决问题的思路和理念。

3. 篇章以项目为核心载体，强调知识输入，经过任务的解决与训练，再到技能输出。采用"两点（知识点、技能点）""两图（知识图谱、技能图谱）"的方式梳理知识、技能，在项目开篇清晰地描绘出该项目所覆盖的和需要的知识点，在项目最后总结出经过任务训练所能获得的技能图谱。

4. 强调动手和实操，以解决任务为驱动，做中学、学中做。任务驱动式的学习，可以让我们遵循一般的学习规律，由简到难、循环往复、融会贯通；加强实践、动手训练，在实操中获得的学习经验将更加直观和深刻；融入最新技术应用，结合真实应用场景来解决现实性客户需求。

5．具有创新特色的双创项目设计。教材结尾设计双创项目与其他教材形成呼应，体现了项目的完整性、创新性和挑战性，既能培养学生面对困难勇于挑战的创业意识，又能培养学生使用新技术解决问题的创新精神。

本教材一共 6 个项目，项目 1 为 SOA 基础知识导入，主要介绍了 SOA 的基本概念、发展历程，与企业 IT 战略之间的关系；项目 2 介绍了 Web 服务的相关基础知识，包括 Web 服务的体系结构特性、服务规范、SOAP、WSDL、UDDI 等；项目 3 介绍了 ESB 的相关知识，明确了 ESB 与 EAI 之间的关系，介绍了 SOA 思想针对实际问题的具体实现思路，重点讲解了 iESB 引擎和 iESB 设计器的安装配置方法；项目 4 至项目 6 比较了 REST 和 SOAP 两种 WebService 方式的差别，并通过模拟校园中常见的多个信息系统整合开发应用场景，介绍了 iESB 暴露出来的服务在多系统的整合当中是如何被调用的以及不同的系统之间如何通过 iESB 实现数据共享，从而加深了对数据共享与数据整合技术在实际应用中的解读。

本教材由叶树江、耿生玲、谢锟、郭炳宇、姜善永老师主编。主编除了参与编写外，还负责拟定大纲和总纂。本教材执笔人依次是：项目 1 叶树江，项目 2 耿生玲，项目 3 谢锟，项目 4 杨慧东，项目 5 刘静，项目 6 李慧蕾。本教材初稿完结后，由郭炳宇、姜善永、王田甜、苏尚停、刘静、张瑞元、朱胜、李慧蕾、杨慧东、唐斌、何勇、李文强、范雪梅、冉芬、曹利洁、张静、蒋平新、赵艳慧、杨晓蕊、刘红申、黎正林、李想组成的编审委员会相关成员进行审核和内容修订。

整本教材从开发总体设计到每个细节都饱含了我们团队的协作和细心打磨，我们希望以专业的精神尽量克服知识和经验的不足，终以此书飨慰读者。

本教材提供配套代码和 PPT，如需相关资源，请发送邮件至 renyoujiaocaiweihu@huatec.com。

编 者

2018 年 7 月

目 录

项目1 SOA 基本概念初探 ··· 1
  1.1 任务一：什么是 SOA ·· 3
    1.1.1 SOA 的基本概念 ·· 3
    1.1.2 SOA 发展的驱动力 ··· 6
    1.1.3 任务回顾 ·· 11
  1.2 任务二：SOA 技术概览与企业 IT 战略 ··· 12
    1.2.1 SOA 的主要组件和技术标准 ·· 12
    1.2.2 SOA 与企业 IT 战略 ·· 16
    1.2.3 任务回顾 ·· 19
  1.3 项目总结 ·· 20
  1.4 拓展训练 ·· 21

项目2 Web 服务基础知识导入 ·· 23
  2.1 任务一：了解 Web 服务标准 ·· 24
    2.1.1 开放的统一技术标准的意义 ··· 24
    2.1.2 Web 服务简史与相关标准化组织 ·· 26
    2.1.3 Web 服务体系结构与特性 ·· 29
    2.1.4 Web 服务规范简介 ·· 31
    2.1.5 任务回顾 ·· 38
  2.2 任务二：简单对象访问协议（SOAP） ·· 39
    2.2.1 SOAP 简介 ·· 39
    2.2.2 SOAP 消息处理机制 ··· 40
    2.2.3 SOAP 对于传输协议的独立性 ·· 43

2.2.4　SOAP 编码 …… 45
2.2.5　SOAPUI WebService 测试介绍 …… 46
2.2.6　任务回顾 …… 56
2.3　任务三：WebService 描述语言（WSDL） …… 57
2.3.1　WSDL 规范简介 …… 58
2.3.2　WSDL 文档格式 …… 59
2.3.3　WSDL SOAP 绑定 …… 62
2.3.4　Java 6 WSDL 开发简单案例 …… 64
2.3.5　任务回顾 …… 69
2.4　任务四：统一描述、发现和集成规范（UDDI） …… 70
2.4.1　UDDI 信息模型 …… 70
2.4.2　UDDI 与 WSDL …… 74
2.4.3　其他服务发现机制 …… 76
2.4.4　任务回顾 …… 77
2.5　项目总结 …… 77
2.6　拓展训练 …… 78

项目 3　企业服务总线（ESB）认知 …… 81
3.1　任务一：了解企业服务总线 …… 82
3.1.1　为什么需要 ESB …… 83
3.1.2　ESB 是 EAI 的进化 …… 85
3.1.3　ESB 与循环依赖 …… 87
3.1.4　ESB 版本控制与监控 …… 92
3.1.5　任务回顾 …… 93
3.2　任务二：企业服务总线的安装配置 …… 94
3.2.1　环境要求 …… 95
3.2.2　安装前的准备 …… 95
3.2.3　数据库安装 …… 96
3.2.4　安装开发环境 …… 99
3.2.5　安装生产环境 …… 103
3.2.6　任务回顾 …… 105
3.3　任务三：iESB 设计器环境搭建及常用操作 …… 106
3.3.1　iESB 设计器环境搭建 …… 107

3.3.2　创建 iESB 工程 ………………………………………………………… 108
　　3.3.3　iESB 服务资源设置 ……………………………………………………… 110
　　3.3.4　任务回顾 …………………………………………………………………… 114
3.4　项目总结 ……………………………………………………………………………… 115
3.5　拓展训练 ……………………………………………………………………………… 115

项目 4　SOAP 方式 WebService 接口的开发与调用 …………………………… 117

4.1　任务一：WebService 接口认知 ……………………………………………………… 117
　　4.1.1　接口简介 …………………………………………………………………… 119
　　4.1.2　实现 Web 服务接口的不同方式 …………………………………………… 120
　　4.1.3　REST 简介 ………………………………………………………………… 123
　　4.1.4　任务回顾 …………………………………………………………………… 125
4.2　任务二：REST 和 SOAP 两种 WebService 方式的比较 …………………………… 125
　　4.2.1　应用场景介绍 ……………………………………………………………… 126
　　4.2.2　使用 REST 实现 Web 服务 ………………………………………………… 126
　　4.2.3　使用 SOAP 实现 Web 服务 ………………………………………………… 131
　　4.2.4　REST 与 SOAP 比较 ……………………………………………………… 133
　　4.2.5　任务回顾 …………………………………………………………………… 136
4.3　任务三：SOAP WebService 接口开发 ……………………………………………… 137
　　4.3.1　Java 世界中优秀的 WS 开源项目介绍 …………………………………… 137
　　4.3.2　使用 RI 开发 WS …………………………………………………………… 138
　　4.3.3　使用 CXF 内置的 Jetty 发布 WS …………………………………………… 141
　　4.3.4　在 Web 容器中使用 Spring+CXF 发布 WS ……………………………… 145
　　4.3.5　CXF 提供 WS 客户端的几种方式 ………………………………………… 152
　　4.3.6　任务回顾 …………………………………………………………………… 155
4.4　任务四：天气预报 SOAP WebService 接口调用 …………………………………… 156
　　4.4.1　在 iESB 设计器中创建天气预报 Web 服务工程项目 …………………… 157
　　4.4.2　在 iESB 设计器中完成天气预报 Web 服务的暴露和参数设置 ………… 159
　　4.4.3　将天气预报 Web 服务部署到企业服务总线上并进行服务调用测试 …… 165
　　4.4.4　通过客户端程序调用 iESB 平台上暴露的 WebService 接口 …………… 169
　　4.4.5　任务回顾 …………………………………………………………………… 174
4.5　项目总结 ……………………………………………………………………………… 175
4.6　拓展训练 ……………………………………………………………………………… 176

项目 5　REST 方式 WebService 接口的开发与调用……177

- 5.1　任务一：REST WebService 接口开发……178
  - 5.1.1　REST WebService 接口开发——教务管理系统简介……178
  - 5.1.2　教务管理系统数据库分析与设计……181
  - 5.1.3　教务管理系统 REST WebService 接口代码实现……188
  - 5.1.4　教务管理系统 REST WebService 接口功能测试……229
  - 5.1.5　任务回顾……232
- 5.2　任务二：教务管理系统 REST WebService 接口调用……233
  - 5.2.1　在 iESB 设计器中创建教务管理系统 Web 服务工程项目……233
  - 5.2.2　在 iESB 设计器中完成教务管理系统 Web 服务的暴露和参数设置……234
  - 5.2.3　将教务管理系统 Web 服务部署到 iESB 中并进行服务调用测试……240
  - 5.2.4　任务回顾……246
- 5.3　项目总结……247
- 5.4　拓展训练……247

项目 6　基于 SOA 的多系统整合开发与应用……249

- 6.1　任务一：通过 iESB 获取学生信息的饭卡计费管理系统整合开发……250
  - 6.1.1　饭卡计费管理系统简介……250
  - 6.1.2　饭卡计费管理系统数据库分析与设计……252
  - 6.1.3　饭卡计费管理系统代码实现……254
  - 6.1.4　任务回顾……278
- 6.2　任务二：实验管理系统整合改造……279
  - 6.2.1　实验管理系统整合改造项目背景介绍……280
  - 6.2.2　实验管理系统用户登录模块整合改造……281
  - 6.2.3　实验管理系统课程分配模块整合改造……308
  - 6.2.4　任务回顾……317
- 6.3　项目总结……318
- 6.4　拓展训练……319

项目 1

SOA 基本概念初探

项目引入

我叫 Alphonse,是一名非资深 Java 程序员,刚刚入职软件公司,就职 IT 业务部。刚来公司,我就听主管 Edward 说,公司的信息化建设相对滞后,CIO 决定实施 SOA(面向服务的架构)改造,对现有种类繁多的信息服务系统进行重新治理。

Edward 仿佛从我的眼神中看出了一丝慌乱,告诉我不用着急:"这个新闻你先看一看,了解一下 SOA 的重要性,然后咱们再慢慢熟悉 SOA 的基本概念。"

银行业反思:如果用 SOA 就不会发生金融危机
2009 年 09 月 02 日 13:15 中国计算机报

21 世纪初,在全球金融崩溃前的那段平静的日子里,我遇到了一位曾在花旗集团任职的朋友——斯克普·斯诺。他虽身任花旗集团企业架构部高级副总裁,但并不高兴。

在花旗集团的时候,他一直在企业内全力推行 SOA,但最终却在这场战争中输了。斯克普说,假如他或者其他金融巨头的 IT 系统架构师最终取得胜利的话,这场金融危机将不会发生。他表示,SOA 的应用能够很容易地对即将发生的金融风险进行预警。但可惜的是,企业的各个部门并不愿意在 SOA 的应用方面花费太多的精力。

IT 系统架构师看到了其中的好处,但是公司内各个部门由此能够得到什么好处呢?当时,这些部门可以很容易地赚到大把的钞票,因此,这些部门的领导人对 SOA 并没有太多的热情。事实上,公司采用的是相对固定的薪酬模型,即使在采用了 SOA 之后,也不会为员工带来额外的利益。

他说:"无论是 IBM、Oracle 还是 HP,都希望保住自己在企业中已经占有的领地。如果应用 SOA,他们固有的利益怎么办呢?因此,他们对此并不感兴趣。"

> 这些大的供应商都想将你锁定在他们的私有体系内,而像花旗这样的大公司,其内部的多个系统也只能在有限的情况下互联互通。
>
> 这种缺乏整合的情形很具有讽刺意味。1999年颁布的Gramm-Leach-Bliley法案消除了大萧条时期对于禁止同一家金融机构同时承担银行业务、投资银行业务以及保险服务。该法案使得抵押担保债券这一综合性的业务成为可能,但正是此种债券使全球的金融系统崩溃,因此该法案饱受谴责。因为原有的三大业务系统始终保持相对独立,很难整合到一起,因此产生了很多未知的风险。而这些新的必然都逃出了"监控雷达"的范围。
>
> 根据斯克普所说,花旗集团有多个未整合的风险管理系统,以及多种格式并不统一的账簿,管理人员无法将各种格式的数据统一到一张表格中。斯克普推测,如果公司的高层意识到了他们在抵押贷款的价值方面正处于急速下降的趋势,他们可能就会在崩溃之前摆脱这类资产。

看完这则新闻,我惊呆了,SOA竟然这么重要,影响这么深远,那我可得打起百倍精神努力打好基础。

Edward接着解释道:"SOA战略(包括业务流程管理和软件服务方法)作为一种技术创新可以有效助力企业调整业务流程和削减经营开支。当企业需要减少经营成本时,必须要查看业务流程,也许有一些集成,也许有一些人工活动,我们也许会在那些不必要的业务流程中损失许多收入。目前软件行业也不像以前那样遍地黄金了,未来只有勇于变革、精细经营的企业才能渡过难关,而SOA在经济衰退期间能发挥非常重要的作用。从历史上看,强大的公司在这种动荡的时期将会变得更加强大,能够处于更有利的地位迎接下一次的经济繁荣。"

他列举了麦肯锡(Mckinsey)从1982年至1999年研究的1000多家公司的例子。通过对麦肯锡的研究,他发现,当行业领导者在经济衰退中退出的同时,新崛起的公司是那些在经济衰退期间在基础设施方面投资最多的公司。

"所以,这些公司不是仅守着现金和削减成本,实际上是在基础设施方面进行了技术创新,让自己等待着繁荣时期到来。"Edward语重心长地说。

Edward的话让我深深意识到SOA的重要性。嗯,接下来我要元气满满地投入到SOA基本概念的学习中去了,小伙伴们,一起加油哦!

知识图谱

项目1知识图谱如图1-1所示。

项目1　SOA基本概念初探

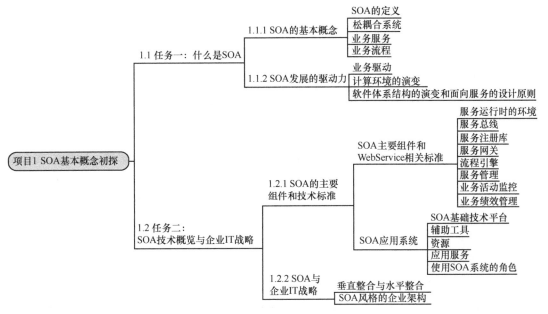

图1-1　项目1知识图谱

1.1　任务一：什么是SOA

【任务描述】

刚来公司就可以接触改造SOA这么大的项目，我既兴奋又感到时间的紧迫，领导说了，对于我这个SOA新人来说，第一步，就是先熟悉SOA的基本概念。这就是我们要完成的第一个任务：了解什么是SOA。

1.1.1　SOA的基本概念

SOA的英文全称是"Service Oriented Architecture"，翻译成中文有很多种意思："面向服务的体系结构""以服务为中心的体系结构"和"面向服务的架构"，一般我们将其翻译成"面向服务的架构"。SOA基本上可以分为两类，SOA主要是一种架构风格；SOA是包含运行环境、编程模型、架构方法和相关方法论等在内的一整套新的分布式软件系统方法和环境。第二类概括的范围更大，它涵盖服务的整个生命周期，即建模—开发—整合—部署—运行—管理，着眼于未来的发展，SOA是分布式软件系统架构方法和环境的新发展阶段，所以我们更倾向于后者。

在SOA风格中，最核心的抽象手段是服务，业务被划分为一系列粗粒度的业务服务和业务流程。业务服务具有相对独立、自包含、可重用的特点，由一个或多个分布的系统实现，而业务流程则是由服务组装而来。一个"服务"定义了一个与业务功能或业务数据相关的接口，以及约束这个接口的契约，如服务质量要求、业务规则、安全性要求、法律法规的遵循、关键业绩指标（Key Performance Indicator，KPI）等。接口和契约采用中立、基于标准的方式进行定义，它独立于实现服务的硬件平台、操作系统和编程语言。这使得构建在不同系统中的服务可以以统一和通用的方式进行交互。除了这种不依赖于特定技术的中立特性，我们还可以通过服务注册库（Service Registry）加上企业服务总线（Enterprise Service Bus，ESB）来让系统支持动态查询、定位、路由和中介的能力，这样就使得服务之间的交互是动态的，位置是透明的。

技术和位置的透明性，这使得服务的请求者和提供者之间高度解耦。这种松耦合系统的好处有两点：一点是它适应变化的灵活性；另一点是当某个服务的内部结构和实现逐渐发生改变时，不会影响其他服务。而紧耦合则是指应用程序的不同组件之间的接口与其功能和结构是紧密相连的，因而当人们对应用程序的功能需求发生变化时，某一部分的调整会随着各种紧耦合的关系引起其他部分甚至整个应用程序的更改，这样的系统架构就很脆弱了。

例如，某学校需要开发一个移动办公系统，需要全校老师的用户信息，如果在系统中一一添加，不仅工作量巨大，还可能出现信息与学校人事管理系统中的信息不一致的现象。解决办法就是直接从人事管理系统中调用和读取用户信息。

从人事管理系统中提供用户信息，这就是一个服务，即人事管理系统的一个功能单元。那么通过什么方式把服务提供出来呢？这就涉及接口的概念，所谓接口就是服务方和使用方都能够识别的对接方式，采用标准的接口协议，例如 Socket 协议、WebService 协议等。

这种应用程序之间交互的方式采用的是接口，而不是直接调用程序，因此对于程序内部的业务逻辑变化，只要接口不变，就不会影响使用方的系统，这个就是松耦合的概念。

任何企业、组织都有各种各样的应用，应用之间都会有交互，如果应用之间直接调用对方的接口，就会形成蜘蛛网状。ESB 就是把各个应用提供的接口统一管理并将其暴露出来，所有的应用接口都通过 SOA 平台交互，避免了业务之间的干扰。SOA 对服务接口的统一管理如图 1-2 所示。

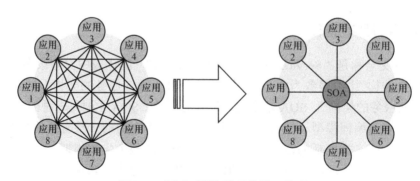

图 1-2 SOA 对服务接口的统一管理

SOA 带来的另一个重要观点是业务驱动 IT，即 IT 和业务更加紧密地对齐。以粗粒度的业务服务为基础来对业务建模会产生更加简洁的业务和系统视图；以服务为基础来实现的 IT 系统更灵活、更易于重用、能更好（也更快）地应对变化；以服务为基础，通过显式地定义、描述、实现和管理业务层次的粗粒度服务（包括业务流程），提供了业务模型和相关 IT 实现之间更好的"可追溯性"，减小了它们之间的差距，使得业务的变化更容易传递到 IT。因此，我们可以将 SOA 的主要优点概括为 IT 能够更好更快地提供业务价值、快速应变能力、资产重用。

  从演变的历程来看，SOA 在很多年前就被提出来了，现在 SOA 的再现和流行是若干因素的结合。一方面是多年软件工程的发展和实践所积累的经验、方法和各种设计/架构模式，包括 EAI 和中间件；另一方面是互联网的多年发展带来前所未有的分布式系统的交互能力和标准化基础。与此同时，企业越来越重视业务模型本身的组件化，以支持高度灵活的业务战略。但是现有的企业软件架构不够灵活，难以适应日益复杂的企业整合，难以满足随需应变的商务需要，因此与业务对齐、以业务的敏捷应变能力为首要目标、松散耦合、支持重用的 SOA 方法得到世界众多企业的青睐。

  SOA 容易混淆的几个基本问题如下。

  第一，SOA 是架构风格、方法，而不是具体架构、具体实现技术（如 WebService）、具体架构元素（如 ESB）。

  经常有人认为只要用了 WebService，就是 SOA，这个观念是不对的，WebService 只是实现服务的一种具体技术表现形式；同样，认为建设 SOA，就是购买软件，建个 ESB，这也是不对的，ESB 只是 SOA 风格中的一部分。首先，ESB 是一种从实践中总结出来的架构风格元素，即 BUS（总线模式）；其次，ESB 的主要功能是负责连通性和服务中介（Service Mediation），解耦服务的请求者和服务的提供者。

  第二，SOA 的首要目标是 IT 与业务对齐，支持业务的快速变化；其次是重用 IT 架构的灵活性和 IT 资产的重复利用。

  业务对敏捷性的需要，是 SOA 最大的驱动力。一方面是业务在这方面的要求越来越高；另一方面是目前的 IT 技术还不够灵活，很难适应业务快速变化的需求。不仅仅是因为 IT 架构不灵活，更重要的是业务模型中的元素和 IT 系统的元素之间存在很大的差距，这种不对齐，导致业务人员和 IT 人员之间的沟通差异，业务的变化需要花费很大的代价传递到 IT 系统。这种业务和 IT 的对齐，需要在 IT 系统中实现更高阶的抽象元素，就是业务模型中的元素（服务、流程、业绩管理），并且需要满足业务需要的水平整合（将人、信息、应用和流程端到端地动态整合起来）。这样就形成了一个以服务为中心的、端到端整合的环境，首先使得业务变化可以在业务元素的层面上沟通得更加更容易、更准确地从业务传递到 IT。其次，这种变化被隔离在需要变化的局部，而不扩散到系统的其他部分。这就需要整个 IT 架构本身是松散耦合的，一个服务的变化（功能、数据、过程、技术环境等）不影响其他服务。最后，我们希望这些反映业务元素的服务，是相对稳定、可以重用的，这对快速适应变化、减少成本是非常重要的。

  第三，在工程上，SOA 的重点是服务建模和基于 SOA 的设计原则进行架构决策和设计。

  经常碰到客户提出这样的问题：SOA 挺好，为什么好？怎么做才是 SOA 的方法？与过去的方法相比，和其他（如 OO/CBD）有什么不同？有时候用一个 J2EE 服务器就好了，为什么那么复杂地建设 SOA？

从建模和设计的角度来说，SOA 更多地侧重在业务层次上，也就是通过服务建模将业务组件化为服务模型，它是业务架构的底层，是技术架构的顶层，它负责承上启下，是灵活的业务模型和 IT 之间的桥梁，保证二者之间的"可追溯性"。从技术架构的顶层往下的具体设计，是基于已有的方法，比如从 OO/CBD 来进行的。从架构的层次上看，SOA 更多地侧重于如何将企业范围内多个分布的系统（包括已有系统/遗留系统）连接起来（ESB、Adapter/Connector），比如如何将它们的功能、数据转化为服务？如何通过服务中介机制（ESB、Service Registry）保证服务之间以松散耦合的方式交互？如何组装（集成）服务为流程？如何管理服务和流程等？从不同的服务之间的交互往下是对于实现各个服务的一个具体应用，它的架构、设计和实现可以基于已有的实践和方法应用，比如 J2EE 或 .NET。

有时，由于业务需求比较简单，所有这些东西都在一个 J2EE 的应用服务器上，有些要素不是那么突出，不过随着系统规模的扩大，要解决的业务问题更复杂、涉及范围更大时，SOA 的各种架构要素就会变得越来越重要。

1.1.2　SOA发展的驱动力

SOA 技术在 IT 界掀起巨大的狂潮，然而它不同于以前的模块化编程，它面向对象、Web 技术等技术变革，它们不论多难理解，总是能很快被大家接受，SOA 之所以让很多人觉得难以理解，是因为它不再单纯地从 IT 从业人员的角度理解 IT 系统，而是从业务人员的角度分析 IT 业务系统。

有两种现象相继呈现：一方面是企业 SOA 改造，精简企业业务流程，提升企业市场竞争与创新的能力，企业 IT 部门成为了企业管理的核心链条——"神经系统"；另一方面是很多企业觉得无从下手，SOA 太空无实，业务部门人员不愿支持，业务流程改造单靠 IT 部门难以完成，而企业内非 IT 部门，尤其是管理层对 SOA 了解得还很少。

1. 业务驱动

SOA 的概念早在 20 世纪就已提出，近两年在许多大公司相关产品与业绩推动下，它才进入了实际应用的黄金阶段。

SOA 的出发点是从业务角度重用应用系统的开发元素，最大限度地降低 IT 系统开发与维护的成本。很多企业的 CIO 都面临一个共同的问题：随着网络建设的浪潮，各种业务系统的开发如雨后春笋，一些大型企业，需要维护成百上千个业务系统是很常见的事，从机房配置、服务器管理、各种支撑系统的维护都让 IT 部门难以应付，更不用说被病毒攻击过后的清理系统与恢复业务工作，仅仅是查看各个业务系统的状态，就需要工作人员花很长时间，对于保障业务的持续性，更是繁复之至。业务系统的繁多与各自孤立，为新业务的上马带来更大困难，重复开发造成极大的浪费，信息不互通让每个系统都"麻雀虽小，五脏俱全"，企业失去了市场竞争的灵活性，这些弊端都极大地触动了企业管理者的神经。

很多大型公司开始推广 ERP 之类的大型企业软件系统，希望在一个庞大系统架构中，可以融合更多的业务流程，各个业务的信息可以交流，避免各个"业务孤岛"带来的管理弊端与效率低下。然而随着单个系统的庞大，开发的难度呈指数般提升，要考虑的因素太多了，客户业务又千差万别，企业的管理成为极大瓶颈；另外"同制化"的设计模式恰恰抹杀了企业的创造力，而失去了"特点"的企业等于选择"自杀"。考虑到IT基础架构如何适应企业的"创造化"需求、新业务的开发如何快捷、如何降低IT支撑系统的管理成本并提供持续性的服务保障等需求，CIO们重新选择了SOA。

在这种情况下，SOA重新被提出来，SOA是一种IT技术框架，是一种最佳实践，而不是一种具体的技术，能实现SOA的技术很多，如何选择的关键是能否达到SOA提出的业务灵活度的目标。

对于SOA的思路，其实IT开发人员中有过类似的想法，我们回顾一下编程人员走过的历程：模块化编程提炼可重用的程序，方便调用，提高软件的结构性；后来发展到面向对象，把数据与程序封装在一起，让软件设计人员的思路逐渐接近现实的人类思维方式；B/S架构的推广将客户端的维护变得简单化，业务更适合于网络方式；Web2.0的发展解决了B/S体系的交互问题；中间件技术让跨平台、跨语言的业务开发变得容易，IT开发人员一直在探索、提炼可以重用的、优秀的软件模块，以便使我们的业务系统开发如搭积木一样容易。

虽然SOA是IT开发人员的思路，但推动SOA的是企业管理层，SOA是业务驱动发展的，而不是由技术驱动发展的。从新的视觉角度看，并非所有的企业CIO们对SOA都得心应手。

我们不再从IT开发人员的眼光看待要开发的业务系统，而是从业务的使用者角度看待要开发的系统，面向服务就是面向系统的实际使用者，"谁干谁说了算"，系统应该具备什么功能，应该做成什么样子，要看用户使用的效果。简单地说，就是用"敏捷"的开发思路，代替"闭门造车"的开发方式。所谓敏捷就是用户的参与，用户不懂你的专业"语言"，就需要快速的模型与界面展现，快速展现不重用是不现实的，而用户理解不从业务流程入手，是与用户没有共同语言的。

2. 计算环境的演变

（1）计算环境

计算环境由一组计算机、软件平台和相互联通的网络组成，这个环境能够处理和交换数字信息，允许外界访问其内信息资源。不同的计算环境有不同的计算风格和编程模型，由一些特定于该计算环境的技术来支撑。如何在一个计算环境中分割和部署计算能力、数据资源，如何让各个部分相互通信和协作，如何在概念上对问题域进行建模，然后映射到该计算环境，都会受到计算环境的影响和制约。因此，了解计算环境的历史，会帮助我们理解面向服务的计算环境是如何演变而来的。

（2）计算环境的演变历程

计算环境的演变经历了若干个阶段，在早期的主机时代，绝大多数的计算功能和系统的组成部分，都在一台机器里。在二十世纪八十年代，随着PC的繁荣发展，计算环境发生了很大的变化。通过局域网相互连接的计算设备构成客户/服务器计算环境，计算资源和数据资源被适当地分割，客户和服务器通过网络协议、远程调用或消息等方式相互协作，完成计算。

为了满足更高的可伸缩性需求出现了多层架构，计算资源和数据资源的分布多样化，集成企业中原来已经存在的计算环境、尤其是主机及其遗留系统之间的集成也变得越来越重要。中间件迅速发展，开始出现分布式对象、组件和接口等概念，用于在计算环境中更好地分割运算逻辑和数据资源。计算环境中不同部分之间的交互，也从原有相对底层的网络协议、远程调用和消息机制的基础上，发展到支持分布式对象、组件和接口之间的交互，这种交互在名字服务（Naming Service）等的支持下，通常是位置透明的。但由于缺乏普遍的标准化支持，很难做到技术透明，系统是紧耦合的。

随着互联网的发展，开放和标准的网络协议被普遍支持，所有底层计算平台都开始支持这些标准和协议，这导致一个计算环境内部和各个计算环境之间交互的屏障被打破。数据和功能的表示与交互在 XML、Web 服务（WebService）技术与标准的基础上，保证了通用性和最大的交互能力，这使得计算环境发展到一个全新的阶段——基于标准、开放的互联网技术的计算环境。在这样的计算环境中，各个部分可以采用异构的底层技术，它们使用 XML 来描述和表示自己的数据和功能，采用开放的网络协议（如 Http）来握手，在此之上，基于 Web 服务来进行互操作和交换数据。在这里，一个很重要的新概念是服务，它是一个自包含的功能，使用者通过明确定义的接口（契约）来与一个服务交互，这个接口的描述基于 WSDL（WebService Description Language，网络服务描述语言）的开放标准。对象和组件重在表示一个事物本身的组成部分和相互关联（也就是 WHAT "THINGS" ARE 的问题），而服务则表示一个事物做什么（也就是 WHAT "THINGS" DO 的问题）。Web 服务是实现服务的技术手段，就如同各种编程语言中的对象是实现对象的技术手段，J2EE 中的 EJB 是实现组件的技术手段一样。这种基于标准、开放的互联网技术，以服务为中心的计算环境，我们称之为"面向服务的计算环境"。

（3）面向服务的计算环境

在面向服务的计算环境中，系统可以是高度分布、异构的。它一般包括服务运行时环境、企业服务总线、服务网关、服务注册库和服务组装引擎等，如图1-3所示。

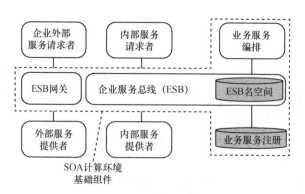

图1-3 SOA计算环境的组成要素

服务运行时环境提供服务（和服务组件）的部署、运行和管理能力，支持服务编程模型，保证系统的安全和性能等质量要素；服务总线提供服务中介的能力，使得服务使用者能够以技术透明和位置透明的方式访问服务；服务注册库支持存储和访问服务的描述信息，是实现服务中介、管理服务的重要基础;而服务组装引擎则将服务组装为服务流程,完成一个业务过程;服务网关用于在不同服务计算环境的边界进行服务翻译,比如安全。

面向服务的计算环境是开放的、标准的,由图1-4所示的技术标准协议栈所定义和支持的。例如,Transport 层的 Http、Service Description 层的 WSDL、Business Process 层的 WS-CDL,以及与 Policy 相关的 WS-Policy。本书后面的项目将讨论所有统称为 WS-* 的标准和协议。

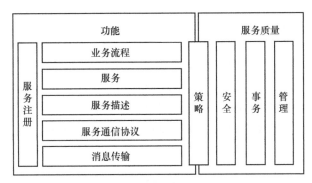

图1-4　SOA计算环境的标准协议栈

面向服务的计算环境为我们所定义的随需应变的计算环境奠定了现实基础。随需应变的计算环境应具备以下特点,如图1-5所示。

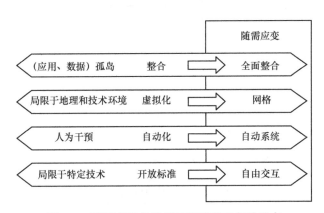

图1-5　随需应变的计算环境应该具备的特点

① 整合:将人、过程、应用和数据全面整合起来。

② 虚拟化:将分布、异构的物理资源(服务器、存储设备等)整合起来,呈现为统一的逻辑对象,以安全和可管理的方式使用。

③ 自主化:如同生物体一样,系统具备一些高级生物系统的能力,包括自我诊断和修复问题、自动配置和调整以适应环境的变化、自动优化资源的使用效率、增强工作负荷和处理能力、自我保护数据和信息的安全。

④ 开放标准:整个环境建立在开放的标准之上,保证系统的交互性。

3. 软件体系结构的演变和面向服务的设计原则

软件开发一直是一件很难的事情，因为我们要处理的问题越来越复杂，人们处理这种复杂性问题最主要的手段就是抽象。回顾历史，我们的抽象层次越来越高，反映在各个方面，从编程语言、平台、开发过程、工具到模式。尤其是模式，大量出现在结构设计很好的软件系统中，无论是微观层次上（对象、组件）稳定出现的结构范式，还是在宏观层面上出现的架构模式。使用哪些抽象手段来为问题域建模？如何定义组成部分之间的协作和结构关系？如何定义从外界所看到的系统结构和行为？是什么设计原则在指导我们的架构决策？有什么最佳实践和模式可供借鉴？所有这些，形成了不同设计风格和体系结构范式（Architecture Paradigm）。

通常，一种体系结构范式包括设计原则、来自实践的结构式样、组成要素和关系，以及在整个开发生命周期中它们是如何被识别、描述和控制的。体系结构从过去单个应用包罗一切的客户/服务器的模式，逐渐演变到三层和多层结构的各种分布式计算模式。今天，人们开始谈论和实践面向服务、分布化的架构范式。

从抽象手段而言，SOA 在原有方法的基础上，增加了服务、流程等元素。这些抽象手段之间的关系如图 1-6 所示。

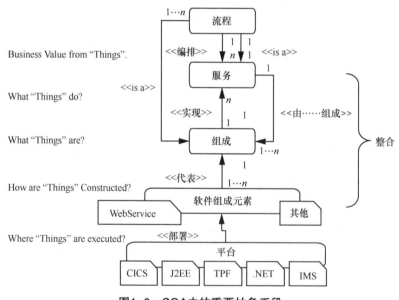

图1-6 SOA中的重要抽象手段

SOA 继承了来自对象和组件设计的各种原则，如封装、自我包含等。这些保证服务的灵活性、松散耦合和重用能力的设计原则，对 SOA 来说同样是非常重要的。

结构上，服务总线是SOA的架构模式之一。关于服务，一些常见和讨论的设计原则如下。

① 无状态：避免服务请求者依赖于服务提供者的状态。

② 单一实例：避免功能冗余。

③ 明确定义的接口：服务的接口由 WSDL 定义，用于指明服务的公共接口与其内部专用实现之间的界线。WS-Policy 用于描述服务规约，XML 模式（Schema）用于定义所

交换的消息格式（即服务的公共数据）。使用者依赖服务规约来调用服务，所以服务的定义必须长时间稳定，一旦公布，不随意更改；服务的定义应尽可能明确，以减少使用者的不适当使用；不要让使用者看到服务内部的私有数据。

④ 自包含和模块化：服务封装了那些在业务上稳定、重复出现的活动和组件，实现服务的功能实体是完全独立自主的，能独立进行部署、版本控制、自我管理和恢复。

⑤ 粗粒度：服务数量不应该太大，彼此依靠消息交互而不是远程过程调用（RPC）。通常情况下，消息量比较大，但是服务之间的交互频度较低。

⑥ 服务之间的松耦合性：服务使用者看到的是服务的接口，其位置、实现技术、当前状态等对使用者是不可见的，服务私有数据对服务使用者是不可见的。

⑦ 重用能力：服务应该是可以重用的。

⑧ 互操作性、兼容和策略声明：为了确保服务规则的全面和明确，策略成为一个越来越重要的方面。这可以是技术相关的内容，比如一个服务对安全性方面的要求；也可以是与业务有关的语义方面的内容，比如需要满足的费用或者服务级别方面的要求，这些策略对于服务在交互时是非常重要的。WS-Policy 用于定义可配置的互操作语义，这些语义描述了特定服务的期望，并控制其行为。在设计时，我们应该利用策略声明确保服务期望和语义兼容性方面的完整和明确。

软件工程的方法和过程随着软件实践的不断发展，在软件危机发生之后，从瀑布模型、原型方法等讲究过程、文档密集、控制较多的方法，逐渐发展到轻量级、敏捷和迭代的方法。这些方法更加人性化，避免因为过重的过程而抑制其主动性和创造性。

SOA 和当前软件工程过程的一个共同交叉点就是业务价值驱动（Business Centric），它强调速度。SOA 从软件的灵活性和重用能力入手，而敏捷过程则从软件交付效率出发。

SOA 的架构特性，使得敏捷过程非常适合 SOA 项目的实施。在 SOA 中，服务的独立性使得每个服务可以被单独地开发、测试和集成。一个企业中的 IT 系统，如果是基于 SOA 的计算环境，那么这个环境就是一个服务的生态系统，每开发一个服务，马上就可以独立部署一个服务，成为这个生态系统中的一部分。这样既很好地支持了持续集成并保证质量，又很好地使得这个服务马上产生业务价值，而不是苦等其他服务。服务的特性使得敏捷过程和 SOA 可以有一个很好的结合，让两者相得益彰。通过我们与不同客户合作的实践，我们能够充分体会到这两者在实现过程中的风险控制与业务需求改变的适应能力方面相互配合的好处，这种灵活性带来的随时开发、随时部署、随时集成和测试对于采用敏捷过程是非常有利的。

1.1.3 任务回顾

 知识点总结

1. SOA 的定义，松耦合系统的好处，业务服务的特点及定义，业务流程由服务组装而来。

2. 采用接口进行应用程序之间交互的好处；SOA 的主要优点。

3. SOA 是由业务驱动的；计算环境的演变历程；面向服务的计算环境；服务的设计原则。

学习足迹

项目 1 任务一的学习足迹如图 1-7 所示。

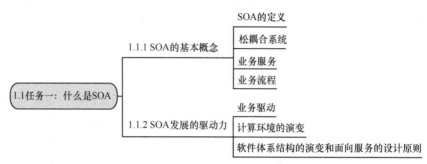

图 1-7　项目 1 任务一学习足迹

思考与练习

1．松耦合系统的好处有＿＿＿＿＿＿和＿＿＿＿＿＿。
2．SOA 的英文全称是什么？
3．计算环境由＿＿＿＿、＿＿＿＿和＿＿＿＿组成，这个环境能够处理和交换数字信息，允许外界访问其内部的信息资源。
4．业务服务常见的设计原则有哪些？

1.2　任务二：SOA 技术概览与企业 IT 战略

【任务描述】

SOA 其实不能算作一门纯粹的新技术，而是分布式软件系统构造方法和环境所发展到的一个新阶段。在上面的任务中，我们了解了 SOA 的起源和演化进程，接下来我们将继续学习 SOA 的主要组件和技术标准，在正确理解 SOA 的基础上，分析 SOA 与企业 IT 战略的关系及实施思路。

这就是我们完成的第二个任务：了解 SOA 技术标准与企业 IT 战略。

1.2.1　SOA 的主要组件和技术标准

1. SOA 主要组件和 WebService 相关标准

在前面关于计算环境的讨论里，我们已经提到 SOA 计算环境的主要组件包括服务运行时的环境、服务总线、服务注册库、服务网关和服务组装引擎。通常,其还包括服务管理、业务活动监控(Business Activity Monitoring,BAM)和业务绩效管理(Business Performance Management,BPM)。另外,我们需要相应的工具来支持服务建模、开发和编排服务等方面的工作。在分析、设计方面,我们需要基于服务的分析、设计方法,就是我们通常说的服务建模,包括服务的识别、定义和实现策略,其输出是一个服务模型(Service Model)。

Web 服务作为实现 SOA 中服务的最主要手段,我们首先需要了解与 WebService 相关的标准,它们大多以 "WS-" 作为名字的前缀,所以统称为 WS-*。 Web 服务最基本的协议包括 UDDI、WSDL 和 SOAP,通过它们,我们可以提供直接而又简单的 WebService 支持,如图 1-8 所示。

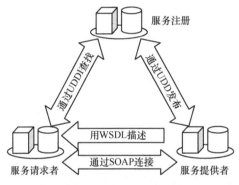

图1-8 基本Web服务协议

但是基本协议无法保证企业计算需要的安全性和可靠性,所以我们需要增加这方面的协议,比如 WS-Security、WS-Reliability 和 WS-ReliableMessaging;对于复杂的业务场景,我们需要 WS-BPEL 和 WS-CDL 这样的语言来将多个服务编排成为业务流程,我们还需要管理服务的协议如 WS-Manageability、WSDM 等。与 Web 服务相关的标准还在快速发展当中。目前在 SOA 产品和实践中,除了基本协议外,比较重要的还包括 BPEL、WS-Security、WS-Policy,表 1-1 给出了一个基本的总结。

表1-1 当前Web服务协议栈

业务领域特定扩展模块	对应的不同协议	业务领域
Distributed Management	WSDM、WS-Manageability	Management
Provisioning	WS-Provisioning	
Security	Ws-Security	
Security Policy	Ws-SecurityPolicy	
Secure Conversation	Ws-SecureConversation	Security
Trusted Message	WS-Trust	
Federated Identity	WS-Federation	

数据共享与数据整合技术

（续表）

业务领域特定扩展模块	对应的不同协议	业务领域
Portal and Presentation	WSRP	Portal and Presentation
Asynchronous Services	ASAP	Transactions and Business Process
Transaction	WS-Transactions、WS-Coordination、WS-CAF	
Orchestration	BPEL4WS、WS-CDL	
Events and Notification	WS-Eventing、WS-Notification	Messaging
Multiple message Sessions	WS-Enumeration、WS-Transfer	
Routing/Addressing	WS-Addressing、WS-MessageDefivery	
Reliable Messaging	WS-ReliableMessaging、WS-Reliablity	
Message Packaging	SOAP、MTOM	
Publication and Discovery	UDDI、WSIL	Metadata
Policy	WS-Policy、WS-PolicyAssertions	
Base Service and Message Description	WSDL	
Metadata Retrieval	WS-MetadataExchange	

目前，Web 的标准和技术还在演变当中，对不同的技术环境的支持力度也不同，但是前面提到的基本核心协议，都可以很好地支持不同的技术环境中的开发。关于 Web 服务协议的接受和支持程度，如图 1-9 所示。

Mainstream	Early Adoption	Experimentation	Specification
SOAP WSDL UDDI	WS-Security WS-RP WS-Reliability SOAP MTOM	ASAP BPEL WS-Coordination WS-Policy	WS-Addressing WS-CAP WS-Choreography WSDM WS-Eventing WS-Federation WS-IL WS-Provisioning WS-ReliableMessaging WS-ResourceFramework

图1-9 当前Web服务的接受情况

2. SOA 应用系统

完整的 SOA 应用系统包括 SOA 基础技术平台、辅助工具、资源、应用服务、使用 SOA 系统的人，如图 1-10 所示。SOA 技术参考架构主要描述了 SOA 基础技术平台与辅助工具，同时还描述了这两部分与其他外围相关元素之间的关系。

① 资源：SOA 系统中被集成的对象，这些对象一般已经存在。在 SOA 系统中，资源通过适配器接入基础技术平台，以服务形式对外提供服务或使用其他服务。资源具有统一的服务接口，使用统一的接入方式。

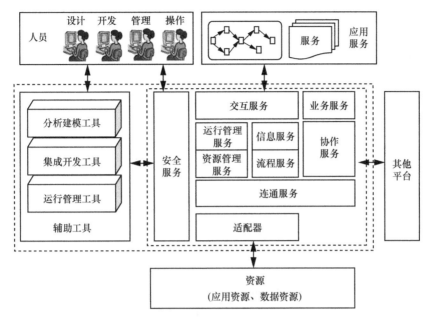

图1-10 SOA 技术参考架构

② 应用资源：特指已有的应用系统，是能够完成特定业务处理的现有系统的总称。应用资源通过开放接口，以适配器为桥梁接入 SOA 的基础技术平台中。

③ 数据资源：主要针对无法开放操作接口的应用系统，或只需对外提供数据服务的特定场景而设立的，它可以是格式化数据和非格式化数据，例如数据库和各种文件就是典型的数据资源。数据资源主要供 SOA 系统中的各种服务进行加工处理，并进行深度的应用。

④ 新开发服务：均可使用已有的服务。服务描述信息通过资源管理服务进行存储和管理，服务运行信息由运行管理服务进行存储和管理。

使用 SOA 系统的主要角色如下。

a. 设计人员：进行业务分析和建模，使用业务分析和建模工具。

b. 开发人员：实现具体 SOA 系统，包括流程定义、服务编码、资源集成等。

c. 管理人员：对 SOA 系统运行进行监控管理，使用运行管理工具。

d. 操作人员：对 SOA 系统进行业务操作，通过交互服务使用 SOA 系统中的服务，或进行数据和业务的处理。

⑤ 其他平台：在一个所有者控制域下（如一个组织内部），我们可以通过基础技术平台实现互操作；在所有者控制域之间（如多个组织之间），有可能使用不同的基础技术平台实现平台之间的互操作。平台之间的互操作一般通过协作服务实现。

⑥ 适配器：解决已有资源面向 SOA 的服务封装，实现已有资源的可重用性。通过适配器，已有资源仅需要与 SOA 基础技术平台中的连通服务相连接，而不需要与每个服务直接相连就可以实现服务之间的互操作。

⑦ 连通服务：SOA 基础技术平台中的一个重要的核心服务，典型的连通服务就是

ESB。连通服务主要解决服务之间高效通信的问题，是服务之间互相通信和交互的骨干。为实现两个实体之间的有效通信，通常需要一个通信代理。同样，服务之间的有效通信也需要通信代理。该通信代理主要实现连通服务，其需要支持的主要功能包括：实现通信代理与服务之间的双向交互，包括紧耦合方式（即通过代码之间调用）和松耦合方式（即通过网络通信）；实现代理之间的通信；保证代理之间的通信质量，包括效率、可靠性、安全性，并提供其他服务（如事务管理）；提供服务运行管理。

⑧ 协作服务：既可以满足组织之间（如供应链的合作伙伴之间）的交互通信需求，也可以满足组织内部（如跨地域的分支机构之间，并有防火墙进行保护的情况）必须使用 WebService 方式进行交互通信的需求。

⑨ 流程服务：为业务流程的运行提供的一组标准服务。业务流程是一组服务的集合，可以按照特定的顺序并使用一组特定的规则进行调用。业务流程可以由不同粗粒度的服务组成，其本身可视为服务。

⑩ 业务服务：在此处指为新建服务提供的特定运行支持环境。

⑪ 交互服务：实现人与服务之间的交互功能的总称。

⑫ 信息服务：特指为上层应用系统、同层的其他服务等提供数据访问及资源访问服务。其目标是使应用系统能够统一、透明、高效地访问和操作位于网络环境中的各种分布、异构的数据资源，为实现全局数据访问、加快应用开发、增强网络应用和方便系统管理提供支持。

⑬ 运行管理服务：运行管理工具的代理，完成 SOA 基础技术平台中各种运行信息的收集，以及执行运行管理工具的具体管理操作。运行管理工具提供界面友好的图形化方式并对各种资源和服务对象进行管理。用户通过该工具，可以远程连接运行管理服务，简单、方便地操作运行管理服务提供的各种功能。

⑭ 资源管理服务：各种辅助工具对资源进行管理操作的代理，它负责对 SOA 系统中各种资源的具体管理操作。

⑮ 业务分析和建模工具：一组辅助工具，帮助用户进行业务分析和业务建模。

⑯ 集成开发工具：一组辅助工具，在此工具中可以实现系统建模、服务编码、运行调试和系统部署等管理功能。

⑰ 运行管理工具：应用系统的管理工具，它通过使用资源管理服务可以将基础技术平台中的资源与应用相集成，实现统一管理。

⑱ 安全服务：对于 SOA 系统是一项非常重要的服务，尤其是像 SOA 这样强调松耦合的分布式集成系统，安全性显得更为重要。因此，安全有时被称为是一种"事关全局的考虑"，是全方位的问题，跨越了 SOA 参考模型的各个部分。安全服务向 SOA 参考模型中其他服务提供基本的安全服务功能，包括：身份验证、访问控制、数据加密、数据完整性、抗抵赖性。

1.2.2 SOA与企业IT战略

随着知识经济时代的到来，企业和公共事业机构面临着全球化、扁平化的快速巨变。信息技术在其中的战略性作用和影响越来越显著。作为企业整体战略的重要组成，企业IT战略是基于企业发展目标和业务战略而制订的企业信息技术应用与发展的整体框架和指导体系。其中，企业架构（Enterprise Architecture，EA）是最核心的组成部分。

IT战略的制订没有一成不变的方法和过程，因不同企业、不同阶段而异。虽然只有一部分企业进行了很正式的IT战略制订工作，而且大多数都是在一些关键性的因素（比如IT已经严重地制约着业务的进一步发展，或被竞争所迫）推动下，借助外来咨询服务进行的。但是越来越多的企业已经意识到IT战略对短期和长期的IT建设所具有的重大指导意义，已经开始正式或者非正式地制订自己的IT战略，尤其是企业架构。

IT战略着眼于企业长远目标和经营战略的实现，所以面临诸多难题，包括：如何正视企业面临的各种挑战，对内外环境进行准确、全面地分析，从而确定需要满足的业务目标；如何制订优秀的企业架构来支持业务流程，监控业务活动，管理业务绩效，适应不断变化的业务需求和信息技术，确立具有一定预见性的企业信息化的路径，建立监管体系、标准和执行过程来确保战略得到恰当的理解和执行。克服这些困难，制订成功的IT战略，其中最重要的原则是让IT与业务紧密互动，确保业务目标顺利地映射到技术世界。在企业当中，现实情况又是怎样的呢？

业务上，企业需要端到端的水平整合。每个企业在业务上都要求其人员要有越来越快的反应能力，整个企业内部能够跨部门快速协作，在外部可以更好地同合作伙伴、客户互动。可是，原来积累下来的业务运作模式是部门导向的，IT系统也主要支持以部门为导向的业务过程，我们称之为垂直整合。大多数企业在这个层面上做得不错，但是，需要更有效率，以提升整个企业的生产效能，更快地满足客户需求和响应外界变化。这种将各个部门的业务贯穿起来的业务流程，我们称之为水平整合。而这个整合的过程，给企业带来了以下几方面的巨大的压力。

1. 来自业务本身的转型

如何从战略远景出发，制订自己的业务整合目标，这些目标由哪些水平整合的业务流程来支撑，怎样监控、管理和优化这些流程，如何保证业务流程遵循法律法规的要求等，对于一个企业来说，这些都是非常有挑战性的事情。因为其本身具有复杂性，且这种调整可能会改变企业的结构，影响到一些既得利益者，员工们通常也不愿意改变已经习惯和熟练的工作过程。所以，这种转型通常以渐进的方式实现，即企业制订一个长远的转型目标，一步一步地实施目标。

2. 来自IT的转型

业务的全面整合，需要IT在整个企业范围内各个层次上的全面整合：数据、应用、流程、人机交互和安全等。但是，IT的现状给这种转型带来极大的压力。

首先，连通性是一个大问题。原来那些面向垂直整合的业务流程的IT系统，不但不互联互通，还非常异构，使用迥然不同的硬件环境、软件平台、开发语言、架构范式、设计原则。整个IT界几十年发展中的每个环节的东西，几乎都可以在一个企业，尤其是大型企业的IT环境中找到，这给水平整合带来了巨大的麻烦：首先，我们如何将这些完全不同的东西连通起来？如何让它们在交互的时候使用一种程序语言以便相互理解；其次，这些已有系统如何重用也是一个大问题，企业不希望扔掉它们再重来，重来的代价太高了，也显得很不高明。可是，大多数的已有系统在构造的时候，并没有与其他系统整合的需求，因此它没有提供编程接口给外界；即使有，也是面向特定的垂直整合范围内的系统，大家采用特定的协议和技术，清楚彼此的细节，紧密耦合。这些系统的数据，在这个垂直整合范围内来说，是完整的、有意义的，可是对于全企业范围内的水平整合而言，很多时候并非如此。在这样的情况下，企业要进行水平整合，就得根据不同系统的情况，开发不同的整合方式，最好是"非侵入"的方式，将这些系统中的数据和功能包装出来，以供水平整合使用。最后，IT和业务之间的互动需要改善。

今天，IT和业务之间存在很大的差距，需要更好地对齐。我们很难看到企业中的IT人员可以用业务术语来描述IT系统中的元素，反之亦然。这个断层导致了业务需求不能很准确地反映在IT系统中，同时，业务发生变化时，这种变化也不能很好地被传递到IT系统中去。我们需要提高IT系统的抽象手段，提供业务人员和IT人员可以共同使用的概念体系，比如业务流程（Business Process）、业务服务（Business Service）、业务数据对象（Business Object）、业务事件（Business Event）等，用来描述和交流业务模型和业务需求。

IT人员在这个基础上理解业务需求，同时将这些高阶元素在IT系统中实现出来。在过去的IT系统中，这些元素由一系列低阶的技术实体（如代码、对象、组件等）以私有技术、不明确的声明、紧耦合的方式，通过代码、脚本、消息与事件组合在一起来构成，我们能够看到的是纷繁的技术世界的低阶实体，高阶的元素湮灭在这些细节中。在新方法中，这些高阶的元素被独立出来，单独建模，被清楚明确地描述，并以独立存在的实体在IT系统中实现。这样，业务和IT之间的互动就有了更好的基础：一方面，业务在走向水平整合的过程中，有了更好的方式来形式化地描述业务模型和需求，改善业务和IT部门之间的沟通质量和效率；另一方面，这些元素被直接地映射到IT系统中，使得业务的变化可以容易、清楚地传递到IT系统中。

所以，我们的IT战略需要面对这些挑战，企业需制订出一个合理的企业架构来完成几个关键的任务：企业范围内的水平整合，IT与业务的对齐，业务的敏捷性，IT的灵活性与重用能力。

企业架构通常描述了一个组织的目标如何通过业务流程来实现，以及这些流程如何通过信息和技术来支持。制订企业架构是一件很有挑战性的事情，它复杂、耗时耗力，需要应付不断的变化。在实践中，企业架构通常会包括业务架构、应用架构、数据架构、安全架构、基础设施架构和集成架构。

SOA具有来自最佳实践的设计原则、架构模式、集成能力、基于标准的开放性和交互能力，能够很好地帮助企业架构面对前面提到的挑战。首先，SOA以业务为中心，提供了服务、流程等高阶建模元素，通过SOA的分析和设计方法，改善了IT和业务的交流与对齐；其次，SOA基于标准的交互能力和ESB架构模式，可以简化分布式系统之间的整合，将各种异构的系统连接在一起。通过ESB、适配器和连接器，用户一般可以用"非侵入"的方式来重用已有系统。SOA所激活的以服务为中心的企业整合（Service Oriented Integration，SOI），将企业整合带入了一个新时代。总之，SOA真正可以帮助企业获得业务敏捷性、IT 架构的灵活性和 IT 资产的重用能力，进而影响企业架构的方方面面，发展为 SOA 风格的企业架构（Service-Oriented Enterprise Architecture）。

大家已经了解了 SOA 是企业 IT 发展的方向，那么企业该如何运用呢？

首先，SOA 是一个长途旅程，不要试图一蹴而就。我们应该选择快步小跑，在实施中积累经验，培养队伍，快速体验和展示 SOA 的价值，不断地评估 SOA 实施的效果，调整实施范围和策略，通过这种迭代的过程不断地螺旋上升。如果有资金实力，企业还可借助咨询服务，建立一个向 SOA 转型的 IT 战略规划和 SOA 风格的企业架构，这对整个旅程的成功是非常有帮助的。不过这里有一个善意的提醒，业务本身可能异常复杂，制订这样的规划和企业架构需要一定的时间和相当大的投资；同时，业务也充满了变化，制订出来的规划和架构要随时保持更新。

其次，确保实在的业务价值和动机。一些客户了解 SOA 是未来的方向，决定启动 SOA 项目，但是没有思考清楚应从哪里入手，为做 SOA 而做 SOA，最后会面临 SOA 价值评估的困境。做 SOA 项目应该有清楚的业务需求，比如人员的协作、数据整合、应用和流程整合、系统间的连通性和已有系统的重用等。

再次，实践出真知，万事开头难。大多数客户虽然了解 SOA 的概念，但是没有做过，也不清楚如何做。一个行之有效的方法是先不要试图考虑所有的业务流程和场景，相反，要将它们划分为小的集合，挑选两个端到端的业务流程。它们贯穿了数据、业务逻辑和服务消费的所有层次，牵涉数据、应用和流程的整合以及人机交互。这样的项目，会帮助我们理清 SOA 的概念、技术和产品，让我们实实在在体验 SOA 的好处。

最后，建立和完善 SOA 治理体系（Governance）。公司治理（Corporate Governance）是一个体系。其中，IT 治理（IT Governance）是面向 IT 的，确保 IT 服务于业务目标，好的投资回报（ROI）和好的 IT 服务给业务部门，包括不同的方面，如需求、项目开发、IT 资产、投入和产生价值及其评估、IT 运作等。SOA 治理建立在 IT 治理的基础上，包括一系列角色、过程和方法，用于管理服务和流程的整个生命周期，即建模、开发与组装、部署、管理和优化，确保 SOA 持续提供业务价值。

1.2.3　任务回顾

　知识点总结

1. SOA 计算环境的主要组件，基本 Web 服务协议，SOA 应用系统的组成。
2. 使用 SOA 系统的主要角色，适配器，连通服务，SOA 的安全性。
3. SOA 与企业 IT 战略的关系，企业 IT 系统的垂直整合与水平整合，SOA 风格的企业架构的优势。

　学习足迹

项目 1 任务二的学习足迹如图 1-11 所示。

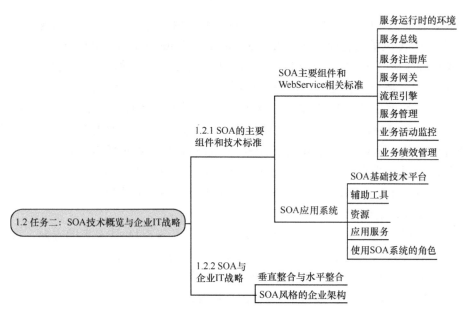

图1-11　项目1任务二学习足迹

思考与练习

1．Web 服务最基本的协议包括_____、_____和_____，通过它们，我们可以提供直接而又简单的 WebService 支持。

2．完整的 SOA 应用系统包括：_____、_____、资源、应用服务、_____。

3．使用 SOA 系统的主要角色包括_____、_____、管理人员和操作人员。

4．SOA 风格的企业架构能够为企业带来什么好处？

1.3 项目总结

本项目为我们学习 SOA 打下了坚实的基础，通过本项目的学习，我们可以从宏观视角了解现在企业 IT 系统和业务的差距及其带来的挑战和机遇。在传统企业没有企业架构的情况下，我们一般是针对一个问题解决一个问题，缺少一种系统和长远的规划和建模。因此，我们需要先构建或完善企业架构，再根据架构和规划来考虑具体的立项和项目的实施，有了良好的企业架构就可以大大缩短开发实施周期，加大复用程度，降低成本，增加系统的可扩展性。企业通过 SOA 能够更好地将业务和技术融合起来，使 IT 更好地为实现业务和价值服务。

通过本项目的学习，我们提高了理解能力和分析能力。

项目 1 技能图谱如图 1-12 所示。

项目1　SOA基本概念初探

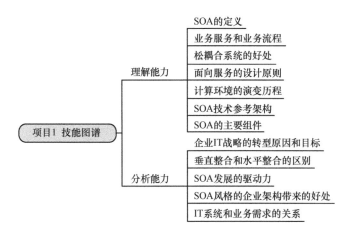

图1-12　项目1技能图谱

1.4　拓展训练

网上调研：松耦合系统和紧耦合系统的比较。
◆ **调研要求**
对于选题，我们知道松耦合系统和紧耦合系统是两种不同的系统架构风格，那么他们各自都有什么特点呢？请采用信息化手段进行调研，并撰写调研报告。
需包含以下关键点：
① 松耦合系统的优缺点；
② 紧耦合系统的优缺点。
◆ **格式要求**：需提交调研报告的 Word 版本，并采用 PPT 的形式进行汇报展示。
◆ **考核方式**：采取课内发言，时间要求 3～5 分钟。
◆ **评估标准**：见表 1-2。

表1-2　拓展训练评估标准表

项目名称： 松耦合系统和紧耦合系统的比较	项目承接人： 姓名：		日期：
项目要求	**评分标准**		**得分情况**
总体要求（100分） ① 表述清楚松耦合系统的优缺点； ② 表述清楚紧耦合系统的优缺点	基本要求须包含以下三个内容（50分） ① 逻辑清晰，表达清楚（20分）； ② 调研报告文档格式规范（10分）； ③ PPT汇报展示言行举止大方得体，说话有感染力（20分）		
评价人	**评价说明**		**备注**
个人			
老师			

项目 2
Web 服务基础知识导入

项目引入

在 Edward 的指导下，我终于对 SOA 的相关概念有了一些了解，算是入门了，可是具体要怎么做，需要哪些技术储备，我还不清楚呢。趁着 Edward 有空，赶紧去向他请教一下。Edward 洋洋洒洒说了好多，各种名词蹦出来了，大部分是我不熟悉的。

> Edward："目前，实现 SOA 的技术有很多，比如 WebService、CORBA 等，这些技术的共同点就是支持在不同的平台上、以不同的语言编写的各种程序，以基于标准的方式相互通信。WebService 尤其受到追捧，我们也将采用主流的 WebService 技术来实现公司信息系统的 SOA 化改造。简单地讲，WebService 就是我们把处理业务过程的一个个程序封装起来（小积木），使其成为一个组件，然后把它放到 Web 上去，企业可以通过 Internet 来调用这个封装起来的组件，而多个组件的不同组合就可以构成企业的软件应用。"

Edward 耐心解释完后，还丢给我一堆与 WebService 有关的软件技术名词，我赶紧记下来，分享给大家。

（1）XML

XML 是 Extensible Markup Language 的简写，表示一种扩展性标识语言。XML 就犹如我们往一个箱子里装苹果，以前我们必须按照一定的规则，一层层、一列列地装，否则就不被认可，而现在，通过 XML 我们可以随意地往箱子里装苹果，只要箱子上有说明是苹果就可以了。

（2）SOAP

SOAP（Simple Object Access Protocol，简单对象访问协议）是基于 XML，用于在分布式环境中发送消息，并执行远程过程调用的协议。举一个简单的例子，我们打越洋电话时，对面是一个不同语种的人，想要和对方进行沟通与交流，就必须使双方都明白各自的意思，而中间如果没有一个语言转换器，彼此就无法沟通与交流。而 SOAP 就好比是这个语言转换器，使得不同对象可以顺利地沟通与交流。

（3）WSDL

WSD（WebServices Description Language，网络服务描述语言）用作服务描述。它也是 XML 格式的，主要描述了服务的位置、接口和操作方法。WSDL 描述包含必要的细节，以便服务请求者能够使用特定服务，例如，请求消息格式、响应消息格式、向何处发送消息。WSDL 就如同一个产品的说明书一样，说明了产品的功能、产地以及如何操作等信息。

（4）UDDI

UDDI（Universal Description Discovery and Integration，通用描述、发现与集成服务）是一套基于 Web 的、分布式的、可以实现 Web 服务注册功能的信息注册中心标准规范，同时也提供了一组让不同企业之间能将共享 Web 服务的访问协议标准。

简单来讲，一个想使用 WebService 的用户可以在 UDDI 注册表中查找服务，取得服务的 WSDL 描述，然后通过 SOAP 来调用服务。

好了，所谓磨刀不误砍柴工，我要抓紧时间去学习这些基础知识了，小伙伴们，一起来吧！

 知识图谱

项目 2 知识图谱如图 2-1 所示。

2.1 任务一：了解 Web 服务标准

【任务描述】

SOA 中的服务构建在一系列基于开放标准的基础之上。Web 服务定义了如何在异构系统之间实现通信的标准化方法，这使得服务可以跨越平台和语言，它们是 SOA 的技术基础。本节首先简单介绍 Web 服务的基本概念，然后重点介绍 Web 服务的基本架构和主要的标准，深入理解这些技术对于运用 SOA 构建系统具有重要的意义。

2.1.1 开放的统一技术标准的意义

在 IT 发展的历史上也曾有过几次重大的标准化事件。20 世纪 50 年代末，IBM 只是众多生产和销售电脑的公司之一，其他公司还有 Burroughs、NCR、RCA、GE、Honeywell 等。每家公司的电脑都建立在一定的技术基础上，它们之间不会相互合作，即便是同一家公司，每个电脑系统也都有自己的计算机外围设备，如打印机和磁带驱动设备。这意味着，如果客户想要升级某台电脑或使用某些新技术，他们就不得不全部抛弃自己拥有的硬件设备和软件系统。换句话说，他们不得不"剥离和替换"所有的东西。此时，IBM 发明了大获成功的 S/360 主机系列，它家族产品中的每一分子（从非常小的系统到非常大的系

项目2　Web服务基础知识导入

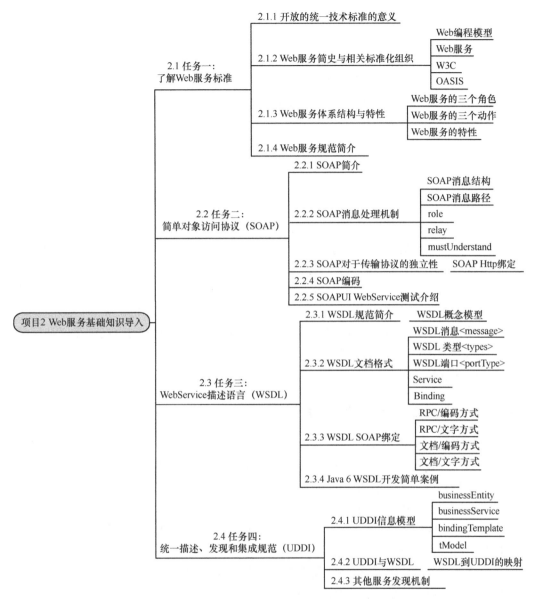

图2-1　项目2知识图谱

统）都可以运行为某个系统开发的软件,而所有的计算机外围设备（打印机、磁带驱动器、读卡器）也会和家族中的任何一款兼容。对于需要IT的大型企业客户来说,S/360是神来之笔,IBM也因此打败了同一时期所有的竞争对手。

　　20世纪80年代初,IBM公布了个人电脑的各种接口和技术细节,这使得兼容的个人电脑能够被各个厂商大规模生产,因此大大降低了产品价格,提高了产品更新换代的速度,使得计算机进入了中小企业及家庭,并应用到人类生活的方方面面。

　　从20世纪90年代开始,采用HTML、Http、URL等标准化技术的万维网（World Wide Web）极大地推动了互联网的发展。HTML实现了"书同文",Http、URL则完成了"车

25

同轨",使人们可以在连入互联网的任何一台机器上使用浏览器查看任何一个网站的 Web 页面。从而,万维网以前所未有的速度和力量,深刻地影响了我们的生活和商业方式。

上述的例子都说明了标准的力量:标准可以大大降低人们的沟通成本,通过规模效应,推动创新;标准可以给一个企业带来巨大的成功,也可以成就一个巨大的产业。对于标准,我们其实有两种选择:一是所有人都使用同一套技术;二是不同的技术之间能够遵循特定的规范相互联通与整合。

从本质上看,所有人都使用同一套技术是"标准"的,但不是"开放"的,它是一种专有体系的垄断。人们早已发现开放体系和专有体系之间存在利益冲突。专有体系可以锁定客户,在短期内,客户可能会感觉很方便。但是,从长远来讲,开放体系总能引入更多竞争,带来更多创新,从而降低成本,提高性能,而且专有体系会给企业带来无法估算的潜在风险。IT 行业是发展和变化最为迅速的行业,无数的厂商和技术都被快速变化的市场大浪淘沙般地淘汰出局,绑定于特定的厂商和技术不利于企业的长期发展,企业应该支持开放性并寻求在开放体系中的优势资源,而不是采用那些专有的、封闭的解决方案。

在现实世界中,对于激烈的市场竞争和新的市场机遇,企业必须能够以最快的速度给予响应,而仅仅将企业各部分用技术集成连接起来是远远不够的。企业应该能够同自己上下游的供应商、合作伙伴和客户建立紧密的联系,而企业之间的互联互通是无法依靠专有技术实现的,只有通过基于开放标准的技术才能实现。因此,开放的技术和统一的标准是企业选择的必由之路。

2.1.2 Web服务简史与相关标准化组织

实现信息和业务流程整合对于企业而言有着极为重要的意义。而互联网的出现和迅猛发展则为这一切奠定了技术基础。我们当然希望企业的业务应用之间能如同人使用浏览器一样,借用互联网的成熟技术自由对话,但用什么方式来实现呢?答案是:Web 服务实现了企业业务应用间的自由对话。

XML 源自标准通用标记语言(Standard Generalized Markup Language,SGML),SGML 在 20 世纪 60 年代后期就已存在,是一种通用的描述文档结构的符号化语言,主要用来定义文献模型的逻辑和物理类结构。但是由于其过于复杂和臃肿,只能够在大型企业和学术界使用,无法得到大规模应用。

进入 20 世纪 90 年代,HTML 技术得到了很大发展,但是由于 HTML 是面向呈现的标记语言,而且其结构固定,难以扩展,缺乏必要的语义信息,因此不适合用于信息交互。为了克服 HTML 和 SGML 的弊端,1996 年 W3C(World Wide Web Consortium,万维网联盟)专家组对 SGML 进行裁剪,形成 SGML 的精简子集,这就是现在人们所知的 XML,它是一种扩展性标记语言。它可以作为一种元语言,即"定义语言的语言",成为描述电子商务数据、多媒体演示数据、数学公式等各种数据应用语言的基础语言。

XML 迅速得到了工业界和学术界的认可和广泛支持,在 20 世纪 90 年代后期的电子商务运动中声名鹊起。通过 XML 的使用,开发者能够给任何片段附加上意义和上下文,再跨越互联网协议传输。XML 不仅被用于以标准化的方式来表达数据,而且其语言自身还被用作一系列规范的基础。XML 的出现和发展为未来的 Web 服务奠定了一个非常良好的技术基础。

到了 20 世纪 90 年代后期，随着互联网和电子商务的发展，人们对基于 Web 的分布式计算技术的需求越来越大。但是当时的分布式计算技术，如 DCOM/COM+、RMI/IIOP 等面向特定平台的技术都无法满足人们的需求，而基于开放标准的 CORBA（Common Object Request Broker Architecture，公共对象请求代理体系结构）又过于复杂。人们注意到任何用于构筑传统分布式应用的方法都不及 Web 编程模型被快速和广泛地采用。Web 模型的成功归功于它的核心特征：标准化、简单、松散耦合、易于扩展。Web 客户端和服务器的交互采用标准化的协议（Http，URL，HTML 和 MIME），交互模型非常简单，它通过 MIME 类型的消息体交换信息，并且可以通过指定协议头来改变信息的语义。信息传送的目的地址用 URL 间接地指定，这种间接指定具有协调负载平衡、协议跟踪等作用。

Web 编程模型的这些特点，使系统开发可采用递增的方式，不像紧密关联的基于 RPC 的分布式对象系统，应用程序的各个部分必须被同时开发、集中管理。用户可以根据需要向基于 Web 的系统增加客户端和服务器端应用，这样可以非常容易地建立与新增应用间的连接；并且，系统开发可以用分散的方式，除了向域名服务器注册以外，不需要任何的集中协调和控制。但是系统却有高度的互操作性、大规模应用能力和易管理性。

Web 服务背后的基本思想，就是使应用程序也具有 Web 分布式编程模型的松耦合性。Web 服务提供一个建立分布式应用的平台，使得运行在不同操作系统和不同设备上的软件、用不同的程序语言和不同厂商的开发工具开发的软件、所有可能的已开发和部署的软件能够利用这一平台实现分布式计算的目的。

2000 年，W3C 接受了一项关于 SOAP 规范的提案。这个规范最初用于替代专有的 RPC（远程过程调用）来实现基于互联网的分布式计算。它的基本想法是将构件间传输的参数数据序列化成 XML 进行传送，然后再反序列化成本地对象格式进行操作。

很快，公司及软件厂商开始发现，基于互联网、开放、自由的通信框架对于推进蓬勃发展的电子商务具有巨大的潜力。越来越多的企业界和学术界人士开始关注构建基于 Web 的、标准化的分布式通信框架，这个概念被统称为 Web 服务。

作为 Web 服务标准化的通信协议，W3C 随之发布了 SOAP 的更新版本规范，它同时考虑了 RPC 风格与文档风格的消息类型，而后者在 SOA 中更为常用。最终，"SOAP"一词不再代表"简单对象访问协议"的首字母缩写，而成为一个独立的术语。Web 服务的另一个重要的部分是其接口描述规范。W3C 第一份 WSDL 评议提案是在 2001 年，此后还在不断地修订这一规范。

包含在第一代 Web 服务标准家族的还有 UDDI 规范，它原本由 UDDI.org 开发，被递交到 OASIS（结构化信息标准促进组织）之后，继续被 UDDI.org 和 OASIS 一起开发。这个规范考虑在组织内部及组织边界之外来创建标准化的服务描述的注册。UDDI 提供了潜在的、对 Web 服务在一个集中位置注册的方法，在此处服务能够被服务请求者发现。

第一代 Web 服务协议奠定了一个非常好的发展基础，随后新的标准、规范和扩展大量涌现。比如，定义业务流程的 WS-BPEL、解决安全性的 WS-Security、描述事务的 WS-Atomic Transaction 等，我们将这些统称为 WS-* 协议族。它们中有的已经非常成熟，得到了广泛的接纳与应用；有些则还在激烈的变化中。

众所周知，SOA 由标准驱动。可是，如何确切地制定这些标准，思路不是很清晰。互联网标准化组织现在已经存在了很长时间，但是它们的议程各不相同，有时甚至有所重叠。微软、IBM、Sun 及众多其他公司已经扮演了日益重要的角色，它们不仅是制定 Web 服务规范，还促进了这些规范作为工业标准的实现。下面，让我们来了解三个最主要的标准组织，它们共同负责完成 XML 与 Web 服务架构的进化。

1. 万维网联盟（W3C）

W3C 最初由 Tim Berners-Lee 于 1994 年创立，是 Web 技术领域内最具权威的中立机构，关于 Web 的一切标准均由此论坛讨论制定。它开始于 HTML 的发布，这是 IT 行业所产生的、最流行的一种语言。当互联网用于更广的范围时，W3C 开始制定基于 XML 的基础标准，如 XML Schema、XSLT、XQuery 等。

W3C 为 Web 服务的发展和推广做出了重要贡献，推动了许多重要的 Web 服务基本标准开发。比如 SOAP 与 WSDL 标准，它们现在已成为 Web 服务相关的标志性规范。

W3C 以正式和严格的标准开发方法而闻名，其过程需要经过诸多的评审与修订阶段，每一个新的版本都会发布在其网站上并接受公众的反馈。这样完全的过程要以时间为代价，每完成一个标准要用 2～3 年。

2. 结构化信息标准促进组织（OASIS）

OASIS 是一个非营利性的国际企业标准化联盟。它成立于 1993 年，主要目标是推动 WebService、安全、商务流程、供应链、互操作等相关标准的开发和应用推广。OASIS 拥有来自超过 600 家组织的数千个成员，是一个公认的互联网标准制定组织。

OASIS 对于 UDDI 规范做出了巨大贡献，UDDI 是第一代 Web 服务平台的核心标准。OASIS 也是 WS-BPEL 规范的标准化组织，WS-BPEL 使用 Web 服务标准，将业务流程活动描述为 Web 服务，并定义它们如何进行组合，以便能够完成特定任务。

OASIS 已经有力地推进了 XML 与 Web 服务安全扩展的开发。安全声明标记语言（SAML）用扩展访问控制标记语言（XACML）提供了单点登录与授权领域的重要特性。而且，最重要的安全相关项目由 Web 服务安全（WSS）技术委员会完成。这个小组被委托进一步开发并实现重要的 WS- 安全框架。

不同于 W3C 集中于建立核心的、与行业无关的标准，OASIS 的主要兴趣在于利用这些标准去制定附加规范以支持不同的垂直行业。而且，OASIS 所用的标准开发过程明显要短一些。

3. Web 服务互操作组织（WS-I）

WS-I 的主要目标不是创建新标准，而是确保最终实现开放的互操作目标。该组织建立于 2002 年，已经迅速成长并获得了近 200 家组织的支持，包括所有的 SOA 主流厂商。

WS-I 最为人知的是发布基本概要文件（WS-I Basic Profile），用于建立可用标准的基础推荐文档，这些文档用于形成最重要的互操作架构。即 WS-I 正式地确定了 WSDL、SOAP、UDDI、XML 与 XML Schema 规范的版本，基本概要文件已成为 IT 社团内的重要文档。这些组织想要确保它们开发的 SOA 与其他系统充分协同，并能够保证对于基本概要文件的遵从。

WS-I 开发的基本安全概要文件建立了最重要的 WebService 与 XML 安全技术集合。WS-I 已宣布了持续发布针对每一个 Web 服务主要方面的相关互操作概要文件计划，包括可靠通信、WebService 管理与编排。

除了建立基本的互操作架构之外，概要文件还补充了示例实现及最佳实践，以便指导如何与标准一起使用从而达到互操作；并且，WS-I 还提供了一系列测试工具用来确保符合概要文件。许多厂商还提供了这些工具的变种。例如，将基本概要文件作为 WebService 有效性检查的一部分。

WS-I 努力提供一个场所，能在同一水准上接受其成员的贡献。来自 WS-I 的工作组成员不断主动地直接参与 W3C 及 OASIS 的各个工作组工作。这些 WS-I 代表的角色持续对互操作相关问题进行反馈。

2.1.3　Web服务体系结构与特性

Web 服务是描述一些操作的接口。Web 服务是用标准的、规范的 XML 概念描述的，我们称为 Web 服务的服务描述。这一描述囊括了与服务交互需要的全部细节，包括消息格式（详细描述操作）、传输协议和位置。该接口隐藏了实现服务的细节，允许独立于实现服务基于的硬件或软件平台和编写服务所用的编程语言使用服务，允许并支持原本基于 Web 服务的应用程序成为松散耦合、面向服务、分布式和跨平台的。Web 服务履行一项特定的任务或一组任务。Web 服务可以单独或同其他 Web 服务一起用于实现复杂的商业服务或业务流程。

Web 服务是一种部署在 Web 上的对象或组件，Web 服务是基于 Web 服务提供者、Web 服务请求者、Web 服务中介者三个角色和发布、发现、绑定三个动作构建的。Web 服务提供者就是 Web 服务的拥有者，它为其他服务和用户提供自己已有的功能；Web 服务请求者就是 Web 服务功能的使用者，它利用 SOAP 消息向 Web 服务提供者发送请求以获得服务；Web 服务中介者的作用是把一个 Web 服务请求者与合适的 Web 服务提供者联系在一起，充当管理者的角色，一般是 UDDI。

如图 2-2 所示，可以看出，SOA 结构中共有以下三种角色：

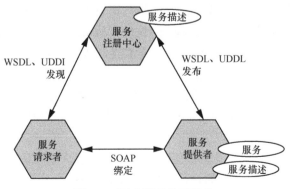

图2-2　Web服务体系结构

① 服务提供者（Service Provider），可以发布自己的服务，并且对使用自身服务的请求进行响应；

② 服务注册中心（Service Registry），也经常被称为服务代理（Service Broker），用于为已经发布的服务提供者注册，并对其进行分类，提供搜索服务；

③ 服务请求者（Service Requester），利用服务注册中心查找所需的服务，然后使用该服务。

SOA 体系结构中的组件必须具有上述一种或多种角色。

这些角色之间使用了以下三种操作。

① publish 操作：该操作使 Service Provider 可以向 Service Registry 注册其功能及访问接口。

② find 操作：该操作使 Service Requester 可以通过 Service Registry 查找特定种类的服务。

③ bind 操作：该操作使 Service Requester 能够真正使用 Service Provider 提供的服务。

为支持结构中的三种操作（publish、find 和 bind），SOA 需要描述服务，这种服务描述（Service Description）应具有下面几个重要特点。首先，它要声明 Service Provider 的语义特征。Service Registry 使用语义特征将 Service Provider 进行分类，帮助查找具体服务。Service Requester 根据语义特征来匹配那些满足要求的 Service Provider（因此，语义特征中重要的一点就是对 Service Provider 的分类）。其次，服务描述应该声明接口特征，以此来访问特定的服务的消息格式。最后，服务描述还应声明各种相关的非功能性特征，如安全要求、事务要求、使用 Service Provider 的费用等。接口特征和非功能性特征也可以帮助 Service Requester 查找 Service Provider。

注意，服务描述和服务实现是分离的，这使得 Service Requester 无需关心 Provider 的具体实现技术和物理位置，就可以方便地切换 Service Provider 的不同实现而不影响 Service Requester 调用逻辑。Service Requester 可以在 Service Provider 的一个具体实现正处于开发阶段、部署阶段或运行阶段时，绑定其具体实现。

SOA 中的组件相互之间必须能够交互，才能进行上述三种操作。所以 WebService 体系结构的另一个基本原则就是使用标准的技术，包括服务描述、通信协议及数据格式等。这样一来，开发者就可以开发出平台独立、编程语言独立的 WebService。

SOA 体系结构没有限制 WebService 的粒度，因此一个 WebService 既可以是一个组件（粒度较细），该组件必须和其他组件结合才能处理完整的业务；WebService 也可以是一个应用程序或复杂的业务流程（粗粒度）。

Web 服务是自我包含的、模块化的应用程序，可以通过网络连接直接进行访问。为了能够提供更好的互操作性（Interoperability），Web 服务采用 XML 作为消息交换格式基础。Web 服务通过牺牲部分性能换取更高的互操作性的策略，充分体现了它与传统分布式系统的着重点不同。Web 服务希望能在互联网范围内实现大规模的分布式应用，为此它必须将互操作性作为其第一优先级的设计目标。Web 服务的操作性是通过遵守 SOAP、Web 服务描述语言（WSDL）、可扩展标记语言（XML）等开放式标准来强制执行的。

SOA 通过使用许多互不关联的 Web 服务（每个 Web 服务处理一组有限的特定任务），

不管 Web 服务是使用哪种编程语言实现的，SOA 可以对不同的平台和操作系统进行访问，从而大大提高了不同应用程序共享数据和应用的能力。企业可以在一个安全和受控的环境中发布现有的软件服务，也可以动态地集成软件服务并不断地扩展。由于提供了标准化的方法来调用远程应用程序，Web 服务减少了基础结构所需的代码量。通过允许用户从公开的接口（WSDL）提取实现，Web 服务提供了构建面向服务的体系结构（SOA）所必需的技术基础。

Web 服务具有以下特性。

① Web 服务是自包含的。客户机端不需要附加软件，有 XML 和 Http 客户机支持的编程语言即可。服务器端仅需要 Web 服务器和 SOAP 服务器。Web 服务不需要写任何代码就可以启用现有的应用程序。

② Web 服务是自描述的。客户机和服务器都不知道或不关心除请求和响应消息的格式与内容之外的任何事（松散耦合的应用程序集成）。消息格式的定义与消息一起传递，不需要外部元数据库或代码生成工具。Web 服务本身可跨越因特网发布、定位和调用其他 Web 服务。此技术使用已建立的轻量级因特网标准，如 Http。

③ Web 服务是独立于实现技术和可互操作的。客户机和服务器可在不同的平台和语言环境中实现，不必为了支持 Web 服务而更改现有代码。

④ Web 服务是开放的和基于标准的。XML 和 Http 是 Web 服务的主要技术基础。Web 服务技术的很大一部分是使用开放式源代码项目构建的。因此，目前供应商的独立性和互操作性是 Web 服务要实现的目标。

⑤ Web 服务是动态的。Web 服务可使动态电子商务成为现实，因为 Web 服务可以用 UDDI 和 WSDL 自动化 Web 服务描述和发现。

⑥ Web 服务是可组合的。Web 服务可组合的这一特性使用工作流技术或通过从 Web 服务实现对下层 Web 服务的调用，可把简单的 Web 服务聚集为更复杂的服务。Web 服务可被链接在一起以执行较高级别的业务功能。这不仅缩短了开发时间还启用了同类中最佳的实现。同时，Web 规范在定义的过程中遵循了可组合性（Composability）的设计原则，制订的每个规范都满足某个方面的直接需要，而且它本身是有价值的。

⑦ Web 服务是在成熟技术上构建的。与其他分布式计算框架相比，它有许多共性及几个基本差异。例如，传输协议是基于文本的，而不是二进制的。

⑧ Web 服务是松散耦合的。在传统上，应用程序设计取决于两端的紧密互连。Web 服务需要的协调级别较简单，它允许更灵活地重新配置有问题的服务集成。

⑨ Web 服务提供编程的访问能力。Web 服务不提供图形化用户界面，它需要使用代码进行访问。服务消费者需要知道 Web 服务的接口，但不需要知道实现服务的详细信息。

⑩ Web 服务提供打包现有应用程序的能力。Web 服务作为接口可方便地把现有独立应用程序集成到面向服务的体系结构中。

2.1.4 Web服务规范简介

本节简要地描述可用的 Web 服务规范，将阐述它们对解决方案供应商的价值，在

SOA体系结构中的角色，以及如何互为补充。

图2-3提供了由IBM、Microsoft和其他公司发布的Web服务规范的分组。该图并没有严格的分层，只是直观地展示了各个功能区之间的关系。

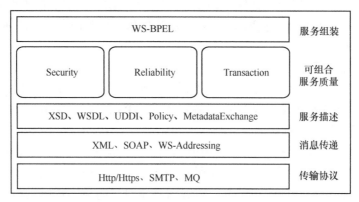

图2-3　Web服务规范分组

1. 基础设施——传输协议和消息传递

如果我发给您一封用中文写的信，而您希望用英语进行电话交谈，那么我们将无法沟通。Web服务的互操作性面临着同样的问题，但我们可以通过一组通用的传输协议和消息传递技术来解决这个问题。为了确保这些技术在实践中是有效的，WS-I发布了基本概要，正式将可互操作的Web服务传输协议和消息传递机制文档化。

传输协议——Http/Https、SMTP、MQ。这一组规范定义了在Web服务之间传送原始数据的核心通信机制，其中包括Http/Https和简单邮件传输协议（Simple Mail Transport Protocol，SMTP）。Web服务可以支持其他的传输协议，但支持标准的、可互操作的协议是非常重要的。

消息传递——XML、SOAP、Addressing。消息格式规范为编码传输的Web服务消息定义了可互操作的机制。传输在服务之间传送"字节"块，只有当参与者把字节转换成应用程序可以处理的有效数据结构时，这些字节块才是有用的。

消息传递规范组定义了如何正确地安排消息格式。XML和XML Schema定义提供了抽象的约定消息（数据）结构的机制。SOAP是一种在非集中，分布式环境中交换信息的轻量级协议，它是一种基于XML的协议，其中，XML消息通过用服务传输交换的字节信息来表示。WS-Addressing定义了消息和响应都发送到某处和来自于某处。WS-Addressing提供了一种可互操作的、传输独立的方法来标识消息发送者和接收者，还提供了一种更细粒度的方法来标识发送和接收消息服务中的特定元素。

现在，大多数使用Web服务的系统使用一个放在Http中的URL来代表Web服务的目的地，响应的目的地是由返回的传输地址确定的。这种方法建立在Http的基本Web浏览器——服务器模型的基础上。使用现在的方法，源信息和目的信息都不是Web服务消息本身的一部分。由此可能会产生几个问题，如果传输连接终止（如在响应要等很长的时间而连接超时的情况下）或消息是由中介（如防火墙）发送的，那么信息可能会丢失。

WS-Addressing 提供了一种机制把目标信息、源信息和其他重要的地址信息都直接放在 Web 服务消息中。简而言之，WS-Addressing 能将地址信息从任何特定的传输模型中分离出来。

在许多情况下，消息把目标直接对准服务，而消息中的地址信息可以用 URL 简单地进行描述。但是在实践中常常发现，消息把目标对准了服务中的特定元素或资源。例如，协调服务可能需要协调许多任务，协调器需要把大多数传入消息与它管理的任务实例关联起来而非协调服务本身。

WS-Addressing 为寻址服务所管理的实体提供了一种简单却非常强大的机制，该机制被称为端点引用（endpoint reference）。虽然这样的信息可以以特别的方式在服务的 URL 中进行编码，但是端点引用提供了标准的 XML 元素，这样我们就可以采用结构化的方法来编码细粒度寻址。对寻址进行细粒度地控制并对消息源和目的地进行中立编码的传输，使得 Web 服务消息能够跨各种各样的传输通过中介进行发送；该传输方式还使得采用异步通信和扩展的持续时间两种通信模式成为可能。

另外，有了 WS-Addressing 后发送者还可以自主指示应该传输独立的方式把响应发送到何处。消息的响应可以不必发送到发送者。例如，Http 中没有 WS-Addressing，所以指定把响应发送到别处是不可能的。

消息传递模型的增强使得 Web 服务能够被用于许多业务场景。例如，银行某些业务为了获得批准需要在某些步骤上进行复核。WS-Addressing 提供了一种通用的机制把传入和传出消息与特定的任务关联起来。服务使用的这些机制对于那些通过端点引用来使用服务的人来说是透明的。

2. 服务描述

传输和消息规范允许 Web 服务使用消息进行通信。但是，参与者如何知道消息是什么呢？Web 服务如何文档化或描述它发送和接收的消息呢？

服务描述使 Web 服务能够表达它的接口和功能以实现消息互操作性，除此之外，这些规范还启用了开发工具互操作性（Development Tool Interoperability）。描述规范提供了一个标准的模型，该模型使得来自不同厂商的开发人员可以自由选择各种开发工具，以与 Web 服务把合作伙伴从实现和基础体系结构选择中分离出来的相同方式，描述规范把合作伙伴从开发工具选择中分离出来。

（1）WSDL。Web 服务描述语言（WebService Description Language，WSDL）是服务描述中的基础规范。XML Schema 允许开发人员和服务提供者定义数据结构（例如订购单）和消息（例如 CreatePO 消息）的 XML 类型。WSDL 允许 Web 服务文档化接收和发送的消息。换句话说，服务根据其接收和发送的消息执行什么"动作"或"功能"。

WSDL 为各种各样的消息交互模式提供了支持，它定义了以下 4 种操作类型，其中请求—响应响应是最普通的操作类型：

① 单向（One-Way）：服务方接收消息，但不会返回响应，比如简单的数据接受服务。

② 请求—响应（Request-Response）：服务方接受一个请求并会向调用方返回一个响应。

③ 要求响应（Solicit-Response）：服务方向调用方发送一个请求，然后等待调用方的

响应，比如定时通知服务，对于重要通知，服务方会要求用户给出回执。

④ 通知（Notification）：服务方单方面发送一条消息，但不会等待响应。

WSDL 增强支持文档化服务的协议和消息格式及服务地址。

（2）WS-Policy。WSDL 和 XSD 定义没有提供足够调用 Web 服务的信息。WSDL 和 XSD 定义了服务的接口语义，但是没有说明服务是如何提供它的接口或服务需要调用者提供什么样的前置参数条件。例如，服务是否需要安全性保证或加密策略。

WS-Policy 使服务能够指定其需要服务提供者提供的关键信息以及服务该如何实现它的接口。WS-Policy 对于服务在更高级的功能操作上实现互操作性是至关重要的。安全性、事务处理、可靠消息传递和其他规范需要具体的 WS-Policy Schema。这些规范允许服务描述清楚它们期望得到的或能够提供的相关功能保证策略。

WS-Policy 框架提供了定义策略表达式的基本模型。WS-Policy 支持聚合策略语句的语法，它允许构造更灵活和更完整的策略组。WS-Policy Attachment 指定了如何使策略组与 XML 消息和 WSDL 元素（操作和 portTypes）相关联。WS-Policy 和 WS-Policy Attachment 一起提供了该框架。各个规范定义了特定于它们领域的策略语句和 Schema。WS-PolicyAssertions 提供了一组基础的通用策略语句，可以用于实现互操作性。

3. 获取描述

XML、XSD、WSDL 和 WS-Policy 支持描述服务的接口和服务保证。但是，服务的潜在用户如何找到这种信息呢？目前，用户最常用的方法是通过电子邮件交换或口头表达。为了达到更通用的目的，可伸缩模型是必要的。服务可以选择直接进入服务以使用 WS-MetadataExchange 来获得信息，也可以选择使用 UDDI 服务聚合多个目标服务的信息。当开发人员引用服务并且需要了解它做什么时，可以使用 WS-MetadataExchange；当开发人员想要查找支持一组特定功能的服务引用时，可以使用 UDDI。

① WS-MetadataExchange。服务一般提供描述服务本身的信息（如 WSDL、WS-Policy 和 XSD），我们把与服务有关的信息统称为元数据。WS-MetadataExchange 规范使得服务能够通过 Web 服务接口将元数据提供给其他服务。假定只引用一种 Web 服务，潜在用户就可以访问一组 WSDL/SOAP 操作来检索描述服务的元数据。客户机在设计、构建或运行时可以使用 WS-MetadataExchange。

② UDDI。收集与某个服务有关的一组元数据，并且使其以可搜索的方式被使用，这种方式是非常高效且方便的。这样的元数据可以聚合成存储库，企业可以在其中发布所提供的服务，描述服务的接口和采取特定领域的分类法等。通用描述和发现接口（Universal Description and Discovery Interface，UDDI）规范定义了元数据聚合服务。在设计解决方案时我们可以查询 UDDI 来找到与需求相匹配的服务。例如，开发人员可以在定义 WS-BPEL 工作流时使用这些服务。在运行解决方案时也可以查询 UDDI。在这种场景中，调用者"知道"它调用的接口，并且搜索与其功能匹配的或由知名合作伙伴提供的服务。

4. 服务质量保证

Web 服务之所以引起人们如此大的关注，是因为它们具有跨接不同系统的能力。开发人员已经使用传输协议、消息传递和服务描述的基本功能提出了许多功能完备的解决方案。然而，为了被创建更强大的集成解决方案的开发人员所接受，Web 服务必须确保提供与传统中间件解决方案相同级别的服务保证（Service Assurances），因此仅仅交换消息是不够的。应用程序和服务驻留在中间件和系统上，这些中间件和系统具有价值更高的功能，如安全性、可靠性和事务化操作性。Web 服务必须为这些功能之间的互操作性提供一种机制。

5. 安全性

安全性规范家族对于跨组织 Web 服务是至关重要的。这些规范支持验证和消息的完整性、机密性、信任和隐私，也支持不同组织之间的安全联盟。

（1）WS-Security

WS-Security 是安全 Web 服务的基本构件（Building Block）。目前，大多数分布式 Web 服务依赖于传输层的安全性功能的支持，如 Http/s 和 BASIC-Auth 验证，这些方法提供了最低限度的安全通信。然而，它们提供的功能级别大大低于现有的中间件和分布式环境所提供的功能级别。

下面两个例子显示了 BASIC-Auth 和 Http/s 的不足。

A 发送消息到服务 B。B 对消息进行部分处理后将其转发到服务 C。Https 可以提供 A-B 和 B-C 之间的验证。然而，C 和 A 不能彼此验证，也不能对 B 隐藏信息。对于需要使用 BASIC-Auth 进行验证的 A、B 和 C，它们必须共享复制相同的用户和密码，在许多场景中，这是不能接受的。

WS-Security 解决了这些问题。它支持已签署和加密的安全性令牌。A 可以生成一个令牌，C 可以将此令牌作为来自 A 的令牌加以验证，B 不能伪造该令牌。A 可以签署已选择的元素或整个消息，允许 B 和 C 确认该消息自 A 发送以来没有被更改过；A 可以密封该消息或已选的元素。这确保了只有为这些元素预订的服务才可以使用该信息，阻止了 B 看到为 C 预订的信息，反之亦然。

WS-Security 使用现有的安全性模型（Kerberos、X509 等）具体地定义了如何以可互操作的方式使用现有的模型。没有 WS-Security，多跳（Multi-hop）、多方的 Web 服务计算就不可能是安全的。

（2）WS-Trust

安全性依赖于预先确定的信任关系。Kerberos 之所以有效，是因为参与者"信任"Kerberos 密钥分配中心（Kerberos Key Distribution Center）。PKI 之所以有效，是因为参与者信任根验证机构。WS-Trust 定义了建立和验证信任关系的可扩展模型。WS-Trust 中的密钥概念是指安全性令牌服务（Security Token Service，STS）。STS 是著名的 Web 服务，它签发、交换安全性令牌，并且检查安全性令牌的有效性。WS-Trust 允许 Web 服务建立和约定它们"信任"哪些安全性服务器，并且允许其依赖于这些服务器。

STS 之所以得到了广泛的应用，是因为它可以用于签发安全性令牌来做出各种各样的断言。在许多情况下，它将用于签发相同的断言（不过格式不同）。例如，STS 可能签发 Kerberos 令牌，断言密钥持有者是 Susan，而这样断言的依据可能是其信任的证书机构（Certificate Authority）签署的 X.509 证书，这就使得多个组织能够使用不同的安全性技术来结成联盟。STS 也可以根据传入的断言标识声明的安全性令牌来签署安全性令牌，断言密钥持有者是 BankTellers 中的某个成员。

（3）WS-SecureConversation

在一些 Web 服务场景应用中，我们只需要交换简短零星的少数消息交换，WS-Security 可以很好地支持这种少数消息交换模型。还有一些场景需要在 Web 服务之间进行长期的多消息交谈，WS-Security 也支持这种模型，但这种解决方案不是最佳的。

在这些场景中，有两种次优的 WS-Security 的用法：重复使用昂贵的加密操作，比如公共密钥有效性检查；使用相同的加密密钥发送和接收许多消息，提供更多允许强力攻击以"破坏代码"的信息。

由于这些原因，诸如 Http/s 之类的协议使用公共密钥进行简单的商议，以定义交谈专用密钥（Conversation Specific Keys）。这种专用密钥交换提供了更有效的安全性，并且减少了使用一些特定的密钥进行加密的信息数量。

WS-SecureConversation 为 WS-Security 提供了类似的支持。参与者常常使用带有公共密钥的 WS-Security 开始"交谈"或"会话"，并且使用 WS-SecureConversation 约定签署和加密信息的会话专用密钥。

（4）WS-Federation

WS-Federation 允许一些组织建立一个虚拟的安全性区域，如旅行代理、航空公司和旅馆。获准访问该虚拟安全性区域联盟中任一成员的终端用户可以有效地访问该联盟中的其他所有成员。WS-Federation 通过 WS-Trust 和 WS-SecureConversation 拓扑之间的协议为给定的安全性定义了几种模型。

顾客在与虚拟安全性区域联盟的公司打交道时常常有"特性"，例如，优先选择靠窗或过道旁的座位和中型汽车。WS-Federation 允许成员建立联合的特性空间，允许参与者在安全控制的条件下访问每个成员关于终端用户的特性信息。

为了保护人们的隐私，关于个人的特性和信息可能秘密存放，以避免这些信息给某个成员提供了竞争优势。为了支持这些需求，WS-Federation 支持假名模型（Pseudonym Model）。经过旅行代理验证的用户在与航空公司或旅馆交互的过程中使用代理生成的"别名"，由此保护了终端用户的隐私和旅行代理因知道用户特性而赢得的竞争优势。

6. 可靠性

Internet 的一个基本假设是假设信息通道不可靠，会丢失消息，会中断连接。如果没有可靠的消息传递标准，Web 服务应用程序开发人员就必须将这些功能构建在 Web 服务的应用程序中。Web 服务应用程序中的基本方法和技术是很好理解的，如许多操作系统和中间件系统可以确保可靠的消息有唯一的标识符，提供顺序号，并且会在丢失消息时重新发送。如果应用程序 Web 服务开发人员在应用程序中实现了这些模型，那么就可以选择不同的假定或设计，而结果却没有什么不同（如果采用某种可靠消息传递的话）。

WS-ReliableMessaging 定义了一些机制，因此，Web 服务能够在不可靠的通信网络上传递消息。WS-ReliableMessaging 不仅确保服务实现互操作的方法，而且通过提供实现协议的服务使厂商能够更容易地开发应用程序次数。这大大简化了应用程序开发的任务。从而减少业务逻辑出现错误的次数。

业界有很多面向消息的中间件，这些中间件可以用于可靠地路由和分布消息。每个实现都使用专有的协议。WS-ReliableMessaging 协议允许不同的操作系统和中间件系统可靠地交换消息，支持把两个不同的基础体系结构跨接成一个逻辑上完整的端对端模型。

7. 事务处理

复杂的业务场景可能需要多方交换多组消息。参与者之间交换的多个消息构成逻辑上的"任务"，这些任务必须能够支持事务规则。Web 服务中，WS-Coordination、WS-AtomicTransaction 和 WS-BusinessActivity 能够支持这些需求。

（1）WS-Coordination

WS-Coordination 是用来约定多方、多消息 Web 服务任务结果的通用机制。WS-Coordination 有以下三个关键元素。

①协调上下文（Coordination Context）的消息元素。在 Web 服务计算时，所有发生交换的消息中都会包含协调上下文的消息元素传送。协调上下文包含引用协调服务的 WS-Addressing 端点，而本身又包含用于标识正在协调的特定任务的信息。

②协调器服务（Coordinator Service）。协调器服务提供使用 WSDL 描述的服务，它能够开始协调任务、终止协调任务、允许参与者在任务中注册，并且产生协调上下文的消息元素，所产生的协调上下文的消息元素是一个组内所有消息的一部分。协调服务包括一个用 WSDL 定义的接口，参与的服务可以使用这个接口获得协调的任务结果方面的通知。

③接收带有新协调上下文的消息的 Web 服务，向该上下文中的协调器服务注册以接收结果信息。其他的规范可以在领域方面扩充此框架，并且保证特定的需求。

WS-Coordination 是一个通用的规范，具有通用的功能。WS-AtomicTransaction 和 WS-BusinessActivity 扩展了此规范，以使分布式计算中的参与者能够决定结果。

（2）WS-AtomicTransaction

WS-AtomicTransaction 定义了一组特定的协议，这组协议可以插入 WS-Coordination 模型，以实现传统的两阶段原子事务处理协议。注意：原子的两阶段模型就涉及的服务而言是非常重要的。提供服务的站点或基础体系结构可以大肆宣传两阶段提交模型，但是却使用一些其他的企业内部模型，比如补偿模型或版本模型。这种自由的模型搭配方式使得简单的两阶段提交模型对于长期运行的 Internet 计算更有用。

（3）WS-BusinessActivity

WS-BusinessActivity 定义了一组特定的协议，这组协议可以插入 WS-Coordination 模型，以实现长期运行的、基于补偿的事务处理协议。虽然 WS-BPEL 为业务处理定义了一个事务处理模型，但是指定对应协议翻译的是 WS-BusinessActivity。这又是一个 Web 服务规范的可组合性的例子。

8. 服务组装

在 Web 服务分层中，最上层的元素是服务组合（Service Composition）。服务组合使开发人员能够把一系列 Web 服务组合成为新的服务，定义其使用的 SOAP 消息交换及用 WSDL 和 WS-Policy 描述接口和功能。

用于 Web 服务的业务流程执行语言 WS-BPEL（Business Process Execution Language）的早期版本也被称为 BPEL4WS（Business Process Execution Language for WebService），该规范支持服务组合，它使开发人员能够为共同实现一个业务流程的 Web 服务定义结构和行为。这组服务中的每个元素都用 WSDL 和 WS-Policy 定义自己的接口。组合的解决方案本身就是 Web 服务，它支持 Http/SOAP 消息并且使用 WSDL 和 WS-Policy 定义其接口。

组合包括结构（Structure）、信息（Information）和行为（Behavior）三个方面。WS-BPEL 引入了三种结构来支持业务流程的每个组合方面中包括的多个方面。

partnerLink 定义了参与整个解决方案的组合服务和 Web 服务之间命名的关联。组合服务和参与服务使用 WSDL 和 WS-Policy 定义了彼此的接口。制造企业和供应商之间的关联就是一个例子。组合服务和合作伙伴之间的 partnerLink 概念和 WSDL/WS-Policy 接口定义了服务组合的结构，它们定义了协作构成组合的服务类型及它们与哪些级别的保证（安全性、事务处理等）交换哪些信息。

WS-BPEL 还为服务组合的信息的定义提供了支持。WS-BPEL 定义了变量的概念。组合服务可以定义一组变量，其中的每个变量都有自己的 XSD 定义。特定服务的当前状态就是它的变量状态。WS-BPEL 可以将 Web 服务与外界交互的信息保存在变量中，并为变量之间的数据传送提供了支持。

WS-BPEL 通过活动（Activity）的概念定义了服务的行为。WS-BPEL 定义的服务是一组活动或"步骤"，它们定义了服务的行为，最基本的活动是把消息发送到合作伙伴或从合作伙伴那接收消息。WS-BPEL 活动的一个关键方面是可以定义抽象（Abstract）流程，以支持业务合作伙伴之间或垂直行业领域（比如供应链）的互操作业务协议。

WS-BPEL 还支持几种控制活动的执行流的方法，包括顺序流和基于图形的流。

总之，WS-BPEL 补充了两项以前对 Web 服务规范的定义。一是 WS-BPEL 扩展了服务描述：与定义单一服务接口和功能的 WSDL 和 WS-Policy 不同，WS-BPEL 支持把 Web 服务组合成聚合服务，文档化了服务之间的关联，如信息流和行为；二是它是可执行语言（execution language）。WS-BPEL 允许开发人员完全指定组合的 Web 服务行为。

在下面的任务中，我们将详细地学习最基本 Web 服务规范：SOAP、WSDL 和 UDDI。

2.1.5 任务回顾

知识点总结

1. 开放的技术和统一标准的重要性：快速响应、互联互通、提高性能。
2. 三个最主要的标准组织：W3C、OASIS 和 WS-I。
3. Web 服务的三个角色：Service Provider、Service Registry 和 Service Requester。
4. Web 服务的三个动作：publish、find 和 bind。
5. Web 服务的特性：自包含、自描述、独立于实现技术和可互操作、开放的和基于标准的、动态、可组合的和松散耦合。
6. Web 服务规范。

学习足迹

项目 2 任务一的学习足迹如图 2-4 所示。

项目2 Web服务基础知识导入

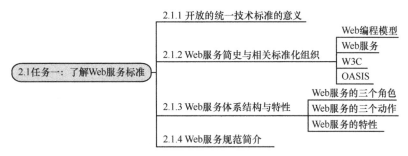

图2-4 项目2任务一学习足迹

思考与练习

1. 以下哪项不属于Web服务的标准组织？（   ）
   A. W3C   B.3GPP   C. WS-I   D.OASIS
2. SOA结构中共有三种角色，分别是服务提供者（Service Provider）、服务注册中心（Service Registry）和_____。
3. SOA结构的三种角色之间使用了哪三种操作，分别有什么作用？

2.2 任务二：简单对象访问协议（SOAP）

【任务描述】

对于应用程序开发来说，程序之间进行因特网通信是很重要的。目前的应用程序使用远程过程调用（RPC）在DCOM与CORBA等对象之间进行通信，但是Http不是为此设计的。RPC会产生兼容性以及安全问题，防火墙和代理服务器通常会阻止此类流量。不同的应用程序之间通过Http进行通信效果更好，因为Http得到了所有的因特网浏览器及服务器的支持。创造SOAP就是为了完成这个任务。

SOAP提供了一种标准的方法，使得运行在不同的操作系统并使用不同的技术和编程语言的应用程序可以互相进行通信。

这就是我们要完成的第二个任务：了解简单对象访问协议（SOAP）。

2.2.1 SOAP简介

对于传统的分布式计算技术,不同平台都提供了自己独特的远程过程调用技术。比如，微软的DCOM和COM+，Java的RM1/IIOP和CORBA。它们都提供了针对本平台的二进制信息交互协议，这样的设计在同构的系统中使用的效果很好，但对于异构系统则显得非常复杂。例如，一个CORBA客户程序需要获得DCOM程序的服务，常见的解决方案是使用一个COM/CORBA桥。然而这种解决方案存在许多问题，繁杂的双向转换将使得中间起桥接作用的软件变得异常复杂。面向互联网的分布式计算需要支持不同架构的平台和大规模分布环境，那些传统技术就显得无能为力了。

SOAP是为了解决互联网中分布式计算所存在的互操作性问题而出现的。SOAP的指导理念是"它是第一个没有发明任何新技术的技术"。SOAP采用了两个广泛使用的协议：Http和XML。Http用于SOAP消息的传输，而XML是SOAP的编码模式。SOAP可以非常方便地解决互联网中消息互联互通的需求。SOAP是SOA应用中理想的通信协议，也被戏称为"SOA Protocol"，它可以与其他Web服务协议构建起SOA应用的技术基础。

SOAP以XML形式提供了一个简单、轻量的用于在非集中、分布式环境中交换结构化和类型信息的机制，基本包括以下4部分内容。

① SOAP封装（Envelope）。SOAP封装定义了一个整体框架用来表示消息中包含什么内容，谁来处理这些内容及这些内容是可选的或是必需的。

② SOAP编码规则（Encoding Rules）。SOAP编码规则定义了用以交换应用程序的数据类型实例的一系列机制。

③ SOAP RPC表示。SOAP RPC表示定义了一个用来表示远程过程调用和应答的协定。

④ SOAP绑定（Binding）。SOAP绑定使用底层协议交换信息，主要描述了SOAP消息如何在Http消息中进行传送的。

对于SOAP而言，这些部分在功能上是正交的、彼此独立的。封装和编码规则被定义在不同的XML命名空间（Name space）中，使得协议定义更加简单。对于SOAP应用，只有SOAP封装规则是必须支持的，用户可以根据自己的具体需求决定是否使用其他部分定义。

SOAP的设计目标是简明性和可扩展性，它并不是传统的消息系统或分布式对象系统的替代品，像分布式垃圾收集、对象引用、激活等复杂技术并不包括在协议范围之内。SOAP除了支持RPC类型的通信方式，也支持文档类型（面向消息）的通信方式。从SOAP 1.2开始，"SOAP"一词不再代表简单对象访问协议（Simple Object Access Protocol）的首字母缩写，而是一个独立的术语。

2.2.2 SOAP消息处理机制

SOAP消息利用了XML Infoset进行定义。XML Information Set是W3C的推荐标准，也被称为XML Infoset，它定义了一种抽象的模型，模型把XML文档描述为一系列带有特定属性的对象，即信息项（Information Item）。

简明性和可扩展性是SOAP设计的重要目标。SOAP消息包含<Envelope><Header>和<Body>三个元素的XML文档信息项，如图2-5所示。Envelope是SOAP消息的根元素，包含一个可选的Header元素和一个必需的Body元素。Header元素是一种以非集中的方式增加SOAP消息功能的通用手法，其每个子元素都被称为一个Header Block。SOAP预定义了几个属性来指示应该由谁来处理特定的Header Block——"role"，以及这种处理是可选的还是必需的"mustUnderstand"，下文分别介绍了这两个属性。目前，Header元素总是Envelope的第一个子元素；Body元素总是Envelope的最后一个子元素，它同时也是供最终消息接收者使用的"有效负载"的容器。SOAP 本身没有定义内置的 Header Block，只定义了一个有效负载，即用于报告错误的 Fault 元素。

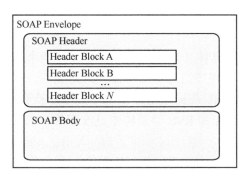

图2-5　SOAP消息格式

SOAP 消息描述了一个用于旅行预订的请求，代码如下：

【代码 2-1】　旅行预订请求 SOAP 消息示例

```
1  <?xml version="1.0"?>
2  <env:Envelope xmlns: env= "http: //www.w3.org/2003/05/soap-envelope">
3  <env:Header>
4  <m:reservation xmlns:m= "http: //travelcompany.example.org/reservation"
5   env:role="http://www.w3.org/2003/05/soap-envelope/role/next"
6     env:mustUnderstand="true">
7  <m:reference>uuid:093a2da1-q345-739r-ba5d-pgff9Sfe8j7d
8  </m:reference>
9  <m:dateAndTime>2001-11-2913:20-05:00</m:dateAndTime>
10 </m:reservation>
11 <n:passenger xmlns:n="http://mycompany.example.com/employees"
12 env:role="http: //www.w3.org/2003/05/soap-envelope/role/next"
13 env:mustUnderstand="true">
14 <n:name>Zhu Xin </n:name>
15 </n:passenger>
16 </env:Header>
17 <env:Body>
18 <p:itineraryxmlns:p="http: //travelcompany.example.org/reservation/ travel">
19 <p:departure>
20 <p:departing>New York</p:departing>
21 <p:arriving>Los Angeles</p:arriving>
22 <p:departureDate>2001-12-15</p:departureDate>
23 <p:departureTime>late afternoon</p:departureTime>
24 <p:seatPreference>aisle</p;seatPreference>
25 </p:departure>
26 <p:return>
27 <p:departing>Los Angeles</p: departing>
28 <p:arriving>New York</p:arriving>
29 <p:departureDate>2001-12-20</p: departureDate>
30 <p:departureTime>mid-morning</p:departureTime>
31 <p:seatPreference/>
32 </p:return>
33 </p:itinerary>
```

```
34<q:lodging     xmlns:q="http://travelcompany.example.org/
reservation/hotels">
35<q:preference>none</q:preference>
36</q:lodging>
37</env:Body>
38</env:Envelope>
```

SOAP 中的消息头和消息体（有效负载）使用了同一个模型，这样，可以确保基础架构消息（消息头）和应用程序信息（消息体）的完整性。应用程序可以根据消息头和消息体的内容进行路由。XML 数据模型开发的工具可以检查和构建完整的消息。过去，这些益处在 DCOM、CORBA 和 RMI 等架构中是没有的，它们的协议头对应用程序来说是并不透明的。

SOAP 消息是从发送者向接收者被单向传送的。多个单向消息的组合可以形成较为复杂的模式，如同步请求/响应消息对。发送或接收消息的任何一个软件代理都被称为一个 SOAP 节点（SOAP Node）。启动消息传输的节点称为原始发送节点。使用和处理消息的最后一个节点称为最终接收节点。在原始发送节点和最终接收节点之间处理消息的任一节点叫作中介（Intermediary）。SOAP 中介节点既是消息接收者也是消息发送者，用于消息的分布式处理。消息经过的所有中介节点和最终接收节点统称为消息路径（Message Path），图 2-6 所示是消息路径示例。

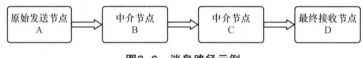

图 2-6 消息路径示例

为了能识别消息路径的各个部分，每个节点都担任一个或多个角色。SOAP 角色是一种分类模式，它将一个基于 URI 的名称与某些抽象功能（如缓存、验证、授权）关联在一起。基础 SOAP 规范定义了 Next 和 UltimateReceiver 两个内置角色：Next 是一个通用角色，除了发送节点之外的每一个 SOAP 节点都属于 Next 角色。UltimateReceiver 所扮演的角色是消息路径终端节点，它通常是应用程序，或在某些情况下代表该应用程序执行任务的基础架构。

SOAP 消息体总是针对最终接收节点，而 SOAP 消息头既可以针对某一中介节点，也可以针对最终接收节点。为了提供一个安全且版本可控的消息处理模型，SOAP 定义了 role、relay 和 mustUnderstand 三个属性，这三个属性控制中介和最终接收节点处理某一指定的 Header Block 方式。role 属性用于确定 Header block 所针对的节点。mustUnderstand 属性用于指示在 Header Block 未被认出的情况下该节点是否可以忽略 Header Block。带有 mustUnderstand="true" 标记的 Header Block 被称为强制 Header Block（Mandatory Header Block）。标记为 mustUnderstand="false" 或没有 mustUnderstand 属性的 Header Block 被称为可选 Header Block。relay 属性用来指示节点应当如何处理未被认出的 Header，是发送还是放弃。每一个 SOAP 节点都必须使用 role、relay 和 mustUnderstand 这三个属性来实现 SOAP 处理模型，该执行模型如下。

① 当前 SOAP 节点使用 role 属性确定 SOAP 消息中所有需要处理的 Header Block 集

合（默认表示该 Header Block 针对最终接收节点）。

② 当前 SOAP 节点检查是否能处理所有强制 Header Block（mustUnderstand 为 true）处。如果有强制 Header Block 则不能被当前 SOAP 节点处理，因此，必须丢弃该消息，并生成一条醒目的错误消息。

③ 处理消息。可以忽略可选消息 Header Block。

④ 如果 SOAP 节点不是消息的最终接收节点，根据协议，所有已被处理的消息头将从消息中删除，当然用户也可以根据需要重新再插入该 Header Block。如果未被处理的 Header Block 的 relay 属性为 true，则它会继续随着消息被转发到消息路径中的下一个 SOAP 节点，否则将会从消息中删除。SOAP 节点可以自由地将新的 Header Block 插入到转发消息中。

SOAP 处理模型旨在实现应用可扩展性和版本控制。如果在消息中添加了可选 Header Block（如标记为 mustUnderstand="false" 的 header），则不会影响原有消息的处理逻辑，因为任何 SOAP 节点都可自由忽略它。而添加强制 Header Block（如标记为 mustUnderstand="true" 的 header）是一种破坏性变化，只有能够处理新加入的 Header Block 语法和语义的 SOAP 节点才能够继续处理 SOAP 消息。

利用 SOAP 的 Header Block 使得应用可以采用非集中控制的方式进行扩展，使得 SOAP 非常灵活。同样，大量的标准化协议扩展都是建立在 SOAP 处理模型基础上的，如 WS-Security、WS-Addressing 等。

SOAP 所提供灵活性的消息传递使 Web 服务能以多种消息交换模式进行通信，从而满足分布式应用的需求。最常见、方便的方式是远程过程调用，即采用同步请求/响应消息交换模式。发送者在发出 SOAP 消息之后，等待接收和处理响应消息，这种方式不适合长时间的操作处理，如旅行预订等请求可能需要数天才能处理完毕，这时我们需要采用单向消息交换模式。与远程过程调用的情况不同，异步消息传递允许发送者在每一个消息传输之后继续进行处理，而不必被迫阻塞并等待响应。同步请求/响应模式也可以构建在异步消息传递的基础之上，但必须指明请求与响应消息的相关性。其他还有基于发布/订阅的模式，这非常适合接收者可能要与消息源间歇断开连接的情况。

2.2.3　SOAP对于传输协议的独立性

SOAP 的一个重要特点是它独立于底层传输机制。Web 服务应用程序可以根据需要选择自己的数据传输协议，并在发送消息时确定相应的传输机制。而且，底层传输机制可能会随着消息在节点之间的发送而变化，这大大提高了传输的灵活性。

虽然 SOAP 消息处理框架独立于底层传输协议，但是为了确保各种 SOAP 应用和基础结构之间的互操作性，定义协议绑定是非常有必要的。我们针对具体的协议绑定准确地定义了如何利用给定的协议传输 SOAP 消息。由于 Http 被广泛使用，SOAP 1.1 规范仅定义了基于 Http 的协议绑定方式，描述利用 Http 请求和响应消息来进行 SOAP 消息交换的实现细节。

SOAP 请求/响应模式可以映射到 Http 请求/响应协议模型中。图 2-7 所示说明了 SOAP Http 绑定的很多细节。

数据共享与数据整合技术

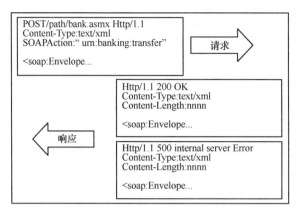

图 2-7　SOAP Http 绑定

Http 请求和响应消息的 Content-Type 标头都必须被设为 application/ soap+xml。对于请求消息，它必须使用 POST 作为动词，而 URI 应该能识别 SOAP 处理器。SOAP 规范还定义了一个名为 SOAPAction 的 Http 标头，所有 SOAP Http 请求（即使是空的）都必须包含该标头。SOAPAction 标头表明了该消息的意图。Http 响应如果没有发生任何错误，它应该使用 200 状态码，如果包含 SOAP 错误，则应使用 500 状态码。更多细节请参见 SOAP 规范。

Http 是目前 Web 服务中最常见的传输协议之一，但是由于协议本身的特点和局限性，使得采用 SOAP over Http 绑定的 Web 服务并不能满足某些企业应用的需求，具体有以下几点。

① Http 不是一个可靠的传输协议。如果因为网络原因造成传输失败，客户端无法判断出现问题的原因是发生在发送请求过程还是在接收应答过程中。SOAP over Http 无法满足企业应用对可靠性的要求。

② Http 是基于请求/响应模型，客户端需要等待接收完成应答消息后才能继续执行下一步操作。这种同步传输的工作模式不适合一些需要长时间执行的服务，而且会限制系统的可伸缩性。

因此，企业要根据需要选择合适的传输协议。例如，使用 UDP 提供的多路广播功能（Multi-cast Capabilitiy），使一个发送者可以将消息同时发送给多个接收者。另外，还提供了一种非常有用的技术，即采用 JMS（Java Message Service）作为可靠的、异步传输机制。JMS 是业界第一个消息中间件（Message Oriented Midware，MOM）标准，它规范了消息服务的编程接口，但未规定具体的实现和底层消息传输技术。JMS 几乎得到了所有 MOM 厂商的支持，它使得应用程序在不同 MOM 之间的移植变得更加简单。选择 JMS 作为 SOAP 传输机制时，得益于这个广泛应用的统一 MOM 标准，不同的应用程序可具有更强的互连通性、可靠性和可伸缩性。

图 2-8 所示为 SOAP over JMS 的通信层次。其中应用程序使用 JAX-RPC API 访问 Web 服务引擎，SOAP 消息会被包装在 JMS 消息之中，并通过底层消息服务进行传递。

注意：由于 JMS 绑定没有被标准化，不同厂商的实现也存在不同。一般来说，用户只能通过相同厂商的 Web 服务客户端来访问该厂商平台上发布的 JMS 绑定的 Web 服务，这给它的推广和应用造成了一定的不便。这也是我们采用非标准绑定方式的 SOAP 服务普遍存在的问题。但是我们不应因噎废食，通过合理的设计和规划，我们可以充分利用特定传输协议的优点而尽量减少不必要的冲突。

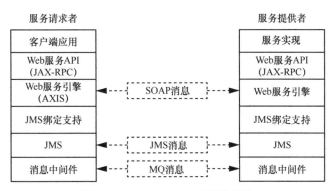

图2-8　SOAPoverJMS通信层次

2.2.4　SOAP编码

分布式系统需要将数据转换为协议支持的格式才能进行传输，这个数据转换过程被称为序列化与反序列化。在最初的 SOAP 规范编写时，Web 服务背后的各种概念和技术尚处在萌芽阶段。人们计划利用 SOAP 将分布式对象技术（DCOM、CORBA 和 RMI）与 Internet 技术（XML 和 Http）更好地集成起来，目标是建立一种基于 XML 的通信协议，而不依赖于由不同的技术（NDR、CDR 和 JRMP）进行支持的各种二进制消息格式。

为了让分布式应用程序中的客户端和服务器创建并使用消息，我们需要知道如何将本地数据对象序列化/反序列化为 SOAP 消息。大多数分布式对象系统依赖于编译的 proxy/stub/skeleton 和元数据的二进制表示形式（COM 类型库、CORBA 接口库或 Java .class 文件）的组合来提供这些信息，SOAP 没有改变这一点。SOAP 规范中假定了应用程序开发人员确保客户端和服务器已经具有正确处理 SOAP 消息所需的任何信息。

SOAP 规范中有两个自然的选择：一是定义一种通用方法来描述消息，然而那时 XSD（XML Schema）规范还未完成；二是为通用的、面向对象的数据结构映射到 XML 消息格式提供一些指导。于是，基于非类型化结构定义了一种数据模型，编写了 SOAP 编码规则。它解释了如何将 SOAP 数据模型的实例序列化为 SOAP 消息。而将具体技术映射到 SOAP 数据模型的工作则留给实现者来完成。SOA 数据模型实现异构通信如图 2-9 所示。

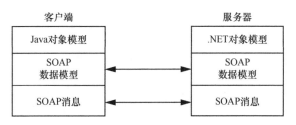

图2-9　SOAP数据模型实现异构通信

随着对 WebService 研究和应用的深入，人们希望能下载有关 SOAP 服务的描述说明，以便创建客户端来与服务器对话。为了保持 Web 服务实现与具体编程语言无关的特性，人们提出了一种跟 SOAP 自身一样可移植的通用元数据格式，即 WebService 描述语言（WebService Description Language，WSDL）。WSDL 文档可以定义如何将抽象接口映射到具体的传输协议和消息结构上。通常 WSDL 使用 XSD 作为消息格式的定义。任务三中我们将一起学习 WSDL 的相关内容。

2.2.5　SOAPUI WebService测试介绍

由于 Web 服务是被程序调用的，一般不会提供界面让最终用户或测试人员直接使用，在 SOAPUI 等测试工具出现之前，测试人员不得不自己编写程序来测试它，测试人员需要花费很大的精力去了解底层的接口，调用关系和详细的协议。这导致测试人员不能把注意力集中到测试中。SOAPUI 的出现极大地改变了这种局面，作为一个开源的工具，它强大的功能、易用的界面，用户可以在其中通过简单地操作完成复杂的测试，不需要了解底层的细节，这极大地减轻了测试人员的工作量，SOAPUI 支持多样的测试，例如功能测试、负载测试和回归测试等。

1. SOAPUI 的安装

安装前先要获取 SOAPUI 的安装文件，SOAPUI 的官网可免费下载开源版即可使用大部分功能。如图 2-10 所示，单击 SOAPUI OpenSource 下方的"Get It"，就会自动开始下载。

图2-10　SOAPUI下载

双击下载的安装文件，开始安装向导，如图 2-11 所示

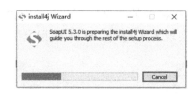

图2-11　SOAPUI安装向导

在安装向导完成后，很快可以看到如图 2-12 所示的对话框。

单击"Next"按钮进入下一步，用户需要阅读 SOAPUI 要求的协议，并接受协议进入下一步，如图 2-13 所示。

项目2　Web服务基础知识导入

图2-12　SOAPUI安装开始对话框

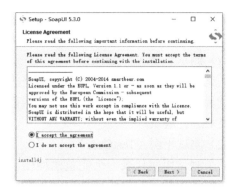

图2-13　SOAPUI安装许可协议对话框

选择接受，并单击"Next"按钮进入下一步。这里要设置程序安装的路径，SOAPUI 会给出默认路径，如果你不修改路径则会默认安装在 C:\Program Files\SmartBear\SoapUI-5.3.0，如图 2-14 所示。

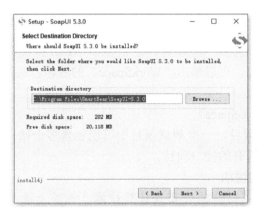

图2-14　SOAPUI安装路径选择对话框

接下来继续单击"Next"按钮，完成整个安装过程。

2. SOAPUI 基础知识

SOAPUI 基础知识概况如图 2-15 所示。

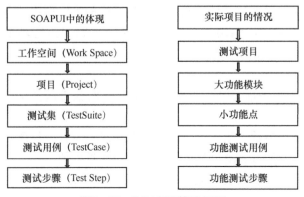

图2-15　SOAPUI基础知识

47

SOAPUI 中的测试项目组成和实际项目的对比如图 2-15 所示。图 2-16 是 SOAPUI 中具体项目树状列表的截图。

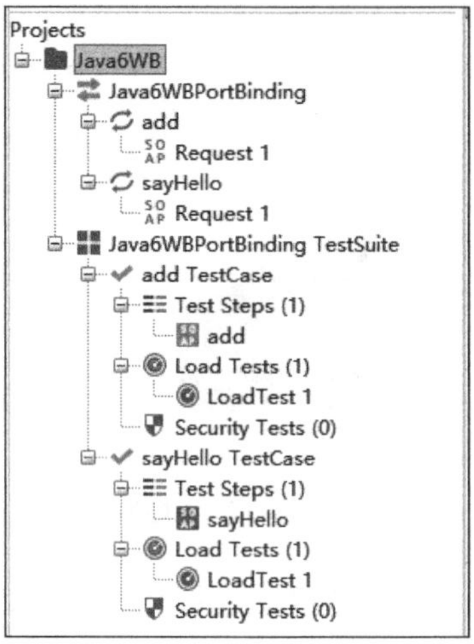

（1）测试步骤（TestStep）

测试步骤是最小的单位，一个完整的测试用例是由多个测试步骤组成的，而每一个测试步骤都需要根据实际的业务要求进行组织。

（2）测试用例（TestCase）

一个测试用例代表一个完整的操作，接口测试的目的在于模拟外部的调用来验证接口的功能，而接口功能的各个分支则由入参测试数据的不同来遍及。

（3）测试集（Test Suite）

测试集主要是为了区分大功能模块里的不同小功能点而引入的概念，一般一个 WebService 都包含多个接口，此处可根据需要添加测试集。

图2-16　SOAPUI项目树状列表

（4）项目（Project）

SOAPUI 里一个接口对应一个项目，这是由 SOAPUI 提供的功能所决定的，我们每次要测试一个新的接口时，可以单击"WorkSpace"的名称，从菜单中选择 New SOAPUI Project 来引入新的 WSDL。

（5）工作空间（Work Space）

工作空间对应测试项目，一个测试项目中可能包含多个接口，这些接口都同属于一个项目，工作空间管理所有的接口项目。

3. WebService 测试说明

WebService 是一种革命性的分布式计算技术，本质上就是网络上可用的 API，是可以直接在网络环境中调用的方法。WebService 发布后，其服务是封装在一个 WSDL（WebService Description Language，WebService 描述语言）文件中的，客户端发送请求主要是向发布好的 WSDL 地址以 SOAP 方式发送请求，调用过程如下。

（1）服务端

① 生成服务描述文件，以供客户端获取。

② 接收客户端发来的 SOAP 请求消息，解析其中的方法调用和参数格式。

③ 根据 WSDL 的描述，调用相应的 COM 对象来完成指定功能，并把返回值放入 SOAP 回应消息中同时返回给用户。

（2）客户端

① 取得服务端的服务描述文件，解析该文件从而获得服务端的服务信息以及调用方式。

② 指定调用方法和参数，生成恰当的 SOAP 请求消息，发往服务端。

③ 等待服务端返回的 SOAP 回应消息，解析得到返回值。

WebService 的测试主要围绕功能测试、性能测试和安全性测试展开，下面主要描述 WebService 三大测试的要点。

① WebService 功能测试

测试目的：测试系统所实现 WebService 接口的功能。

进入条件：开发人员提供已实现功能的程序包和待测试 WebService 的方法名、参数以及实现的功能描述。

测试要点：不同的参数组合，按不同的设计要求返回相应的信息。

② WebService 性能测试

测试目的：测试系统所实现 WebService 接口的性能。

进入条件：WebService 接口的功能测试已完毕。

测试要点：测试并发调用 WebService 接口，观察其性能表现，主要是在不同的并发量、持续运行时间和数据库不同容量下，事务的响应时间、总事务数、事务的成功率、点击率等，同时监控硬件资源的消耗情况。

③ WebService 安全性测试

测试目的：测试系统所实现 WebService 接口的安全性。

进入条件：WebService 接口的功能测试已完毕。

测试要点：测试 WebService 接口的调用是否有用户名、密码验证，恶意调用是否会导致系统崩溃等。

4. 功能测试 WebService

本书的 2.3.4 节提供了一个使用 JDK 开发 WebService 的简单案例，这里我们借用该案例中发布的 WebService 来使用 SOAPUI 进行相应的测试。我们需保证服务端运行后，再打开浏览器访问：http://localhost:8080/ws/Java6WB?wsdl，我们可以看到 WSDL 的详细内容，整个过程中需保持服务端处于运行状态。

新建 SOAP 工程，单击"File"→"New SOAP Project"，如图 2-17 所示。

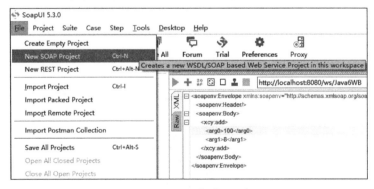

图2-17　SOAPUI新建SOAP工程

在弹出的对话框中输入待测试的 ws 信息，然后单击"OK"按钮到下一步。

Project Name：Java6WB。

Initial WSDL：http://localhost:8080/ws/Java6WB?wsdl，指定一个 WSDL 的路径，可以是本地或网络 URL。这里我们填写 2.3.4 节小案例中本地服务端提供的 Web 服务描述文件，如图 2-18 所示。

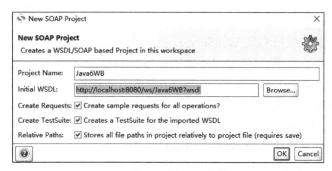

图2-18 SOAPUI新建SOAP工程导入WSDL文件

Create Requests：选中，为每个接口创建一个请求的例子。
Create TestSuite：选中，为 WSDL 创建一个测试包。
Relative Paths：选中，要求将所有的文件路径存储到工程文件。
单击"OK"按钮后，选择工程文件的存储路径，如图 2-19 所示。

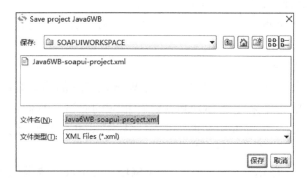

图2-19 SOAPUI新建SOAP工程文件存储路径选择

单击"保存"按钮，到下一步生成初始的测试用例，如图 2-20 所示。

图2-20 SOAPUI生成初始的测试用例

选择 One TestCase for each Operation：每个接口创建一个用例。

选择 Create new empty requests：创建一个空的请求。

选择 Operations：待测试的方法，我们的该小案例服务端提供了两个方法，分别是 add 做加法运算和 sayHello。

选择 Generates a default LoadTest for each created TestCase：每个用例生成一个负载测试（为后面性能测试做准备）。

单击"OK"按钮后，填入 TestSuite 的名称，如图 2-21 所示。

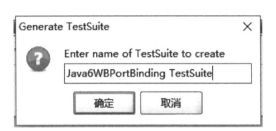

图2-21　SOAPUI填入TestSuite的名称

单击"确定"按钮后，我们可以看到在 SOAPUI 的左侧生成了树状目录，如图 2-22 所示。至此，新建 Project 就已经完成了。

创建项目的时候我们选择了 Create sample requests for all operations，所以每个接口方法都会自动创建一个请求，如图 2-22 中的 add 和 sayHello。对于这两个方法，我们依次进行功能测试。我们先来测试 sayHello 方法，双击"sayHello"，打开编辑面板，左边是请求内容，右边是响应内容，如图 2-23 所示。

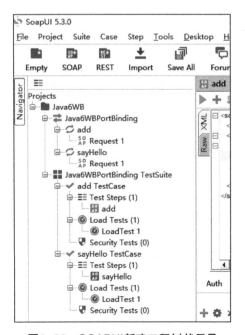

图2-22　SOAPUI新建工程树状目录

数据共享与数据整合技术

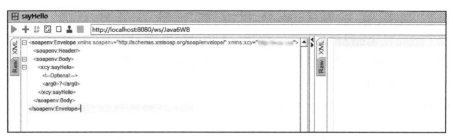

图2-23　SOAPUIsayHello方法测试编辑面板

将 \<arg0>?\</arg0> 中间的 "?" 替换为我们想要的 sayHello 的对象，然后单击 "小三角" 按钮，在界面右侧查看结果，如图 2-24 所示。

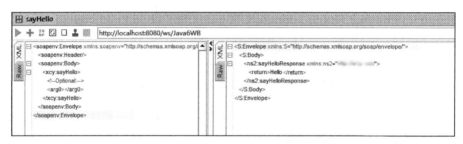

图2-24　SOAPUIsayHello方法测试结果

我们可以看到服务端正确地返回了 "Hello China" 的字段，表示本次 Web 服务请求成功。接下来我们继续测试 add 方法。同样双击 "add"，打开编辑面板，左边是请求内容，右边是响应内容，将参数 \<arg0>?\</arg0> 和 \<arg1>?\</arg1> 中的 "?" 替换为我们想要输入的、做加法运算的数值，这里我们给的分别是 100 和 8，然后单击 "小三角" 按钮，在界面右侧查看结果，如图 2-25 所示。

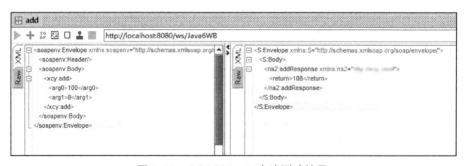

图2-25　SOAPUI add方法测试结果

这里还要介绍一个比较重要的功能，就是断言（Assertion），可以理解为检查点。在做复杂的功能测试时，断言在测试中帮助我们不用人为地判断接口功能是否正确，能快速检查出问题点，由程序直接判断返回结果，核实返回结果是否正确。单击执行按钮旁的 "+" 按钮，鼠标放在上面会显示出 "Adds an assertion to this item（将 "断言" 添加至此项中）"，如图 2-26 所示。

项目2　Web服务基础知识导入

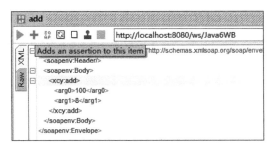

图2-26　SOAPUI增加"断言"按钮

在弹出的增加断言界面，选中"Contains"的断言，意思是该检查点将通过文本比对，判断返回内容中是否包含我们所指定的文本内容。单击"Add"按钮，如图 2-27 所示。

图2-27　SOAPUI增加"断言"界面

简单说明其中几种选项的含义。

Not SOAP Fault：不是"失败响应"。

SOAP Response：是一个 SOAP 响应。

Contains：响应内容包含的文本。

XPath Match：指定 XML 节点的内容。

SOAP Fault：是一个"失败响应"。

Not Contains：响应内容不包括哪些文本。

在弹出的断言命名窗口文本框中填入该"断言"的名称，如图 2-28 所示。

图2-28　SOAPUI新增"断言"命名界面

单击"确定"按钮，图 2-29 所示的窗口会弹出，在 Content 文本框中输入我们对返回内容的期望值，由于前面我们对加法运算的两个参数分别赋值为 100 和 8，这里我们应当填入的值是 108，如图 2-29 所示。

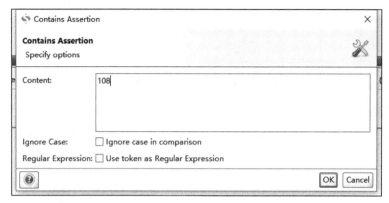

图2-29　SOAPUI"断言"文本比对期望值填入窗口

单击"OK"按钮，"断言"添加完毕。此时如果我们将 <arg0>100</arg0> 修改为 <arg0>101</arg0>，发送请求得到的响应值将会是"109"，此时"断言"便起到了作用，程序在运行用例时，自动校验出返回的结果报文中并没有包含"108"，如图 2-30 所示。

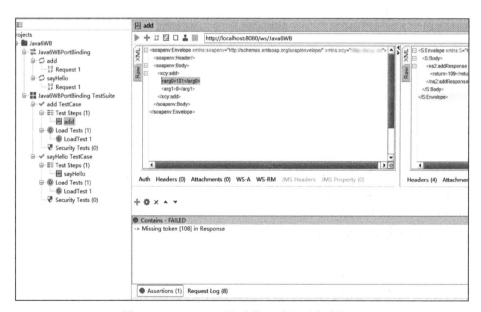

图2-30　SOAPUI"断言"文本比对失败提示

5. 性能测试 WebService

性能测试在 SOAPUI 中称为 LoadTest。我们针对一个 SOAPUI 的 TestCase，可以建立一个或多个 LoadTest，这些 LoadTest 会自动地把 TestCase 中的所有步骤添加到其中，在运行时，SOAPUI 会自动使用多个线程来运行这些 TestStep，同时也会监控它们的运行时间，例如最短时间、最长时间、平均时间等。这样用户能够很直观地看到Web服务的响应时间，从而调优性能。

在创建完测试用例后，SOAPUI可以快速地让用户创建用例对应的负载测试用例，它是非常实用的功能，能较早发现性能问题。SOAPUI创建负载测试只要简单地选择一个功能测试用例，单击鼠标右键并且选择"New LoadTest"即可。SOAPUI的负载测试可以让用户在功能测试完成的情况下，快速地、方便地检验WebService接口是否能够承载指定的负载量。

接下来，我们在add TestCase下新建一个LoadTest，如图2-31所示。

新建完成后会系统自动弹出LoadTest窗口界面，如图2-32所示。SOAPUI LoadTest界面里有很多我们可以自定义的参数，简单解释如下。

Limit：表示我们负载测试要持续执行的时间，以秒为单位，此处表示要执行60s。

Threads：配置负载测试所用的线程数，即一般性能测试中所说的并发数，此处表示5个并发线程。

Test Delay：设置测试时线程的休眠时间，在完成一次完整的用例执行后，开始下一次执行时，线程的休眠时间以毫秒为单位（1000ms是1s），图2-32中为1000ms。

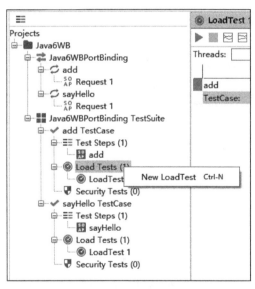

图2-31　SOAPUI新建LoadTest

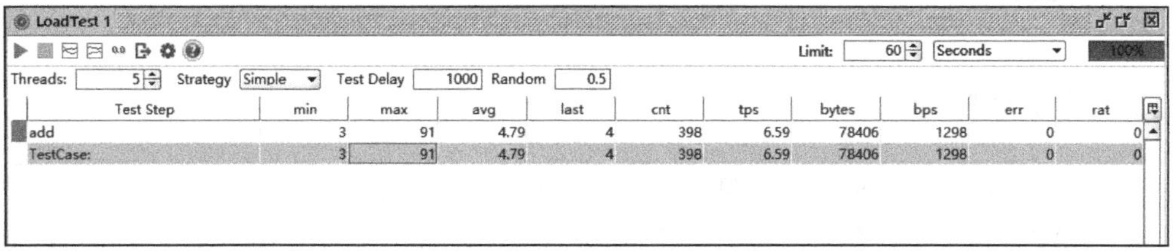

图2-32　SOAPUI LoadTest界面

Random：该值的设置是与"Test Delay"的设置结合在一起的，它表示休眠的时间会在"Test Delay"×（1-0.5）=500ms 和"Test Delay"×（1+0.5）=1500ms 之间波动，如果设置为 0，则表示"Test Delay"的值不会随意地变化，直接是初始设置的毫秒数；如果设置为 1，则表示完全随机。图 2-32 中该值设置为 0.5。

测试关注的数据跟随测试的进行而持续地发生变化，我们能够得到下面一些数据。

min/ max / avg /last 分别是最小 / 最大 / 平均 / 最后一次请求的响应时间（响应时间是指提交请求和返回该请求的响应之间使用的时间）。

cnt：脚本运行的总次数（可以看作是总事务数）。

tps：每秒处理事务的请求数。

bytes：总的吞吐量。

err：错误的请求数（可以看作是失败的事务数）。

也可以通过单击" "图标，查看测试结果数据的整体走向，如图 2-33 和图 2-34 所示。

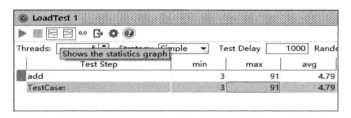

图2-33　SOAPUI LoadTest图表分析按钮

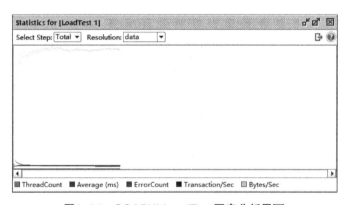

图2-34　SOAPUI LoadTest图表分析界面

2.2.6　任务回顾

 知识点总结

1. SOAP：Http 用于 SOAP 消息传输，而 XML 是 SOAP 的编码模式。

2. SOAP 包括 4 部分内容：SOAP 封装（Envelope）、SOAP 编码规则（Encoding Rules）、SOAP RPC 表示和 SOAP 绑定（Binding）。

项目2 Web服务基础知识导入

3. SOAP 消息包含 3 个元素：<Envelope><Header> 和 <Body>。
4. 消息路径（Message Path）：原始发送节点、中介节点和最终接收节点。
5. Header block 节点处理指示属性：role、relay 和 mustUnderstand。
6. SOAPUI：TestStep、TestCase、TestSuite、Project、Workspace。

学习足迹

项目 2 任务二的学习足迹如图 2-35 所示。

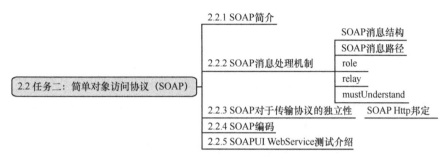

图2-35　项目2任务二学习足迹

思考与练习

1. SOAP 采用了已被广泛使用的两个协议：_____ 和 _____。
2. SOAP 消息是包含 3 个元素的 XML 文档信息项，<Envelope>、_____ 和 <Body>。
3. Header 元素是一种以 _____ 的方式增加 SOAP 消息功能的通用手法，其每个子元素都被称为一个 _____。
4. 请画出 SOAP 的消息格式，并简述各元素的作用。

2.3　任务三：WebService 描述语言（WSDL）

【任务描述】

怎样向别人介绍 WebService 的功能，以及每个函数调用时的参数呢？有人可能会写一套文档，有的人会口头上告诉需要使用 WebService 的人。这些非正式的方法至少有一个严重的问题：当程序员坐到电脑前，想要使用 WebService 时，他们的工具（如 Visual Studio）无法给他们提供任何帮助，因为这些工具根本就不了解将使用的 WebService。解决方法是：用机器能阅读的方式提供一个正式的描述文档。WebService 描述语言（WSDL）就是这样一个基于 XML 的语言，它描述了 WebService 及其函数、参数和返回值。因为它是基于 XML 的，所以 WSDL 既是机器可阅读的，又是人可阅读的语言。

以上就是我们将要完成的第三个任务：了解 WebService 描述语言（WSDL）。

2.3.1 WSDL规范简介

服务提供者是通过 Service 描述将所有调用 WebService 的规范传送给服务请求者的。要实现 WebService 体系结构的松散耦合,并减小服务提供者和服务请求者之间所需要的了解程度和定制编程与集成的量,Service 描述就是关键。例如,不管是请求者还是提供者,都不必了解对方的底层平台、编程语言或分布式对象模型。Service 描述与底层 SOAP 基础结构相结合,就足以将服务请求者的应用程序和服务提供者的 WebService 发生联系所需要的这些细节都封装起来。

WSDL 1.1 于 2001 年 3 月 15 日获得 W3C 认可,正式作为一项建议标准。WSDL 是一种描述 WebService 的标准 XML 格式,它用一种与语言无关的抽象方式定义了给定 WebService 收发的有关操作和消息,用于将网络服务描述为一组端点,这些端点作用于包含面向文档或面向过程(RPC)的信息的消息。操作和消息先被抽象描述,然后被绑定到一个具体的网络协议和消息格式中用来定义端点。相关的具体端点被合并到抽象的端点或服务中。WSDL 可以扩展为允许端点和其消息的描述,不管使用哪种消息格式或网络协议进行通信都可以。目前经过描述的绑定可以用于 SOAP 1.1、Http 及 MIME (Multipurpose Internet Mail Extensions,多用途因特网邮件扩展)等协议。

WSDL 描述了 WebService 的三个基本属性。

① 服务做些什么(what):服务所提供的操作(方法)。

② 如何访问服务(how):数据格式详情及访问服务操作的必要协议。

③ 服务位于何处(where):由特定协议决定的网络地址,如 URL。

WSDL 信息模型分离了服务接口(抽象定义)与服务实现(具体定义),图 2-36 所示为 WSDL 的概念模型。

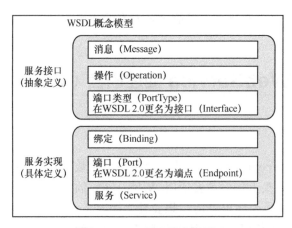

图2-36　WSDL概念模型

服务接口规范描述了抽象接口,它在 WSDL 中被表示为端口类型(Port Type)。抽象接口可以支持任何数量的操作(Operation)。一组消息(Messages)定义了如何进行操作的交互定式。

服务实现描述了具体终端的处理方法。绑定（Binding）机制在 WSDL 中被表示为 Binding 元素，它使用特定的通信协议、数据编码模型和底层通信协议将 WebService 的抽象定义映射至特定实现。端口（Port）元素将绑定机制与服务访问协议和端点地址结合在一起，定义具体端点的服务访问方式。WSDL 中的 Service 元素则表示了一系列的 Port 元素集合。

在 WSDL 中，WebService 描述中的主要元素如下。

① 类型（Types）：定义了 WebService 所使用的数据类型的集合，它可被消息片段（Part）元素所引用。它使用 XML Schema 中的类型系统。

② 消息（Message）：通信数据结构的抽象类型化定义。消息使用 Type 所定义的类型来定义整个消息的数据结构。一个消息由一个或多个逻辑片段（Part）构成。

③ 操作（Operation）：抽象描述服务中所支持的操作。一般单个操作描述一个访问入口的请求/响应消息对。

④ 端口类型（PortType）：对于某个端口类型所支持操作的抽象集合。这些操作可以由一个或多个服务端口来支持。在 WSDL2.0 中，将该元素更名为接口（Interface）。

⑤ 绑定（Binding）：包含了如何将端口类型转变为具体数据表示的细节，即定义了端口类型到特定访问协议和数据格式规范的映射。

⑥ 端口（Port）：通过绑定指定地址来定义服务访问端点。在 WSDL 2.0 中，被更名为端点（Endpoint）。

⑦ 服务（Service）：将一组相关端口组合在一起。

2.3.2　WSDL文档格式

图 2-37 所示是简化的 WSDL Schema 定义图，可以比较清楚地看到 WSDL1.1 文档的组成元素。

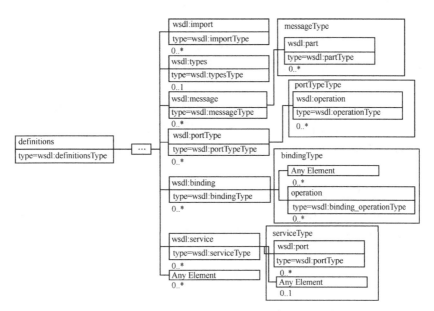

图2-37　WSDL Schema定义

1. Type

Type 是一个数据类型定义的容器，它包含了所有在消息定义中需要的 XML 元素的类型定义，我们将在后面的章节中结合 XML Schema 来详细说明如何进行类型定义。

2. Message

Message 定义了在通信中使用的消息的数据结构，Message 元素包含了一组 Part 元素，每个 Part 元素都是最终消息的组成部分，每个 Part 都会引用一个 DataType 来表示它的结构。Part 元素不支持嵌套（可以使用 DataType 来完成这方面的需要），都是并列出现的。

3. PortType

PortType 定义了一种服务访问入口的类型，何谓访问入口的类型呢？就是传入/传出消息的模式及其格式。一个 PortType 可以包含若干个 Operation，Operation 是指访问入口支持的一种类型的调用。在 WSDL 里面支持 4 种访问入口调用的模式：单请求、单响应、请求/响应和响应/请求。在这里请求是指从客户端到 Web 服务端，而响应是指从 Web 服务端到客户端。PortType 的定义中会包含消息定义部分的一个到两个消息以作为请求/响应消息的格式。比如，一个股票查询的访问入口可能会支持两种请求消息，一种请求消息中指明股票代码，而另一种请求消息中则会指明股票的名称，响应消息可能都是股票的价格等。

以上 3 种结构描述了调用 WebService 的抽象定义，这 3 部分与具体 WebService 部署细节无关，是可复用的描述（每个层次都可以复用）。如果与一般的对象语言做比较的话，这部分可以堪称是 IDL 描述的对象，描述了对象的接口标准，但是到底对象是用哪种语言实现的，遵从哪种平台的细节规范，被部署在哪台机器上，则是后面的元素所描述的。

4. Service

Service 描述的是一个具体的被部署的 WebService 所提供的所有访问入口的部署细节，一个 Service 往往会包含多个服务访问入口，而每个访问入口都会使用一个 Port 元素来描述。

5. Port

Port 描述的是服务访问入口的部署细节，包括通过哪个 Web 地址（URL）来访问、应当使用怎样的消息调用模式来访问等。其中消息调用模式则是使用 Binding 结构来表示的。

6. Binding

Binding 结构定义了某个 PortType 与某一种具体的网络传输协议和消息传输协议的绑定，从这一层次开始，描述的内容就与具体服务的部署相关了。比如，我们可以将 PortType 与 SOAP/Http 绑定，也可以将 PortType 与 MIME/SMTP 绑定等。

7. 服务接口

服务接口由 WSDL 文档来描述，这种文档包含服务接口的 Type、Import、Message、PortType 和 Binding 等元素。服务接口包含将用于实现一个或多个服务的 WSDL 服务定义，它是 WebService 的抽象定义，并被用于描述某种特定类型的服务。

通过使用一个 Import 元素，一个服务接口文档可以引用另一个服务接口文档。例如，一个仅包含 Message 和 PortType 元素的服务接口可以被另一个仅包含此 PortType 的绑定的服务接口引用。

在介绍了 WSDL 的主要元素之后，大家会发现，WSDL 的设计理念完全继承了以

XML 为基础的当代 Web 技术标准的一贯设计理念——开放。WSDL 允许通过扩展使用其他的类型定义语言（不光是 XML Schema），允许使用多种网络传输协议和消息格式（不光是在规范中定义的 SOAP/Http，Http-GET/POST 及 MIME 等）。同时 WSDL 也应用了当代软件工程中的复用理念，分离了抽象定义层和具体部署层，使得抽象定义层的复用性大大增加。比如，我们可以先使用抽象定义层为一类 WebService 进行抽象定义（如 UDDI Registry，抽象定义肯定是完全一致地遵循了 UDDI 规范），而不同的运营公司可以采用不同的具体部署层的描述并结合抽象定义完成其自身的 WebService 的描述。

下面的示例描述了一个用于股价查询的 WebService，代码如下：

【代码 2-2】 股价查询 WSDL 示例

```
1  <?xml version="1.0"?>
2  <definitions name="StockQuote"
3     targetNamespace="http://example.com/stockquote.wsdl"
4     xmlns:tns="http://example. com/stockquote .wsdl"
5     xmlns:xsdl="http://example.com/stockquote.xsd"
6     xmlns:soap="http://schemas.xralsoap.org/wsdl/soap/"
7     xmlns="http://schemas.xmlsoap.org/wsdl/">
8  <types>
9  <schema targetNamespace="http: //example.com/stockquote.xsd"
10 xmlns ="http://www.w3.org/2000/10/XMLSchema">
11 <element name="TradePriceRequest">
12 <complexType>
13 <all>
14 <element name="tickerSymbol" type="string"/>
15 </all>
16 </complexType>
17 </element>
18 <element name="TradePrice">
19 <complexType>
20 <all>
21 <element name="price" type="float"/>
22 </all>
23 </complexType>
24 </element>
25 </schema>
26 </types>
27 <message name="GetLastTradePriceInput">
28 <part name="body" element="xsdl:TradePriceRequest"/>
29 </message>
30 <message name="GetLastTradePriceOutput">
31 <part name="body" element="xsdl:TradePrice"/>
32 </message>
33 <portType name="StockQuotePortType">
34 <operation name="GetLastTradePrice">
35 <input message="tns:GetLastTradePriceInput"/>
36 <output message="tns:GetLastTradePriceOutput"/>
37 </operation>
38 </portType>
39 <binding name="StockQuoteSoapBinding" type="tns:StockQuotePortType">
40 <soap:binding style="document" transport="http://schemas.xmlsoap.org/soap/http"/>
```

```
41<operation name="GetLastTradePrice">
42<soap:operation soapAction="http://example.com/GetLastTradePrice"/>
43<input>
44<soap:body use="literal"/>
45</input>
46<output>
47<soap:body use="literal"/>
48</output>
49</operation>
50</binding>
51<service name="StockQuoteService">
52<documentation>My first service</documentation>
53<port name="StockQuotePort" binding="tns:StockQuoteBinding">
54<soap:address location="http://example.com/stockquote"/>
55</port>
56</service>
57</definitions>
```

2.3.3 WSDL SOAP 绑定

WSDL 设计继承了以 XML 为基础的 WebService 技术标准的开放设计理念，允许通过扩展使用其他的类型定义语言（不仅是 XML Schema），允许使用多种网络传输协议和消息格式。SOAP 绑定扩展是最为常见的。

WSDL 1.1 包括用于 SOAP 1.1 协议的绑定规范，在示例中我们看到了以 http://schemas.xmlsoap.org/wsdl/soap/ 作为命名空间的 SOAP 扩展。

① soap: Address 为 SOAP 服务访问指定网络地址。

② soap: Binding 指出绑定是针对 SOAP 格式的。这个元素可以指明 SOAP 的通信风格和传输协议。SOAP 提供了两种常见的通信风格，一是面向过程调用的"rpc"风格；二是面向消息的"document"风格。面向消息的"document"风格更为灵活和强大，可以更好地适合 SOA 松耦合的特性，除了可用于同步请求/响应调用，也可用于异步消息传递，通常我们优选 SOAP 通信风格。

③ soap: operation 为 SOAP 服务操作提供信息，通常可以指明此操作的 SOAPActionHttp 头。

④ soap: body 指出了消息部分应如何在 SOAP Body 元素中表现。比如可以在"use"属性中指明是采用文字（literal）方式还是 SOAP 编码（Encoded）方式。如果您选择"文字"，就意味着 WSDL 定义所引用的 XML 架构是 SOAP 消息主体中将显示的内容的具体规范；如果您选择"编码"方式，则意味着 WSDL 定义所引用的 XML 架构是 SOAP 消息正文中将显示的内容的抽象规范，通过应用由 SOAP 编码定义的规则，可将这些抽象规范变为具体规范。

在 WSDL 的 SOAP 绑定描述中，可以对 Binding Style 与 SOAP 用法模型进行简单的排列组合，得出 4 种不同的 SOAP 消息模型：RPC/编码、RPC/文字、文档/编码、文档/文字。我们以一个 Java 方法为例（public void myMethod（int x, float y））来剖析这 4 种 SOAP 消息模型的不同之处及优缺点。

1. RPC/编码方式

采用 RPC/编码的 WSDL 片断定义代码如下（我们省略了对 Binding 的描述）：

【代码 2-3】 采用 RPC/ 编码的 WSDL 片断

```
<message name= "myMethodRequest" >
<part name="x"type="xsd:int"/>
<part name="y" type="xsd:float" />
</message>
<message name="empty"/>
<portType name="PT">
<operation name="myMethod">
<input message="myMethodRequest"/>
<output message="empty"/>
</operation>
</portType>
```

用于 myMethod 的 RPC/ 编码的 SOAP 消息示例如下：

【代码 2-4】 用于 myMethod 的 RPC/ 编码的 SOAP 消息示例

```
<soap:envelope>
<soap:body>
<myMethod>
<x xsi:type="xsd:int">5</x>
<y xsi:type-xsd:float">5.0</y>
</myMethod>
</soap:body>
</soap:envelope>
```

RPC/ 编码方式的主要优点是：WSDL 比较简单。操作名出现在消息中，这样接收者就可以很轻松地把消息路由到实现方法。它的主要缺点是：消息中包括类型编码信息（比如 xsi:type="xsd:int"），这种额外开销会影响性能，降低系统的可伸缩性；消息接收者无法简单地利用 XML Schema 来检验此消息的有效性，因为消息中只有 <x...>5</x><y...>5.0</y> 是由 Schema 定义的内容；其余部分都是由 WSDL 定义的。而且 SOAP 编码规则本身具有互操作性问题，不同实现技术有可能无法互相通信。

RPC/ 编码方式是早期的 SOAP 实现常用的消息模型，但由于它的自身局限性，我们不推荐在新的 SOA 项目中采用该方式的 WebService。

2. RPC/ 文字方式

RPC/ 文字方式提供的 WSDL 看起来与 RPC/ 编码的 WSDL 几乎一样，只是在 use 属性中指定 "literal"。它的 SOAP 消息示例如下：

【代码 2-5】 RPC/ 文字方式的 WSDL 片断

```
<soap:envelope>
<soap:body>
<myMethod>
<x>5</x>
<y>5.0</y>
</myMethod>
</soap:body>
</soap:envelope>
```

RPC/ 文字方式的优点是：解决了 RPC/ 编码方式中 SOAP 消息包含类型编码问题和 SOAP 编码规则引入互操作性问题，它符合 WS-I 规范。RPC/ 文字方式的缺点是：依然不能简单地检验此消息的有效性，SOAP 消息的内容部分来自 WSDL 定义。

3. 文档/编码方式

文档/编码方式是一种自相矛盾的消息格式，在现实中从没有任何实现。

4. 文档/文字方式

文档/文字方式的 WSDL 与以上的 WSDL 有一些不同，代码如下：

【代码 2-6】 文档/文字方式的 WSDL 片断

```
<types>
<schema>
<element name="xElement" type="xsd:int"/>
<element name="yElement" type="xsd: float" />
</schema>
</types>
<message name= "myMethodRequest">
<part name="x" element="xElement"/>
<part name="y" element="yElement"/>
</message>
<message name="empty"/>
<portType name="PT">
<operation name="myMethod">
<input message= "myMethodRequest" / >
<output message="empty"/>
</operation>
</portType>
```

文档/文字方式的 SOAP 消息示例如下：

【代码 2-7】 文档/文字方式的 SOAP 消息示例

```
<soap:envelope>
<soap:body>
<xElement >5</xElement >
<yElement>5.0</yElement>
</soap:body>
</soap:envelope>
```

文档/文字方式的优点是：SOAP 消息中没有编码信息。可以用任何 XML 检验器来检查此消息体的有效性。SOAP Body 中的每项内容都定义在 XML Schema 中。这种面向 XML 消息的编码格式可以最大限度地解决 WebService 的互操作性问题。文档/文字方式是 WS-I 推荐采用的消息模型。建议在大多数 SOA 应用中优先选择文档/文字消息模型的 WebService。目前绝大多数开发工具都对其提供了支持。

2.3.4　Java 6 WSDL 开发简单案例

Java 6 的一个新特性就是可以通过简单的 Annotaion 将你的一个类发布成一个 WebService，使用 JDK 开发（1.6 及以上版本）轻量级的 WebService，工作中一般可能会借助其他 WebService 框架来进行开发，常用的有 CXF、AXIS2 等。这里我们先以原生的 JDK 来开发一个简单的 demo 进行示例。本示例所用工具为 Eclipse4.6.3 和 JDK1.6.0_23。

首先我们编写服务端代码，用 JDK 发布一个 WebService，并通过地址栏查看它的 WSDL 文档。

① 用 Eclipse 新建一个"Java Project"，命名为"Java6WB"，如图 2-38 所示。

项目2 Web服务基础知识导入

图2-38 新建Java6WB工程项目

② 创建"Class（类）"，命名为"Java6WB"，位于"com.xcy"包下，如图2-39所示。

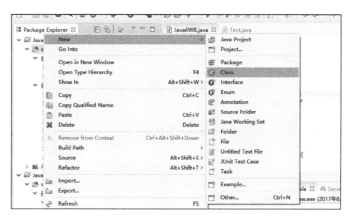

图2-39 新建Java6WB"Class（类）"

③ 填入服务端代码，代码如下：

【代码2-8】 JDK WebService开发简单案例服务端代码

```
1  package com.xcy;
2  import javax.jws.WebService;
3  /**
4   * @version 1.0
5   * @create 2017-8-25 下午1:28:12
6   */
7  // 在想要发布成 WebService 的类上加上注解 @WebService
8  @WebService
9  public class Java6WB {
10
11      /**
12       * 提供了一个说 Hello 的服务
13       * @return
14       */
15      public String sayHello (String name) {
```

```
16          return "Hello "+name;
17      }
18
19      /**
20       * 提供了一个做加法的服务
21       * @param a
22       * @param b
23       * @return
24       */
25      public int add(int a,int b){
26          return a + b;
27      }
28 }
```

④ 再创建一个"Class（类）"，命名为"Test"，同样位于"com.xcy"包下，写入发布服务代码，代码如下：

【代码 2-9】 JDK WebService 开发简单案例发布服务代码

```
1  package com.xcy;
2
3  import javax.xml.ws.Endpoint;
4
5  /**
6   * @version 1.0
7   * @create 2012-7-19 下午 7:33:27
8   */
9  public class Test {
10     public static void main(String[] args){
11         Endpoint.publish("http://localhost:8080/ws/Java6WB", new Java6WB());
12     }
13 }
```

⑤ 编译服务端代码，如图 2-40 所示。

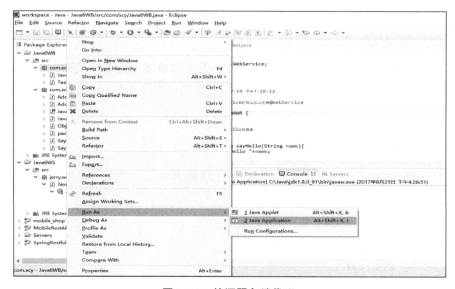

图 2-40　编译服务端代码

运行后，打开浏览器访问：http://localhost:8080/ws/Java6WB?wsdl 可以看到 WSDL 的详细内容则说明发布成功。

然后通过 JDK6 的工具来生成客户端代码，Java6 提供了一个 wsimport.exe 程序用来解析 WSDL 文件生成客户端代码（wsimport.exe 在 jdk\bin 目录下）。

该命令格式如下：

```
wsimport -d [class 文件存放目录] -s [源码存放目录] -p [包名] -keep [wsdl 的 URI]
```

我们使用快捷键"Windows+R"调出 CMD 命令行窗口，输入如下指令：
D:\workspace\Java6WB\src>wsimport -p com.xcy.webservice.client -keep http://localhost:8080/ws/Java6WB?wsdl，结果如图 2-41 所示。

图2-41 解析wsdl文件生成客户端代码

为了将生成的代码引入项目，需要刷新一下项目，如图 2-42 所示。

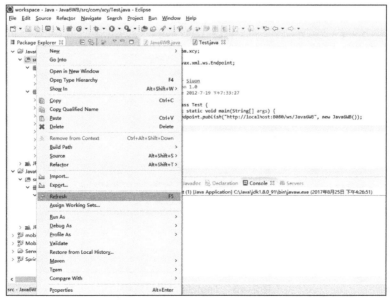

图2-42 刷新项目引入生成的代码

客户端代码生成后不宜自行改动。一般做法是，如果服务发生了变化，可以用上述方法重新生成一下。

接下来，我们要新建一个客户端项目，命名为"client"，将刚才生成的com.xcy.webservice.client 包拽入其中，接着要新建一个客户端测试类，命名为"Testclient"，位于testclient 包下，代码如下：

【代码2-10】 JDK WebService 开发简单案例客户端测试代码

```
1  package testclient;
2  
3  import com.xcy.webservice.client.Java6WB;
4  import com.xcy.webservice.client.Java6WBService;
5  
6  /**
7   * @version 1.0
8   * @create 2017-8-27 上午 8:05:40
9   */
10 public class Testclient {
11     public static void main(String[] args) {
12         // 创建客户端对象
13         Java6WB java6wb = new Java6WBService().getJava6WBPort();
14         // 调用
15         String result = java6wb.sayHello("China");
16         System.out.println(result);
17 
18         int sum = java6wb.add(1, 3);
19         System.out.println(sum);
20     }
21 }
```

Testclient 代码解析如图 2-43 所示。

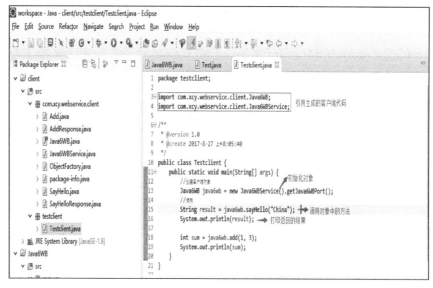

图2-43　Testclient代码解析

完整的服务端和客户端代码如图 2-44 所示。

Package Explorer
client
src
生成的客户端代码
com.xcy.webservice.client
Add.java
AddResponse.java
Java6WB.java
Java6WBService.java
ObjectFactory.java
package-info.java
SayHello.java
SayHelloResponse.java
testclient
Testclient.java
JRE System Library [JavaSE-1.8]
Java6WB
src
com.xcy
Java6WB.java
Test.java
JRE System Library [jdk1.8.0_91]

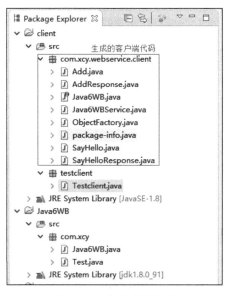

图2-44　完整项目代码

在保持服务端运行的状态下，运行客户端测试类得到如图 2-45 所示的结果即为调用成功。

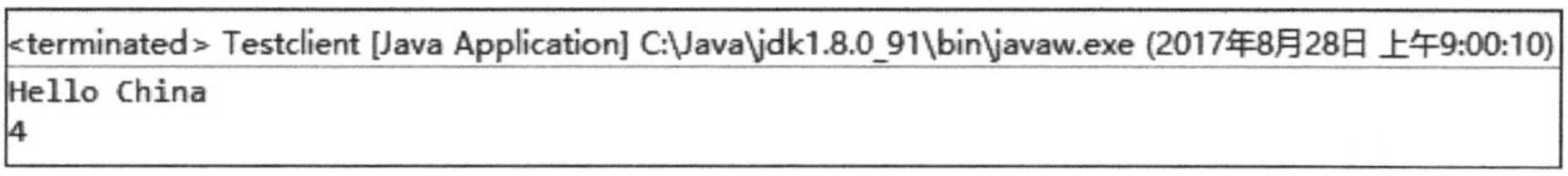
<terminated> Testclient [Java Application] C:\Java\jdk1.8.0_91\bin\javaw.exe (2017年8月28日 上午9:00:10)
Hello China
4

图2-45　测试结果

2.3.5　任务回顾

知识点总结

1. WSDL 描述了 WebService 的三个基本属性：what、how、where。

2. WSDL 概念模型：Types、Message、Operation、PortType、Binding、Port 和 Service。

3. 4 种不同的 SOAP 消息模型：RPC/ 编码、RPC/ 文字、文档 / 编码、文档 / 文字。

4. WSDL 开发简单案例：Eclipse、wsimport。

学习足迹

项目 2 任务三的学习足迹如图 2-46 所示。

数据共享与数据整合技术

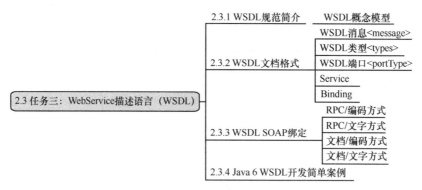

图2-46 项目2任务三学习足迹

思考与练习

1. WSDL 描述了 WebService 的三个基本属性：what、how、where，具体指_____、_____、_____。
2. 4 种不同的 SOAP 消息模型分别是：_____、RPC/文字、文档/编码、文档/文字。
3. 在 WSDL 里面支持 4 种访问入口调用的模式：_____、_____、_____、_____。

2.4 任务四：统一描述、发现和集成规范（UDDI）

【任务描述】

UDDI 项目鼓励 WebService 相互操作和相互采用。它是一种工商界居于领先地位的企业之间的伙伴关系，这种关系最早是由 IBM、Ariba 和 Microsoft 建立的，现在参加的公司已逾 300 家。UDDI 提供了一组基于标准的规范用于描述和发现服务，还提供了一组基于 Internet 的实现。UDDI 帮助企业拓展商家到商家（B2B）交互的范围并简化交互的过程。对于那些需要与不同顾客建立多种关系的厂家来说，每家都有自己的一套标准与协议，UDDI 支持一种适应性极强的服务描述，可以使用大部分接口。例如一家地处澳洲的花店，虽然店主很希望花店能开拓更大的市场，但苦于不知道怎样才能成功，UDDI 提供了一种能实现这一目标的办法。UDDI 允许企业在注册中心中发布其所提供的服务，这样企业及服务的发现过程就变得高效而且简单了。

这就是我们要完成的第四个任务：了解统一描述、发现和集成规范（UDDI）。

2.4.1 UDDI信息模型

WSDL 描述了访问特定 WebService 的相关信息。可是在互联网上、在企业内部不同的部门之间，怎样才能发现所需要的 WebService 呢？人们需要一种简便快捷的方式检索那些所有的可能的贸易伙伴，并进行方便地联系和系统对接。那些 WebService 供应商需要一个方法发布自己开发的 WebService。于是统一描述、发现和集成规范（Universal Description、Discovery and Integration，UDDI）应运而生。UDDI 是一个跨产业、跨平台的开放性架构，它可以帮助 WebService 提供商在 Internet 上发布 Web 服务信息。UDDI 使用 W3C 和 IETF 的 Internet 标准，比如 XML、Http 和 DNS 协议，使用 WSDL 来描述到 WebService 的界面，此外，通过采用 SOAP，UDDI 还具备可以跨平台编程的特性。

在 UDDI 之前，还不存在一种 Internet 标准，UDDI 可以供企业为它们的企业和伙伴提供有关其产品和服务的信息。

UDDI 规范可帮助我们解决以下问题：
① 使得在众多企业中发现正确的企业成为可能；
② 定义当提供服务和产品的企业被选中后如何启动商业应用；
③ 扩展新客户并增加对目前客户的访问；
④ 扩展销售并延伸市场范围；
⑤ 满足用户驱动的需要，为促进全球 Internet 经济的快速合作清除障碍。

UDDI 由 IBM、Microsoft 和 Ariba 等公司提出，并提交到 OASIS 组织进行标准化。UDDI 是一个跨行业的研究项目，由所有主要的平台和软件提供商驱动，如 Dell、Fujitsu、HP、Hitachi、IBM、Intel、Microsoft、Oracle、SAP 以及 Sun，它既是一个市场经营者的团体，也是一个电子商务的领导者。已有数百家公司参与了这个 UDDI 团体。从 2000 年开始，UDDI 已经发展出了三个版本。在初期，UDDI 标准得到了大量的支持。IBM、Microsoft、SAP、NTT 等公司建立了面向公众开放的 UDDI 注册中心，但是 UDDI 的发展并没有像人们期望的那样成为 Internet 上自由开放的贸易环境的基础核心技术。

UDDI 被提出时是希望企业之间能够通过 UDDI 提供的公共目录服务，动态发现和调用 Internet 上发布的服务，实现自动化的商务流程。这基于一个假设：企业愿意动态地建立与其他企业的业务关系，即使以前二者并无合作关系。这个假设在现实社会中是行不通的。而且 UDDI 是在 WSDL 等 WebService 元数据规范出现之前就开始开发的，因此缺乏对这些规范的标准化支持。由于技术和商务模式上的缺陷，UDDI 并没有像人们所期望的那样获得成功。2005 年 12 月 16 日，IBM、Microsoft、SAP 停止了对公众开放的 UDDI 注册中心（Universal Business Registry）。

不可否认，WebService 的发现与元数据管理，对于企业来说有着至关重要的意义，它是企业信息基础架构和管理的重要组成部分。虽然新的标准和产品正在不断出现，但是目前 UDDI 依然是该领域最重要的标准。UDDI 的研究对理解新的技术依然有着非常重要的意义。

图 2-47 所示是 UDDI V3 的数据结构定义在商业领域内，合作伙伴和潜在的合作伙伴都期望能准确地定位商业实体所能提供的服务或产品的相关信息，并把这些信息作为了解企业的开始。而在技术领域，技术人员、程序员等都期望能知道他们需要集成的商业实体的名称和一些关键性的标识，该商业实体是属于哪个具体工业分类的分类信息、联络方法（包括 E-mail、电话、URL）等。

数据共享与数据整合技术

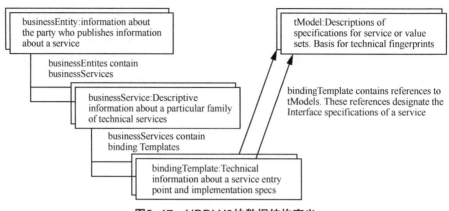

图2-47　UDDI V3的数据结构定义

1. 商业实体（businessEntity）元素

支持对 UDDI 商业注册的商业信息发布和发现的核心 XML 元素都包含在 "businessEntity" 结构中。这个结构是商业实体专属信息集的最高层的数据容器，它位于整个信息结构的最上层。

所有 "businessEntity" 中的信息支持"黄页"分类法。因此我们可以执行的搜索有：定位属于某个行业分类或提供某种产品的企业，定位处于某个地域范围内的企业。目前在 UDDI 中内置的分类法包括 NAICS 工业分类法和 UN/SPSC 产品分类法等。在 UDDI 规范中，identifierBag 和 categoryBag 就是为这样的查询提供统一的支持，不但在 businessEntity 中，而且在商业服务和技术规范中也有这样的支持。每个商业实体都可以包含一系列商业服务。

2. 商业服务（businessService）信息元素

businessService 结构将一系列有关商业流程或分类目录的 WebService 的描述组合到一起。businessService 和下面要提到的技术绑定一起构成了"绿页"信息。其中，一个商业流程的例子是一组相关的 WebService 信息，包括采购服务、运输服务和其他的高层商业流程。这些服务都是提供这些商业流程服务的商业实体所需要注册的 WebService。

这些 businessService 的信息集合可以再次加以分类，使 Web 应用服务的描述可以按不同的行业、产品、服务类型或地域来进行划分。分类方法的机制与 businessEntity 是类似的。

对于每个商业服务都可以提供若干的技术绑定信息。

3. 技术绑定（bindingTemplate）信息元素

每一个 businessService 都存在一个或多个 WebService 的技术描述 bindingTemplate。这些技术描述包括应用程序连接远程 WebService 并与之通信所必需的信息。这些信息包括 Web 应用服务的地址、应用服务宿主和调用服务前必须调用的附加应用服务等。另外，通过 bindingTemplate 信息元素所附加的特性还可以实现一些复杂的路由选择，如负载平衡等。

4. 技术规范（tModel）信息元素

调用一个服务所需要的信息是在 bindingTemplate 的结构中定义的，不过一般来说，仅知道 WebService 所在的地址是不够的。例如，如果知道合作伙伴提供一个 WebService

来下订单，同时也知道这个 Service 的 URL，不过不知道一些具体的信息，如订单的具体格式、应该使用的协议、需要采用的安全机制、调用返回的响应格式等，那么通过 WebService 将两个系统集成起来仍然是非常困难的。

当程序员需要调用某个特定的 WebService 时，必须根据应用要求得到足够且充分的调用规范等相关信息，以使调用被正确地执行。因此，每一个 bindingTemplate 信息元素都包含一个特殊的元素，该元素包含了一个列表，列表的每个子元素分别是一个调用规范的引用。这些引用作为一个标识符的集合，组成了类似指纹的技术标识，用来查找、识别实现给定行为或编程接口的 WebService。

实际上，这些引用是访问服务所需要的关键调用规范信息。"tModel"的数据项是关于调用规范的元数据，它包括服务名称、发布服务的组织及指向这些规范本身的 URL 指针等。在 bindingTemplate 中我们可以得到关于调用规范的信息的 tModel 引用。这个引用本身可以被看作是提供这项 WebService 公司的承诺，承诺它们已经实现了一个与所引用的 tModel 相兼容的服务。通过这种方式，很多公司可以提供与该调用规范相兼容的 WebService。

tModel 是一个技术规范的超类，它能够描述商业标识符数据库、分类方法、技术规范、网络协议等各类的技术规范，是 UDDI WebService 元数据管理的基础。

获得授权的用户可凭借基于 Web 的用户界面或 UDDI API 就 UDDI 服务进行查询，并对匹配项目实施发布。

UDDI 查询 API 包含下列方法，其中 find 开头的一组操作用于获得查询结果集合，而 get 开头的一组操作用于获得具体的数据元素内容，内容如下。

```
find_binding
find_business
find_relatedBusinesses
find_service
find_tModel
get_bindingDetail
get_businessDetail
get_opertionalInfo
get_serviceDetail
get_ tModelDetail
```

UDDI 发布 API 包含下列方法，内容如下。

```
Add_publisherAssertions
delete_binding
delete_business
delete_publisherAssertions
delete_service
delete_tModel
get_assertionStatusReport
get_publisherAssertions
save_binding
save_business
save_service
save_tModel
set_publisherAssertions
```

2.4.2 UDDI与WSDL

前面我们讲到了 UDDI 先于 WSDL 开发，因此 UDDI 规范中没有定义如何将 WSDL 作为 UDDI 元数据进行存储和查询的标准化方法。

在 OASIS UDDI Specifications Technical Committee 发布的 Technical Note "Using WSDLinaUDDIRegistry,Version2.0.2"中描述了一种更好的方法来让我们使用 UDDI 对 Web 服务的 WSDL 描述进行建模。

Technical Note 是 OASIS UDDI Specifications Technical Committee 发布的一个文档，提供了如何使用 UDDI 注册中心的文件。一旦在 Technical Note 中描述的方法被实现并确定，它便成为一个候选的 Best Practice（最优方法）。

图 2-48 描述了 Technical Note 将 WSDL 映射到 UDDI 的方法。

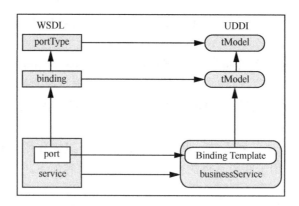

图2-48　WSDL到UDDI的映射

1. WSDL PortType

WSDL PortType 由 UDDI tModel 进行表示。我们可以使用上面描述的 WSDL Entity Type Category System 对这种 tModel 加以分类，使其作为一种 WSDL PortType tModel 与任何其他类型的 tModel 区分开来。

PortType tModel 的名称就是 PortType 的名称。PortType 的命名空间由 PortType tModel 的 CategoryBag 中的 KeyedReference 进行表示。这种 KeyedReference 与 XML Namespace Category System 有关联。

因为与消息、操作等有关联的 PortType 在内的详细信息并未在 UDDI 中进行复制，所以 PortType tModel 必须引用定义了 PortType 的 WSDL 文档，这样需要此类信息的工具（比如需要从 PortType 中生成编程语言接口的应用程序开发工具，或者需要根据 PortType 的定义进行有效请求的复杂系统）就可以检索 WSDL 文档。tModel overviewURL 用于存放 WSDL 文档的 URL。

2. WSDL Binding

WSDL Binding 是由 UDDI tModel 进行表示的。这种 tModel 归类为 WSDL Binding tModel，以区别于其他类型的 tModel。

Binding tModel 的名称就是 Binding 的名称。Binding 的命名空间由 Binding tModel 的 CategoryBag 中的 KeyedReference 进行表示。这种 KeyedReference 与 Technical Note 中定义的另一个新的 Category System 有关联,目的是存放 XML 命名空间名。

由于与文档/文字等相关联的 Binding 内的详细信息没有在 UDDI 中进行复制,因此 Binding tModel 必须引用定义了 Binding 的 WSDL 文档,这样,需要这类信息的工具就可以检索 WSDL 文档。tModel overviewURL 用于存放 WSDL 文档的 URL。

Binding tModel 的 CategoryBag 中的另一个 KeyedReference 表示 Binding 和与其相关联的链接。这个 KeyedReference 的 tModelKey 值是新的 Canonical tModel 的键,Canonical tModel 表示 Category System,它有其他 tModel(具体来说就是 PortType tModel)的键的有效值。这个新的 KeyedReference 的 KeyValue 值是 PortType tModel 的键,PortType tModel 表示与 Binding 相关联的 PortType。

Binding tModel 的 CategoryBag 中的另一个 KeyedReference 表示绑定所代表的协议。这个 KeyedReference 的 tModelKey 值是新的 Canonical tModel 的键,Canonical tModel 表示 Category System,它有其他 tModel(具体来说就是 Protocol tModel)的键的有效值。这个 KeyedReference 的 Key Value 值是合适的 Protocol tModel 的键。在常用的 SOAP/Http 中,Technical Note 已经定义了新的 SOAP Protocol tModel,并且会使用该 tModel 的键,它还可以发布其他的 Protocol tModel,并且所发布的 Protocol tModel 将自动对这个新的 Category System 有效。

如果绑定除了代表传输之外还代表协议,因此它可以用相同的方法来表示传输信息。有另一个新的 Canonical tModel 定义在 Technical Note 中,Technical Note 有 Transport tModel 的键的有效值,并且与这个 Category System 有关联的 KeyedReference 可以添加到 Binding tModel 中。在常用的 SOAP/Http 中,Technical Note 可以使用标准的 Http Transport tModel。它也可以为 UDDI 定义其他的 Transport tModel,并且所定义的 transport tModel 会自动对这个 Category System 有效。

为了与 UDDI Version 1 Best Practice 兼容,应该使用 wsdlSpec 对绑定进行分类。

3. WSDL 服务

UDDI businessService 对应着 WSDL 服务。如果 WSDL 服务表示现有服务的 WebService 接口,那么可能存在一个相关的现有 UDDIbusinessService,在这种情况下,我们可以将 WSDL 信息添加到现有服务中;如果没有合适的现有服务,那我们可以创建新的 UDDI businessService。

有两种方法可以用来表示 WSDL 服务及其端口。

① 如果没有在 WSDL 服务中使用可扩展性元素,并且每个端口上可扩展性元素中的地址为 UDDI accessPoint 的形式,那么可以用标准的方法表示所有来自 UDDI 中的服务及其端口的信息,而不引用包含服务的 WSDL 文档。

② 如果上述方法不可行,那么我们就定义一种可选的方法,其中,保留了对包含服务的 WSDL 文档的引用,并且必须检索 WSDL 文档才能获取信息。

4. WSDL 端口

UDDI bindingTemplate 表示 WSDL 端口。UDDI businessService 及其 bindingTemplate

之间的包含关系正好反映了 WSDL 及其端口之间的包含关系。

2.4.3 其他服务发现机制

服务发现是一个非常广泛的需求。UDDI 规范使用一个集中式服务发现模型来满足部分需求。而 WebService 检查语言（WebService Inspection Language，WS-Inspection）是另外一种有关服务发现的机制，它利用分布式使用模型来满足另外一部分需求。

WS-Inspection 文档提供一种方法来聚集不同类型的服务描述。在 WS-Inspection 文档中，一个服务可以拥有多种指向服务描述的引用。例如，我们使用 WSDL 文件在 UDDI 注册中心描述一个 WebService。对服务描述的这两种引用都应置于 WS-Inspection 文档中。如果有多种引用，它们被全部放在 WS-Inspection 文档中是有好处的，这样文档使用者可以选择他们能够理解而且愿意使用的服务描述类型。图 2-49 提供了如何使用 WS-Inspection 文档来进行服务发布和发现。

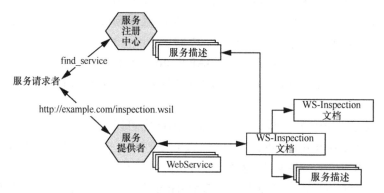

图 2-49　使用 UDDI 和 WS-Inspection 进行服务的发布和发现

WS-Inspection 机制与名片及其他的简单信息聚合文档非常类似。如同其他机制一样，WS-Inspection 文档是非常轻量级的，易于构造，易于维护。WS-Inspection 机制通过提供利用现有的协议，直接从服务提供点传播服务的相关信息的能力，从而实现对单个重点目标的有针对性的发现。但是，由于其分散性本质，如果通信伙伴未知的话，WS-Inspection 规范无法提供良好的机制执行有重点的发现。

WS-Inspection 规范通过提供一系列的约定使其文档易于定位。WS-Inspection 文档的固定名称是 "inspection.wsil"。被称作 "inspection.wsil" 名字的文档可以放在 Web 站点的公共入口点。例如，公共入口点为 http://example.com 或 http://example.com/services，那么 WS-Inspection 文档的位置分别是 http://example.com/inspection.wsil 或 http://example.com/services/inspection.wsil。

对 WS-Inspection 文档的引用也有可能在不同的内容文档（例如 HTML 页面）中出现。如果将入口放在 HTML 页面，可以用 META 标记来传递 WS-Inspection 文档的位置，示例如下：

【代码 2-11】 用 META 标记来传递 WS-Inspection 文档位置示例

```
<html>
<head>
```

项目2　Web服务基础知识导入

```
<meta name="service Inspection"
content="http://example.com/inspection.wsil"/>
<meta name= "serviceInspection"
content="http://example.com/services/ inspection.wsil"/>
<head>
...
<html>
```

这样搜索引擎可以很容易地获取 WS-Inspection 文档，进行进一步的处理。

2.4.4　任务回顾

知识点总结

1．UDDI V3 的数据结构：businessEntity、businessService、bindingTemplate、tModel。
2．WSDL 到 UDDI 的映射：Technical Note。
3．WebService 检查语言：WebService Inspection Language。

学习足迹

项目 2 任务四的学习足迹如图 2-50 所示。

图2-50　项目2任务四学习足迹

思考与练习

1．UDDI 的数据结构包含的元素有：businessEntity、＿＿＿＿＿＿、bindingTemplate 和＿＿＿＿＿＿。

2．tModel 是一个技术规范的超类，tModel 能够描述商业标识符数据库、分类方法、技术规范等各类的技术规范，是 UDDI WebService 的基础。

3．请画图描述 Technical Note 将 WSDL 映射到 UDDI 的方法。

2.5　项目总结

本项目为我们学习 WebService 打下了坚实的基础，通过本项目的学习，我们了解了 WebService 标准的重要性和主要的标准化组织，学习了这种用于在异构系统间进行互操作集成的公共标准机制，这种用于交付"服务"的标准化机制使得 WebService 非常适合用于实现面向服务的体系结构。我们重点学习了 WebService 的基本架构和最基本的 WebService 标准：SOAP、WSDL 和 UDDI，它们构成了 SOA 的技术基础。另外我们还学习了使用 Java6 进行 WSDL 开发的简单案例和 SOAPUI Web 服务测试工具。

通过本项目的学习，让我们提高了理解能力、开发能力和工具的使用能力。

项目 2 技能图谱如图 2-51 所示。

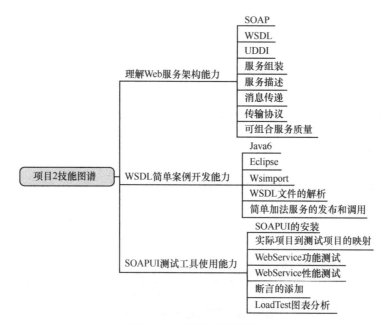

图 2-51 项目 2 技能图谱

2.6 拓展训练

网上调研：REST 样式和 SOAP 样式 WebService 的比较。

◆ 调研要求

选题：我们知道 REST 样式和 SOAP 样式是两种不同的 WebService 风格，那么它们各自都有什么特点呢？请采用信息化手段进行调研，并撰写调研报告。

需包含以下关键点：

① REST 和 SOAP 的特点；

② 举例说明什么情况下更适合选用哪种风格的技术。

◆ 格式要求：须提交调研报告的 Word 版本，并采用 PPT 的形式进行汇报展示。

◆ **考核方式**：采取课内发言，时间要求 3～5 分钟。
◆ **评估标准**：见表 2-1。

表2-1 拓展训练评估表

项目名称： REST样式和SOAP样式WebService的比较	项目承接人： 姓名：	日期：
项目要求	评分标准	得分情况
总体要求（100分） ① REST和SOAP的特点； ② 举例说明什么情况下更适合选用哪种风格的技术	基本要求须包含以下三个内容（50分） ① 逻辑清晰，表达清楚（20分）； ② 调研报告文档格式规范（10分）； ③ PPT汇报展示言行举止大方得体，说话有感染力（20分）	
评价人	评价说明	备注
个人		
老师		

项目 3
企业服务总线（ESB）认知

项目引入

> 我："Edward 早！"
>
> Edward："今天来得这么早，还做了笔记，在学习什么呀？"
>
> 我："Edward，我们已经完成 SOA 基本概念和 WebService 基础知识的学习，昨天你说我们从今天起要开始熟悉企业服务总线（ESB）了，这里是很关键的模块，我需要提前预习一下。"
>
> Edward："那你对 ESB 是怎么理解的，说来听听。"
>
> 我："嗯，我自己的理解是如果说 SOA 是人体的神经系统，那么 ESB 就是连接人体各个神经系统的中枢，ESB 起到连接和传输的作用，能够让各个神经系统相互协调、灵活、高效地工作。"
>
> Edward："说得太好了。SOA 的"服务"不仅仅是可重用，而且必须是可组装编排、可快速注册发布、质量可监控、生命周期可管理的。这样 SOA 才能在整个 IT 范围内实现服务治理和优化，从而直接推动业务的优化。在简单的服务重用框架到 SOA 演进的过程中，ESB 就是其中最重要的催化剂之一。企业服务总线 ESB 位于 SOA 的中心，是各要素的"交通线"，更为重要的是它提供了新增"服务"的落脚点，不仅是信息、命令的传输通道，而且是各服务交互的接口标准。"

SOA 参考架构如图 3-1 所示。

接下来让我们一起学习 ESB 吧。

知识图谱

项目 3 知识图谱如图 3-2 所示。

数据共享与数据整合技术

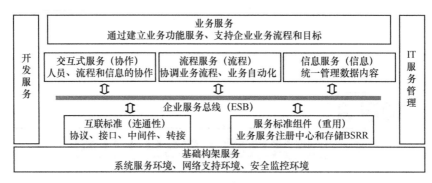

图3-1 SOA参考架构

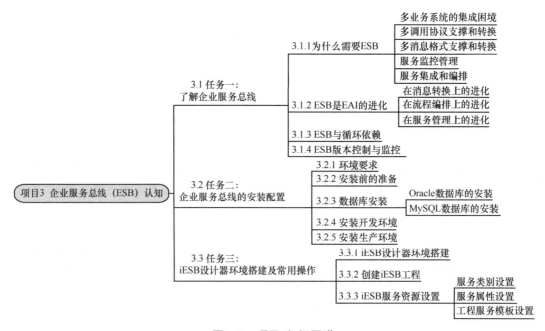

图3-2 项目3知识图谱

3.1 任务一：了解企业服务总线

【任务描述】

企业服务总线（Enterprise Service Bus, ESB）是过去信息中间件的发展。ESB采用了"总线"这样一种模式来管理和简化应用之间的集成拓扑结构，以广为接受的开放标准为基础，来支持应用间在消息、事件和服务的级别上动态地互联互通。本节将介绍ESB的基本概念，理清多个和ESB技术有关名词，我们还将在其中为读者阐述什么情况下应该使用ESB技术。

这就是我们接下来要完成的任务：了解企业服务总线。

3.1.1 为什么需要ESB

企业的信息化建设一般需要经历很长时间的发展，少则五六年，多则十几年。所以我们看到某些大型企业的信息系统最可能的情况是：存在着多个业务系统，甚至各业务系统负责的功能还存在重叠。这些系统采用不同时代的编程语言、编程框架、通信协议、消息格式和存储方案。例如，计费系统可能采用 C++ 进行编写；对外调用功能采用 CORBA；年久的 CRM 系统采用 Delphi 进行编写，但同样使用 CORBA 发布调用功能，并且最近两年该企业刚对 CRM 系统使用 C 语言进行了一次升级，但是由于数据存储层的设计原因，并没有将老系统的所有数据割接到新系统，所以目前两套 CRM 系统都在使用；最新开发的财务联动系统，采用 Java 语言开发，并且不再采用应用程序窗口，改为使用浏览器进行页面展示和用户操作。这个财务联动系统多数对外的服务采用 Http 对外公布，还有一部分服务采用 Thrift RPC 对外公布……

由此可见，由于各种可见的和不可见的原因，企业信息化系统的建设历史和现实存在往往纷繁复杂。如果这些系统需要进行服务集成，但是又没有一个成熟稳定、兼容易用的中间层进行协调，那么要达到以上的调用要求基本上是不可能的，即使实现了也相当难以维护和扩展，多业务系统的集成困境如图 3-3 所示。

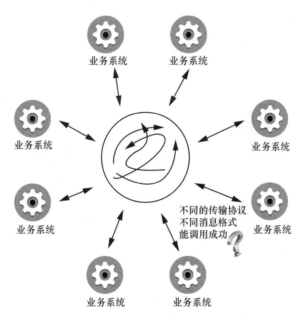

图3-3 多业务系统的集成困境

那么为了满足 SOA 思想的设计要点，达到既定的工作目标，ESB 总线技术至少需要帮助这些业务系统完成以下工作。

（1）多调用协议支撑和转换

业务系统向外部公布的服务无论使用哪种调用协议，都可以通过 ESB 技术进行兼容性转换。例如，A 业务系统的服务只接受 WebService SOAP 形式的调用，B 业务系统的服务却可以使用 Thrift RPC 进行调用，而不必为了调用 A 业务系统专门去适应 A 业务系统的协议。在基于 ESB 服务的中间层帮助实现两种协议的转换。

（2）多消息格式支撑和转换

无论调用协议携带哪一种消息描述格式，通过 ESB 中间层也可以实现相互转换。ESB 中间层应该支持将 JSON 格式的信息描述转换成目标业务系统能够识别的 XML 格式，或者将 XML 描述格式转换成纯文本格式，又或者实现两种不同结构的 XML 格式的互相转换等。

（3）服务监控管理（注册、安全、版本、优先级）

既然 ESB 要对原子服务进行集成，那么我们要考虑的问题就比较多了。首先，业务系统提供的服务可能会以一定周期发生变化，例如周期性的升级；失控的业务系统甚至可能呈现完全无预兆无规律的服务变化，例如突发性数据割接导致服务接口变动。那么 ESB 的实现软件中应该有一套功能，能够保证在这样的情况下集成服务依然能够工作。其次，并不是业务系统所提供的所有服务都可以在 ESB 中进行集成，也并不是所有的服务都能被任何路由规则所编排。ESB 应该有一套完整的功能来保证服务集成的安全性和权限。

作为被集成的业务系统，我们无需关心 ESB 提供的原子服务如何被集成。

（4）服务集成和编排

为了将多个服务通过 ESB 技术进行集成形成一个新的服务，ESB 技术必须能够进行服务编排。服务编排的作用就是明确原子服务执行的先后顺序、判断原子服务执行的条件、确保集成后的新服务能够按照业务设计者的要求正常工作。图 3-4 展示了新服务"工单派发"通过多个业务系统提供的原子服务，按照设置的执行条件在 ESB 总线上进行工作的过程。

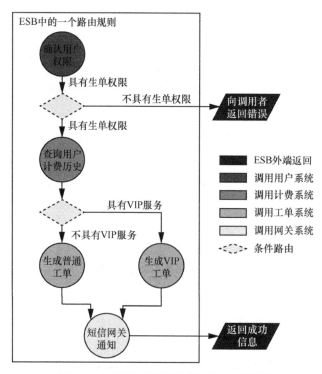

图 3-4 新服务"工单派发"的工作过程

从上述内容可以看出，企业服务总线（ESB）是 SOA 思想针对需要解决问题的实际环境的一种具体实现思路。

3.1.2　ESB是EAI的进化

ESB 技术是在 SOA 之后出现的，在这之前为了集成多个系统而使用最多的技术思路是 EAI（Enterprise Application Integration，企业应用集成）。EAI 技术并没有一个统一的标准，而是对不同企业集成业务系统手段的统一称呼。

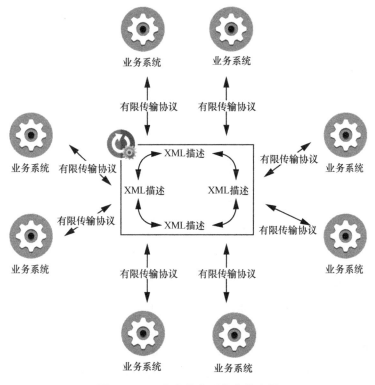

图3-5　EAI在多业务系统中的应用

从图 3-5 中我们可以看出，EAI 主要的作用还是完成各种消息格式的转换。由于 EAI 主要的使用场景是在 20 世纪八九十年代，因此从现在往回看 EAI 所支持的传输协议是很有限的（不过肯定还是基于 7 层 /5 层网络协议的）。不过，在 SOA 思想出现之前，EAI 技术确实为企业实现业务系统集成提供了一个可行的思路。

需要注意的是，EAI 技术并不是 SOA 思想的一种实现。它出现在 SOA 思想之前，最重要的是它缺少 SOA 的基本要素——着眼业务服务，粒度粗放但却可控，由于 EAI 中并没有流程编排的功能，因此这些原子服务并不能有机地结合在一起，形成新的服务，也无法在 EAI 中重新梳理业务过程，以便要求原子服务进行相应的粒度拆分。

那么 ESB 相对于 EAI 在哪些特征上得到了进化呢？ESB 在多业务系统中的应用如图 3-6 所示。

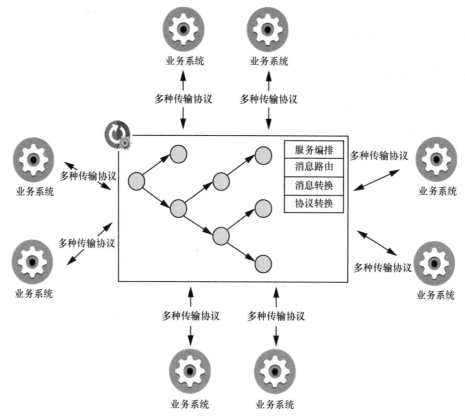

图3-6 ESB在多业务系统中的应用

（1）在消息转换上的进化

前文中我们已经提到，EAI 技术出现的时间比较早，那时基本上还没有太多行业标准的传输协议和消息格式，使用最多的就是 XML 格式，还有半结构化的文本数据。所以，在公司内部实现 EAI 技术时，一般不会考虑太多的行业标准，使用公司内部自定制的传输协议和消息格式就能够实现。这样做也有一定的好处，就是公司内部的业务团队都清楚这些自定制的格式代表的业务意义，也降低了一定的沟通成本。但这样做的问题也显而易见，如果日后需要和兄弟公司的业务系统进行集成，那么之前被节约的工作时间又会被浪费。

成熟的 ESB 产品中就不会出现这样的问题，一般采用开放性的传输协议和消息格式。例如使用 Http 携带查询请求、使用 FTP 携带上传的文件信息；采用 XMPP 消息格式描述 IM 即时通信的内容；采用 MQTT 消息格式描述物联网设备采集内容、使用 AMQP 消息格式描述 MQ 的内容。

（2）在流程编排上的进化

EAI 没有流程编排的硬性要求，也就是说它只面向数据转换过程，并不面向业务服务。所以各位读者可以这样看待这个问题：SOA 思想出现后，伟大的技术团队立马发现了面向服务的概念对 EAI 软件的建设性作用，他们为各种已运行的 EAI 软件加入了各种面向服务的要素，最关键的就是加入了服务编排等面向服务的管理功能。实际上，以上情况就是现实中最真实的情况。

（3）在服务管理上的进化

从 EAI 到 ESB 实际上是业务管理方法上的优化，但就像前文中提到的那样，并不是所有企业都适合使用基于 SOA 思想的 ESB 技术。目前大部分企业对内部业务系统的集成手段还是更贴切于 EAI 技术的定义，这是因为这些企业的业务系统还没有达到较高的复杂度（出现最多的情况就是它们只有一套必要的财务系统）。

所以，EAI 并不是淘汰品，ESB 也不是什么"跨时代"的伟大发明。后者就是前者不断完善的产物，把两者之间的关系说成"基础版"和"升级版"更为贴切。

3.1.3 ESB与循环依赖

ESB 技术保证了各个业务服务的低耦合性，间接避免了各业务系统在集成时技术团队有意无意制造的服务循环依赖问题。

首先我们要弄明白什么是循环依赖，以及循环依赖在程序设计层面、软件产品设计层面、顶层架构设计层面可能出现的场景。从概念模型上讲，只要两个或多个元素产生相互依赖关系，就可以看成产生了循环依赖，如图 3-7 所示。

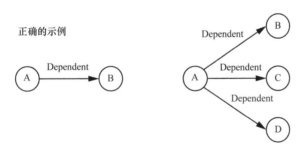

图3-7 服务循环依赖关系正确示例

如图 3-7 所示是两个依赖关系正确的示例：A 元素的正常工作依赖于 B 元素的正常工作，或者 A 元素的正常工作依赖于 B、C、D 元素的正常工作。这里的 A、B、C、D 4 个元素可以指代四段代码，也可以指代一个业务系统中 4 个功能模块，还可以指代顶层架构设计中的 4 个独立工作的业务系统。

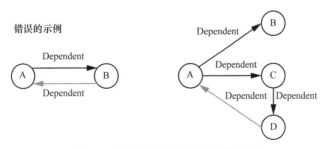

图3-8 服务循环依赖关系错误示例

循环依赖在逻辑层面上是一个有向循环图。图 3-8 展示了两个错误的依赖关系实例：A 元素的正常工作依赖于 B 元素的正常工作的同时，B 元素的正常工作又依赖于 A 元素的正常工作。那么究竟哪个元素能够先正常工作起来呢？图 3-8 中右侧图展示了 3 个元素的循环依赖，A 元素依赖于 C 元素，C 元素依赖于 D 元素，D 元素又依赖于 A 元素。那么 A、C、D 3 个元素究竟哪一个元素才是底层的基础元素呢？

（1）代码层面的循环依赖

以下示例了代码层面的循环依赖：

【代码 3-1】　代码层面的循环依赖示例

```
/*
 * 此类依赖于 BusinessB
 */
public class BusinessA {
    private BusinessB bb;
    public BusinessA(BusinessB bb) {
        this.bb = bb;
    }

    ......
}

/**
 * 此类依赖于 BusinessC
 */
public class BusinessB {
    private BusinessC bc;
    public BusinessB(BusinessC bc) {
        this.bc = bc;
    }

    ......
}

/**
 * 此类依赖于 BusinessA
 */
public class BusinessC {
    private BusinessA ac;
    public BusinessC(BusinessA ac) {
        this.ac = ac;
    }

    ......

    // 接下来我们试图实例化 BusinessA
    public static void main(String[] args) {
        // 怎么实例化 BusinessA 呢
        // new BusinessA(new BusinessB(new BusinessC(new BusinessA)))
    }
}
```

实际上按照这样的引用结构和构造函数要求，实例化 BusinessA 这件事情是永远无法完成的。

（2）功能层面的循环依赖

业务系统的功能间也可能出现循环依赖。相对于代码层面的循环依赖，功能层面的循环依赖更能够影响一款业务系统的设计质量。例如某一款软件，客户方曾经提出过这样的一个业务需求：货运系统中在创建新的"发车单"时，必须选择空闲的司机和空闲的货车（当然货车类型是要判断的）。空闲的司机和空闲的货车缺少任何一样都不能完成"发车单"的创建。但为了记录某辆货车上一次对应的"发车单"，客户要求只能在创建新的发车单后，货车才能解除之前的"发车单"绑定关系，变成"空闲货车"，如图3-9所示。

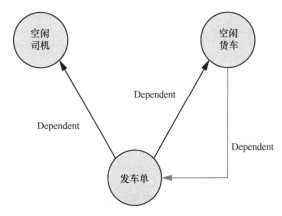

图3-9　货运软件功能循环依赖

那么问题来了，如果只有在创建新的"发车单"后，货车才能解除和之前"发车单"的绑定关系，那么新创建"发车单"时，"空闲的货车"从哪里来呢？实际上客户方不懂技术，是我们在需求调研阶段遇到的一个问题，但关键看需求人员从哪个方面着手向用户解释引导用户对需求逻辑进行分析。不一定用技术语言直接告诉用户，他的需求在技术层面上不符合逻辑。

（3）架构层面的循环依赖

多个业务系统在进行集成时，它们也可能会出现循环依赖。特别是参与集成的业务系统越多，这种循环依赖的情况就越容易出现。

在系统数量还没有达到一定数量时（通常来说这个阈值为4），系统间的循环依赖最可能是由业务人员/技术人员无意造成的。这时，系统间的依赖关系还处于一个可控级别，即使出现系统间循环依赖的情况，技术团队/业务团队也可以快速进行纠正。但是，当参与集成的业务系统数量超过可控制的阈值数量后，这个检查和纠正工作就不再是人工可及的范围了。图 3-10 所示的 5 个系统进行集成时，很容易出现系统间循环依赖的情况。

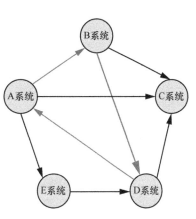

图3-10　系统间循环依赖

那么该如何避免发生循环依赖的情况呢？有以下方法。

（4）依赖倒置原则预防循环依赖

依赖倒置原则可以帮助预防代码层面和功能模块层面的循环依赖。顶层架构层面的循环依赖问题，也可以遵循这个原则进行设计来避免。基本上这个原则是在说两点：高层次模块不应该依赖于低层次模块，模块的实现都应该依赖于抽象（接口），而抽象（接口）能够屏蔽功能设计上的细节，如图 3-11 所示。

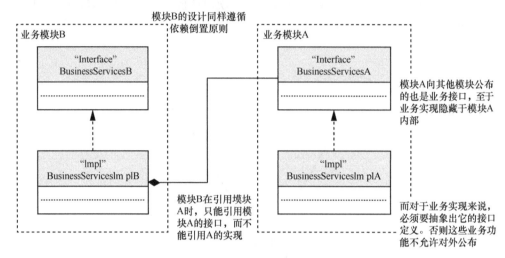

图3-11 依赖倒置原则预防循环依赖

（5）对循环依赖的自动检测

如果您负责的产品是遗留产品。在经过多个设计人员更替后，产品内部设计或多或少出现了一些循环依赖问题，这时该怎么办呢？您先要做的是检查产品的哪些模块出现了循环依赖，再思考修改方法。目前市面上有很多这样的工具，可以帮助您检查代码层面和系统模块层面的依赖关系是否良好，这里推荐 SonarQube。图 3-12 所示是某项目中的某个子模块通过 SonarQube 进行检测的结果。

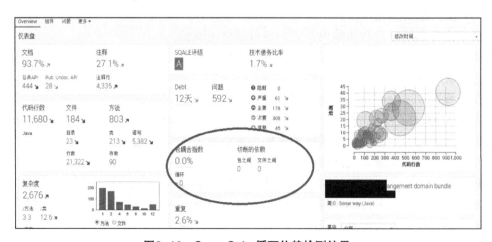

图3-12 SonarQube循环依赖检测结果

(6)抽离底层能引导业务人员优化依赖结构

前文介绍的"功能层面的循环依赖"中,我们举了一个司机—货车—发车单三个元素在业务功能层面的循环依赖问题。现在我们接着这个问题继续讨论。客户之所以要在新的"发车单"创建后,才解除货车和上一次"发车单"的绑定关系,是因为用户担心软件失去对历史"发车单"的跟踪能力,最后无法统计车辆使用率或者司机绩效情况。但实际上,客户无须担心出现这样的情况,了解客户的真实想法后,需求人员就能引导客户开辟一个新的日志模块,这个日志模块处于整个业务系统设计的更底层,专门跟踪各种历史行为,包括车辆的、人员的、财务的、货品的,如图3-13所示。

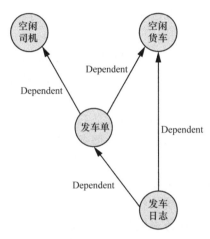

图3-13 剥离循环依赖元素中底层能力解决循环依赖问题

我们可以用这种剥离循环依赖元素中底层能力的方式,解决循环依赖问题。这种解决思路不但适用于业务系统功能间的解耦,同样适用于代码级别或者系统顶层架构级别的解耦。

(7)使用中间层/基础层对依赖元素进行隔离

ESB为各个业务系统的集成提供了一个理想的中间层/基础层。通过从中间层/基础层抽离的底层能力,我们将所有业务系统的集成工作交由ESB完成,如图3-14所示。

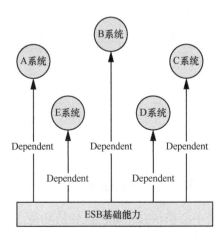

图3-14 使用ESB对依赖元素进行隔离

要注意的是：虽然 ESB 承担了原本在系统内部完成的业务集成工作。但是根据依赖倒置设计原则，ESB 也只是依赖于各业务系统注册在 ESB 总线上的调用接口，业务系统中功能的具体实现对于 ESB 来说是透明的。

3.1.4 ESB版本控制与监控

企业中的系统集成过程，存在很多非技术因素引起的变化。可能出现的情况是：某个一直能够正常使用的调用功能 A，突然间不能使用。技术团队和业务团队排查了许久才发现功能 A 中对某个业务系统的调用接口已经被私自更改（可能只是多传递了一个参数或者减少了一个参数的传递）。这种情况在现实中经常出现，可能是技术人员在改动接口时，忘记了这个接口还有外部系统进行使用。

ESB 中间件提供的版本管理功能可以帮助我们解决这个问题。这里说的版本管理功能，并不是像 Git 那样面向整个工程的版本管理，而是细化到服务接口层面的版本管理。图 3-15 向读者展示了 ESB 中的版本控制功能是如何工作的。

图 3-15 中，进行版本控制的关键功能就是 ESB 中的注册中心模块。在其中管理了各个业务系统已经向 ESB 注册的能够提供业务服务的接口定义和接口版本信息。ESB 总线在进行服务编排时，只能使用已经向注册中心注册的业务接口和相应版本。

这样的机制保证了业务系统可以在新版本准备好以后，再向注册中心注册一个新的接口版本。在此之前无论业务系统的模块怎样变更，只要在注册中心注册的原有接口定义没有变化，就可以保证各个业务系统集成后的功能能够正常工作。注册中心在下线某个版本的服务时，会检测是否还有业务功能对这个服务和版本存在调用关系，如果检查发现服务依赖关系仍然存在，则不允许进行下线操作。注册中心还可以在服务的新版本注册后，对现有编排逻辑中的老版本进行批量升级。

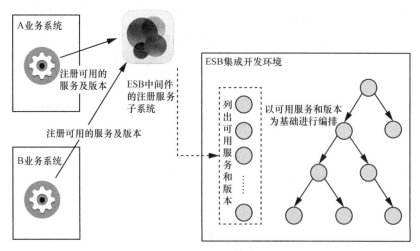

图3-15 ESB服务接口版本管理

需要注意，ESB 中的注册中心模块并不像协议转换功能那样，是 ESB 技术的必备功能。但是有注册管理中心和版本管理机制的 ESB 实现更能保证总线上业务功能的稳定运行。

虽然在 ESB 定义的特性中，并没有规定监控是它的必要部分，但是由于现在的 ESB 中间件软件都比较庞大，且往往在企业系统集成中扮演非常重要的角色。所以大多数 ESB 软件都带有监控模块。这里说的监控并不是业务层面的监控，而是指非业务性指标的监控。

（1）对原子服务单元的健康性进行监控

为了保证 ESB 提供的服务路由能够被正确调用，ESB 中间件需要对各个业务系统提供的原子服务的可用性进行健康监控。这是为了保证在集成服务后，如果其中某一个原子服务出现问题，技术团队/业务团队能够第一时间知晓这个情况，并且能立即解决问题。如果原子服务出现问题，那么有可能代表着由这个原子服务所参与的各个服务编排也都有可能出现问题（当然，这还要看设置的消息路由条件）。

（2）对原子服务的调用情况进行监控

各业务系统提供的原子服务在 ESB 上被调用的次数、频度、单次执行时间、峰值访问时段等数据都可以反映这个原子服务的重要性和原子服务本身的性能指标。ESB 的监控子系统需要采集这些指标，间接优化技术团队/业务团队对原子服务的非业务性指标。例如，增加业务系统的计算节点、扩大单个节点的硬件性能，甚至重构原子服务。

（3）对集成后的新业务调用情况进行监控

在 ESB 中间件中，基于在多个原子服务所构建的集成服务上，包括调用集成服务的次数、集成服务总的单次执行时间、集成服务中哪一个原子服务是最消耗执行时间的、哪一个原子服务的执行次数是最多的、调用原子服务所采用的协议标准和消息格式等一系列数据指标都是监控子系统需要采集的重点数据。

（4）对 ESB 中间件自身健康性进行监控

ESB 中间件自身的健康指标至少需要包括：ESB 每个子系统的 CPU 使用情况、内存使用情况、网络使用情况、线程工作情况、磁盘 I/O 使用情况、集群中当前活动节点（和发生故障的节点）等。需要注意的是：监控各个业务系统自身的健康状态和性能状态，并不是 ESB 中间件的监控子系统份内的工作，如果后者有和前者有关的功能，也只是监控各个业务系统所提供的原子服务健康状态。

3.1.5 任务回顾

 知识点总结

1. ESB 对业务系统的支撑：多调用协议、多消息格式、服务监控管理、服务集成和编排。
2. ESB 相对于 EAI 的进化特征：消息转换、流程编排、服务管理。
3. 循环依赖：代码层面、功能层面、架构层面。
4. 避免发生循环依赖的方法：依赖倒置原则、自动检测、抽离底层、使用中间层/基础层。
5. 监控：原子服务单元的健康性、原子服务的调用情况、集成后的新业务调用情况、自身健康性。

学习足迹

项目 3 任务一的学习足迹如图 3-16 所示。

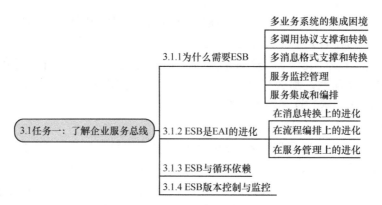

图3-16 项目3任务一学习足迹

思考与练习

1. _____的作用是明确原子服务执行的先后顺序、判断原子服务执行的条件、确保集成后的新服务能够按照业务设计者的要求正常工作。

2. 在 SOA 思想出现之前，_____技术为企业实现业务系统集成提供了一个可行的思路。

3. 从概念模型上，只要有两个或多个元素产生_____关系，便可以看作产生了循环依赖。

3.2 任务二：企业服务总线的安装配置

【任务描述】

随着企业应用越来越多，传统的点对点应用整合方式将造成企业 IT 架构蛛网化，伴随而来的是复杂僵化的应用架构、高额的维护成本和缓慢的市场响应速度。企业服务总线（ESB）作为 SOA 架构的信息传输龙骨，能够帮助简化 IT 架构（减少应用整合接口的数量和复杂程度），通过降低运作成本，提升业务灵活性和市场响应速度（Time to market），最终提升企业的竞争优势。iESB 是一套针对 ESB 的图形化开发工具。利用此工具可以非常快速、直观地开发服务。本节将介绍 iESB 产品的安装和配置。

以下是我们将要完成的任务：对企业服务总线的相关产品安装和配置操作。

3.2.1 环境要求

硬件资源要求见表 3-1。

表3-1 硬件资源要求

资源	要求
CPU	1GHz
内存	大于等于2GB
存储	大于20GB
网络	
其他	

软件资源要求包括以下几点。

① 支持的操作系统：Microsoft Windows 2003 enterprise Edition（简体中文）以上版本。SUSE9、SUSE11、redhat5.4 以上版本。

② JDK 要求：Sun JDK1.6+。

③ 数据库：MySQL5.0 及以上版本、Oracle 9i 及以上版本。

3.2.2 安装前的准备

安装过程分为：JDK 安装、数据库安装和 ESB 安装三个部分，安装前应该按照环境要求中的资源要求检查是否具备安装条件。

开发环境的安装仅供开发人员在安装和配置开发环境指导，但在生产环境中无须执行。

在以下的安装过程中，工程安装人员应该记录在安装过程中出现的异常和错误，或使用系统日志文件将安装过程中的信息记录，对安装过程进行验证和检查，利用运维手册定位排查出现的问题。

1. 操作系统

请按照实际环境需要选择安装以下操作系统（选择：√为可用）：

○ Microsoft Windows 2000 Advanced Server

√ Microsoft Windows 2003 Enterprise Edition (Simple Chinese)

○ Red Hat Enterprise Linux As __

√ SUSE 9 或 11

√ RedHat

○ 其他 _____

2. JDK

√ SUN JDK 1.6.0_29 或以上版本

○ BEA JRocket

○ 其他 _____

安装完成后检查，在命令行或者终端工具中执行 java –version 可以显示正确的 jdk 版本号。

3. 数据库

请根据系统安装所需的数据库。

√ MySQL5.0 以上版本

√ Oracle11g

3.2.3 数据库安装

在 Oracle 或 MySQL 中任选其一安装即可。

1. Oracle 数据库的安装

（1）安装准备

确定数据库实例已经安装。

进入 Oracle 用户下操作，切换用户命令为：su - oracle。

确定数据库服务器上通过 sqlplus 能够正常访问数据库，测试命令如下。

```
[oracle@iesb73 ~]$ sqlplus sys/itlab73@73_elprocdb as sysdba
```

正确的输出如图 3-17 所示。

```
Last login: Wed Jan 30 16:56:43 2013 from 10.18.222.37
[root@iesb73 ~]# su - oracle
[oracle@iesb73 ~]$ sqlplus sys/itlab73@73_elprocdb as sysdba

SQL*Plus: Release 11.2.0.3.0 Production on Wed Jan 30 19:43:35 2013

Copyright (c) 1982, 2011, Oracle.  All rights reserved.


Connected to:
Oracle Database 11g Enterprise Edition Release 11.2.0.3.0 - 64bit Production
With the Partitioning, OLAP, Data Mining and Real Application Testing options

SQL>
```

图3-17　Oracle数据库测试正确的输出

Oracle 数据库默认使用的表空间大小为 10240MB。表空间大小可以在 iesb-sql-install\Oracle\sql\1-create_tablespace.sql 文件里修改，如图 3-18 所示。

```
l_filepath := substr(l_filepath,1,l_pos);

crt_tablespace('TBS_IESB',l_filepath,'10240');
exception when others then
null;
```

图3-18　Oracle表空间大小的修改

（2）安装过程

① 利用 root 登录 linux 系统。

② 复制数据库安装脚本压缩包 iesb-sql-install.zip 到 Oracle 服务器上解压，操作命令如图 3-19 所示。

产生两个文件目录，MySQL 目录为 MySQL 数据安装脚本，Oracle 目录为 Oracle 数据库安装脚本，视图如图 3-20 所示。

项目3　企业服务总线（ESB）认知

图3-19　复制数据库安装脚本压缩包到Oracle服务器上解压

图3-20　数据库安装脚本解压缩视图

③ 进入 Oracle 目录，并确保 Oracle 用户对文件夹下所有文件具有读、写、操作权限，如图 3-21 所示。

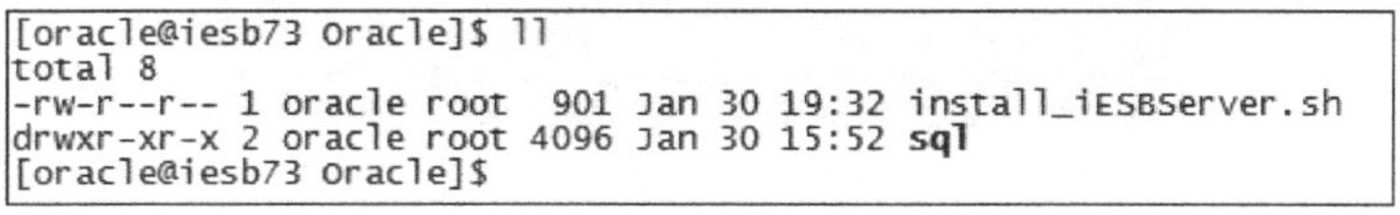

图3-21　Oracle用户文件权限核查

如果不是可以通过如下命令，修改文件访问权限：

修改脚本为可执行文件：chmod u+x *.sh。

修改文件所属用户：chown –R oracle *。

④ 切换到 Oracle 用户下，切换命令如图 3-22 所示。

图3-22　Oracle用户切换命令

⑤ 进入脚本目录后，执行 shell 脚本 install_iMASServer.sh，按提示输入 Oracle service name 和 sys 用户的密码，如图 3-23 所示。

图3-23　Oracle shell脚本执行

执行成功后的结果如图 3-24 所示。

```
Connected to:
Oracle Database 11g Enterprise Edition Release 11.2.0.3.0 - 64bit Production
With the Partitioning, OLAP, Data Mining and Real Application Testing options


1 row created.

Disconnected from Oracle Database 11g Enterprise Edition Release 11.2.0.3.0 - 64bit Production
With the Partitioning, OLAP, Data Mining and Real Application Testing options
********** done **********
[oracle@iesb73 oracle]$
```

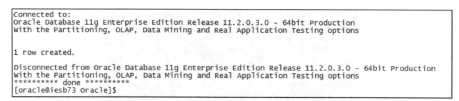

图3-24 shell脚本执行成功的结果

⑥ 至此，Oracle 数据库安装完成。我们可以通过用户 / 密码:IESB/IESB 访问数据库。

2. MySQL 数据库的安装

（1）安装准备

我们已确定数据库实例已经安装，并确定数据库服务器上通过 MySQL 命令能够正常访问数据库，访问端口为 3306。

测试命令如下。

① Windows：在命令行输入 MySQL，如图 3-25 所示。

```
C:\Documents and Settings\Administrator>mysql
Welcome to the MySQL monitor.  Commands end with ; or \g.
Your MySQL connection id is 1
Server version: 5.5.16 MySQL Community Server (GPL)

Copyright (c) 2000, 2011, Oracle and/or its affiliates. All rights reserved.

Oracle is a registered trademark of Oracle Corporation and/or its
affiliates. Other names may be trademarks of their respective
owners.

Type 'help;' or '\h' for help. Type '\c' to clear the current input statement.

mysql>
```

图3-25 Windows MySQL正常访问核查

② SUSE Linux：输入：MySQL –u[username] –p[passwd]，如图 3-26 所示。

```
[root@localhost ~]# mysql -uroot -proot
Welcome to the MySQL monitor.  Commands end with ; or \g.
Your MySQL connection id is 338218
Server version: 5.1.61 Source distribution

Copyright (c) 2000, 2011, Oracle and/or its affiliates. All rights reserved.

Oracle is a registered trademark of Oracle Corporation and/or its
affiliates. Other names may be trademarks of their respective
owners.

Type 'help;' or '\h' for help. Type '\c' to clear the current input statement.

mysql>
```

图3-26 Linux MySQL正常访问核查

（2）安装过程

将 iesb-sql-install.zip 复制到数据库服务器上解压，如果是 SUSE 系统，请使用 root 用户。

① Windows：解压 iesb-sql-install.zip。进入 MySQL 目录，如图 3-27 所示。

名称	大小	类型
iESB.sql	15 KB	SQL 文件
install_DB.bat	1 KB	MS-DOS 批处理文件
install_DB.sh	1 KB	SH 文件
readme	2 KB	文件

图3-27 Windows iesb-sql解压缩结果

双击“install_DB.bat”，按照提示输入用户名和密码即可。详细要求可查看 readme 文件，执行结果如图 3-28 所示。

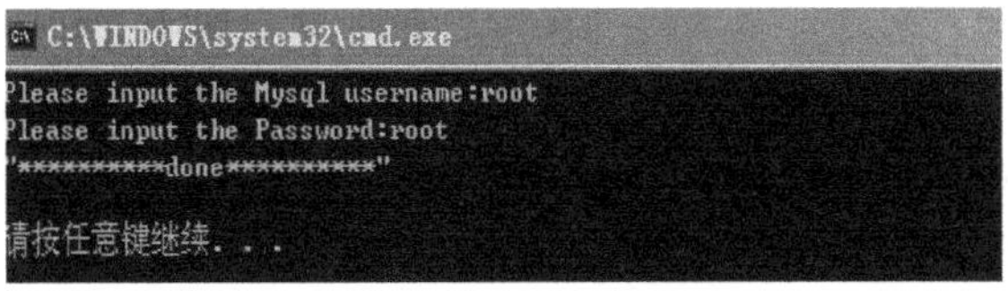

图3-28　Windows install_DB.bat执行结果

② SUSE Linux 系统：（详情请阅读 readme 文件）。

步骤1：在脚本目录执行 chmod a+x ./install_DB.sh。

步骤2：执行：./install_DB.sh。

步骤3：输入数据库的用户名和密码。

安装过程如图 3-29 所示。

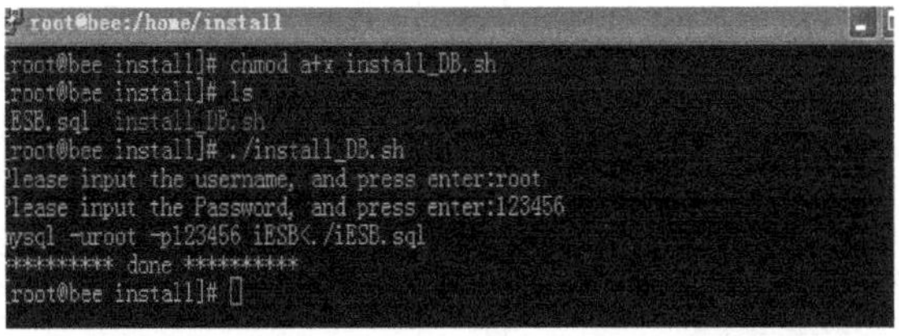

图3-29　SUSE Linux MySQL iESB数据库安装

3.2.4　安装开发环境

开发环境目前只支持 Windows 操作系统。可忽略生产环境部署环节，直接从安装生产环境开始。

（1）安装准备

获取安装介质。

① 获取 iesb-designer.-xx.zip。

注：中文版本为 iesb-designer-chs.zip，英文版本为 iesb-designer-en.zip。

② 获取 iesb-server(windows).zip（目前有 windows、suse32 和 suse64 三个版本，开发环境必须选用 windows 版本）。

（2）安装过程

① 确保 JDK 安装正确，JAVA_HOME 配置正确（JDK 只支持 1.6 版本，推荐安装 JDK1.6.0_29 或以上版本）。

正确性检查：

在 windows 环境我们在 cmd 中执行 java-version 可以查看 jdk 的版本信息。

在 Linux 环境下，执行 java-version 或 /usr/java/java/bin/java-version，可以查看正确的版本信息。

② 确保已经安装成功可用的数据库，且正确地安装 iESB 数据库（参考 3.2.3 节数据库安装）。

③ 解压 iesb-server(windows).zip 至指定目录，解压后的 iesb-server(windows) 目录即

为 iESB 的运行时目录（目录要求路径上不能有空格、特殊字符和中文）。

④ 修改引擎数据库配置项（生产环境操作相同）：修改 iesb-server(windows)\server\default\bee\iESB\base\config\ besta.HibernateConfig.txt 文件，详细过程如下。

步骤 1：Oracle 数据库配置修改界面如图 3-30 所示。

步骤 2：MySQL 数据库配置修改界面如图 3-31 所示。

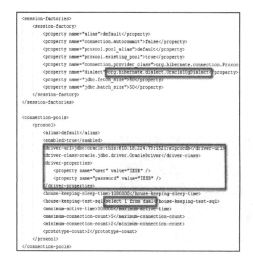 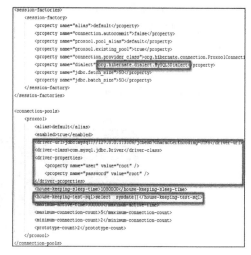

图3-30　Oracle数据库配置项修改　　　图3-31　MySQL数据库配置项修改

步骤 3：修改 bee 数据加载目录，修改目录路径。iesb-server(windows)\server\default\deploy\bp.war\Web-INF\bee\configuration\config.ini 文件，修改内容如图 3-32 所示。

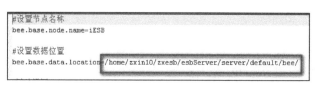

图3-32　修改bee数据加载目录

修改 bee 数据所在的目录，默认情况下，该目录存放在：iesb-server(windows)\server\default 下，配置实例如图 3-33 所示。

```
#设置数据位置
bee.base.data.location=D:/test/iesb-server(windows)/server/default/bee
```

图3-33　修改bee数据加载目录配置实例

注意：路径符号以"/"分隔，禁止使用单符号"\"分隔。

步骤 4：引擎同步数据库配置（生产环境操作相同）。

在集群环境下，iESB 默认要求一台 iESB 引擎作为数据库的操作引擎，数据库的同步操作可以防止用户在多台机器上进行服务操作，引起各集群节点部署服务的不一致性，因此，我们设置了数据库操作开关，用于管理节点的数据库同步。修改操作如下：iesb-server(windows)\

server\default\deployers\zxesb.deployer\zxesb.deployer\zxesb-properties.xml 修改文件中的 core 下面的 com.zte.iesb.service.database.insert 属性，默认是 false，视图如图 3-34 所示。

```
<!-- service insert into database when service deployed-->
<property name="com.zte.iesb.service.database.insert" value="true"/>
```

图3-34　引擎同步数据库配置

步骤 5：配置统计汇总开关。

在集群环境下，iESB 默认要求一台 iESB 引擎作为统计汇总操作引擎来收集统计汇总数据，以此防止多台引擎同时收集汇总数据，并在数据库中插入重复的汇总数据。在默认情况下，其开关被设置为 false，即不汇总服务统计。当需要开启汇总功能时，其开关可以被设置为 true，设置操作如下：

在进入目录 iesb-server\server\default\bee\iESB\base\config\base.SystemConfig.xml 后，修改文件中的配置属性信息如图 3-35 所示。

```
<!--服务调用统计汇总开关，true 或 false，true表示打开，false表示关闭-->
<property name="iesb.statistics.data.summarizing" value="true"/>
```

图3-35　配置统计汇总开关

步骤 6：将 iesb-designer.zip 解压至指定目录，解压后的 iesb-designer 目录即为 iESB 服务设计器的应用目录，单击该目录下的"iESB-Designer.exe"即可打开服务设计器。

步骤 7：第一次打开 iESB 服务设计器，手工配置开发环境运行时所需的环境，配置过程操作如下。

第一步：单击"Window"→"Preference"，打开配置页面。

第二步：展开 Server 节点，选择 Runtime Environments，如图 3-36 所示。

第三步：单击"Add"按钮，弹出图 3-37 所示的窗口。

第四步：选择 iESB 下的 iESB Server 3.0，并勾选 Create a new local Server，单击"Next"，弹出运行时的配置窗口，如图 3-38 所示。

第五步：单击"Browser"，选择之前解压 iesb-server(windows).zip 后生成的 iesb-server（windows）目录作为 Home Directory，如图 3-39 所示。

第六步：配置 JDK，单击下拉选择 1.6 的 JRE 版本，如果下拉选择框没有相关选项，需要手工配置。

第七步：Configure 配置栏保持默认（选择运行级别为 Default），单击"Finish"，完成程序运行时的环境配置。

这时，在开发环境中创建 ESB 工程时，选择的目标运行环境"Target runtime"为以上步骤操作产生的运行环境即可。若提示未正确配置运行环境，请先选择"None"，再选择 iESB，如果 Target ESB 下拉框没有可选择项，需要单击"New"按钮，进行 Server 新增操作，如图 3-40 所示。

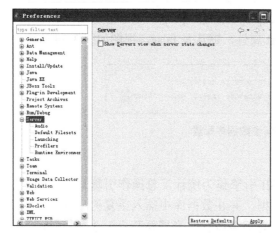

图3-36　iESB服务设计器运行环境配置

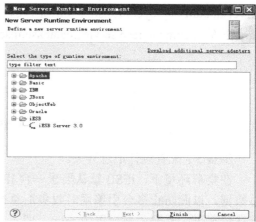

图3-37　iESB服务设计器运行环境配置
　　　　——增加iESB服务引擎

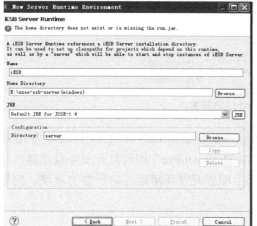

图3-38　iESB服务设计器运行环境配置
　　　　——路径设置

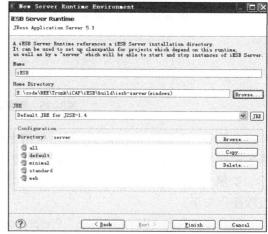

图3-39　iESB服务设计器运行环境配置
　　　　——Home Directory

图3-40　iESB服务设计器Target runtime设置

3.2.5 安装生产环境

目前生产环境只支持 SUSE LINUX 和 Redhat 操作系统，下面我们一起了解 SUSE LINUX 操作系统下的生产环境安装过程。

（1）JDK 安装

安装 JDK 的版本必须为 1.6+ 以上版本，且必须为 SERVER VM 版本（安装过程不再详细描述）。请注意配置环境变量，请将以下两行添加到 /etc/profile 文件的末尾。

```
export JAVA_HOME=/JDK 路径
export PATH=$JAVA_HOME/bin:$PATH
```

新的环境变量立刻生效命令：. /etc/profile。

本系统要求的 JDK 根目录为 /usr/java/java，并且 JDK 根路径不能带版本号或者其他信息，用户可以将 JDK 安装到系统的任何目录下，安装完成后使用如下命令建立软连接即可。

命令格式如下：ln –s 安装的 JDK 根路径 /usr/java/java。

举例说明：安装的 JDK 路径为 /usr/java/jdk1.6.0_27。

安装完成后执行命令为：ln –s /usr/java/jdk1.6.0_27 /usr/java/java。

测试方法：/usr/java/java/bin/java 命令能够正常执行。

（2）引擎安装与卸载

注意：所有 Linux 系统下的操作均使用 root 用户。

1）安装与启动

① 根据操作系统位数选择 iesb-server（suse32）.zip 或 iesb-server（suse64）.zip（suse32 匹配 32 位操作系统、suse64 匹配 64 位操作系统），将其拷贝至临时目录，执行解压缩操作，解压缩指令如下。

```
unzip iesb-server\(suse32\).zip 或 unzip iesb-server\(suse64\).zip。
```

生成的目录结构如图 3-41 所示。

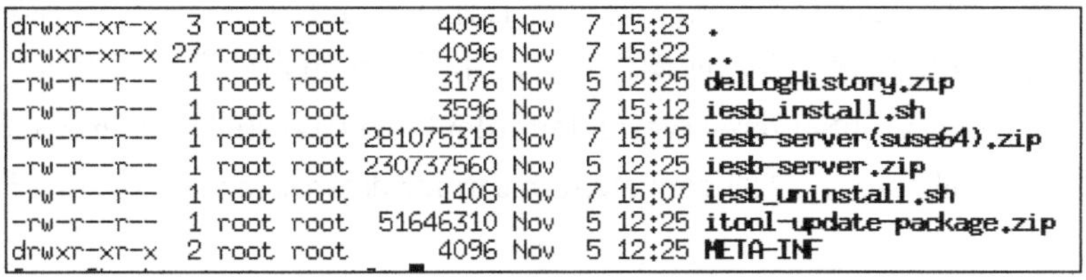

```
drwxr-xr-x  3 root root       4096 Nov  7 15:23 .
drwxr-xr-x 27 root root       4096 Nov  7 15:22 ..
-rw-r--r--  1 root root       3176 Nov  5 12:25 delLogHistory.zip
-rw-r--r--  1 root root       3596 Nov  7 15:12 iesb_install.sh
-rw-r--r--  1 root root  281075318 Nov  7 15:19 iesb-server(suse64).zip
-rw-r--r--  1 root root  230737560 Nov  5 12:25 iesb-server.zip
-rw-r--r--  1 root root       1408 Nov  7 15:07 iesb_uninstall.sh
-rw-r--r--  1 root root   51646310 Nov  5 12:25 itool-update-package.zip
drwxr-xr-x  2 root root       4096 Nov  5 12:25 META-INF
```

图3-41　SUSE LINUX生产环境——安装包解压缩目录结构

② 在解压目录中给安装脚本赋予执行权限。

```
chmod a+x *.sh
```

③ 在解压目录中执行安装脚本（请确保执行脚本前切换到脚本所在目录）。

```
./iesb_install.sh
```

④ 安装过程中会被自动安装成系统自启动服务。

⑤ 安装完成后会提示是否启动 iesb-server 服务，如图 3-42 所示。

```
[~NEEDINPUT~]
Do you want start iesb-server now? [y/n]
```

图3-42　SUSE LINUX生产环境——是否立即启动iesb-server服务提示

如果输入 y，则会马上启动 iesb-server，只需要等待一段时间，待 iesb-server 完成启动即可。我们也可将此处服务启动的操作交给后续启动的二级监控来完成，单独管理 iesb-server 可使用如下指令来完成。

```
Zxesb (start|stop|restart)
```

⑥ 连接配置数据库。

操作如图 3-43 所示。

```
[root@localhost ~]# cd /home/zxin10/zxesb/esbServer/server/default/
[root@localhost default]# ls
    conf  deploy  deployers  lib  log  logs
[root@localhost default]# vi bee/iESB/base/config/besta.HibernateConfig.txt
```

图3-43　SUSE LINUX生产环境——数据库连接配置

修改内容参考开发环境数据库配置说明。

⑦ 在安装完成后，iesb-server monitor 服务会处于停止状态，如果需要启用监控功能，可通过下述指令启动 iESB 的二级监控模块服务。

停止服务：/home/zxin10/zxesb/monitor/bin/esbMonStop。

启动服务：/home/zxin10/zxesb/monitor/bin/esbMonStart。

注意：iesb-server 在 suse 下的安装要求是必须将其安装到 /home/zxin10/zxesb 目录下，如果在安装前已经存在该目录，建议将其备份到其他路径上，必须删除 /home/zxin10/zxesb 目录后，才能执行 iesb_install.sh 安装脚本。

在集群环境下，iESB 默认要求一台 iESB 引擎作为数据库的操作引擎，因此，在进行数据库的同步操作时，可防止用户在多台机器上进行服务操作，从而引起各集群节点部署服务的不一致性。这里设置了数据库操作开关，用于管理节点的数据库同步。修改路径如下 /home/zxin10/zxesb/esbServer/server/default/deployers/zxesb.deployer/zxesb-properties.xml，修改文件中的 core 下面的 com.zte.iesb.service.database.insert 属性，默认是 false，视图如图 3-44 所示。

```
<!-- service insert into database when service deployed-->
<property name="com.zte.iesb.service.database.insert" value="true"/>
```

图3-44　SUSE LINUX生产环境——数据库同步设置

在集群环境下，iESB 默认要求一台 iESB 引擎作为统计汇总操作引擎来收集统计汇总数据，以此防止多台引擎同时收集汇总数据，进而在数据库中插入重复的汇总数据。

默认情况下，其开关被设置为 false 即不汇总服务统计，当需要开启汇总功能时，其开关可被设置为 true。设置操作如下：

进入目录 /home/zxin10/zxesb/esbServer/server/default/bee/iESB/base/config/base.SystemConfig.xml 下，修改文件中的配置属性信息，如图 3-45 所示。

```
<!--服务调用统计汇总开关，true 或 false，true表示打开，false表示关闭-->
<property name="iesb.statistics.data.summarizing" value="true" />
```

图3-45　SUSE LINUX生产环境——服务统计汇总设置

以 root 用户在终端中执行以下命令，启动 iesb-server。

```
zxesb start
```

以 root 用户在终端中执行以下命令，关闭 iesb-server。

```
zxesb stop
```

以 root 用户在终端中执行以下命令，重启 iesb-server。

```
zxesb restart
```

2）安装验证

① 浏览器打开 http://ip: 端口 /esbConsole/，如果能打开 iESB 服务器的控制台登录页面，则 iesb-server 启动成功。

② 默认的控制台登录用户名和密码为 esbadmin 和 esbadmin。

③ 默认端口为 9080。

3）卸载

进入安装时的解压目录（或者从基线包中提取脚本 iesb_uninstall.sh），确保脚本有执行权限后运行 ./iesb_uninstall.sh 即可完成服务的停止和卸载，请大家做好备份工作。

生产环境服务端常见问题说明。

① 目前管理控制台只支持 IE 浏览器。

② 服务启动不成功，请检查系统剩余内存是否大于 1.5GB，iESB Server 的最大堆大小为 512MB。满足要求，可将最大堆、最小堆的大小适度调整。

③ 使用 zxesb start 启动服务，选择确保操作系统是否允许 root 执行脚本。

④ 使用 zxesb start 无法正常启动服务，则需要检查 JAVA_HOME 配置是否正确。

⑤ zxesb 命令无法运行，需要检查 /etc/init.d/zxesb 的文件格式是否为 UNIX 格式。如果不是请使用 dos2unix 命令进行转换。

3.2.6　任务回顾

知识点总结

1. iESB 安装环境要求：硬件资源、操作系统、JDK、数据库。

2. Oracle 和 MySQL 数据库的安装：确认 Oracle 数据库实例已正确安装、复制数据库安装脚本压缩包到 Oracle 服务器上解压、核查修改文件访问权限、执行 shell 安装脚本。

3. 开发环境的安装：确认数据库和 JDK 已正确安装、修改引擎数据库配置项、修改 bee 数据加载目录、引擎同步数据库配置、配置统计汇总开关、iESB 服务设计器运行环境配置。

4. 生产环境的安装：确认数据库和 JDK 已正确安装、安装文件的拷贝和解压缩、执行安装脚本、数据库连接配置、启用监控模块、引擎同步数据库配置、服务统计汇总设置、安装验证、卸载。

学习足迹

任务二的学习足迹如图 3-46 所示。

图3-46　项目3任务二学习足迹

思考与练习

1. iESB 企业服务总线支持_____和_____两种主流数据库。
2. iESB 服务引擎的默认端口是_____。
3. iESB 服务引擎安装与卸载时，在 Linux 系统下的所有操作均要求权限_____。

3.3　任务三：iESB 设计器环境搭建及常用操作

【任务描述】

iESB 设计器的主要作用是通过组件的编排快速支撑企业集成的应用场景，即将以前大量的编码工作自动化，简化服务的开发和封装，提升服务设计开发人员的工作效率。下面我们将介绍 iESB 设计器的安装和配置。

这就是我们将要完成的第三个任务：熟悉 iESB 设计器的环境搭建及常用操作。

3.3.1 iESB设计器环境搭建

在工程中,我们可以利用 iESB 设计器提供的丰富功能来设置服务的暴露方式、接入服务、编排服务、消息路由和转换消息格式等,从而设计出符合实际需要的服务,如图 3-47 所示。

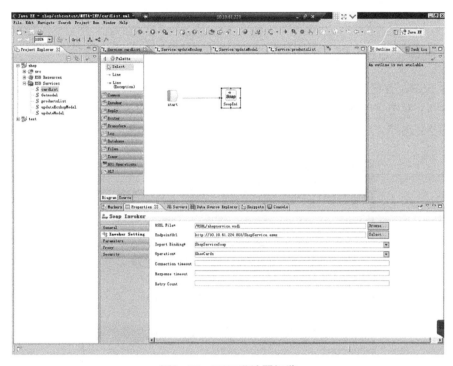

图3-47 iESB设计器概览

1. 环境要求

安装 JDK1.6.0_29+;

安装 MySQL5.0 或 Oracle11g 以上版本;

获取 iESB 引擎;

安装 iESB 设计器;

2. 安装方法

安装 JDK,并配置环境变量;

在数据库服务器上安装所需的数据库(数据库可与 iESB 合设在一台服务器上),并运行 ESB 数据库脚本;iESB 设计器无需安装,直接解压就可以运行;iESB 引擎解压即完成安装,解压后,在服务器配置文件中修改数据库服务器连接即可运行(数据库的配置,请参考 3.2.3 节中的内容)。

注意:从版本机上提取的 iESB 设计器(iESB-designer.zip)和 iESB 引擎(iESB-server.zip),解压后就可以直接使用,各版本的说明见表 3-2。

数据共享与数据整合技术

表3-2　iESB各版本说明

iESB-designer-chs.zip	中文版的iESB设计器压缩包
iesb-designer-en.zip	英文版的iESB设计器压缩包
iESB-server（suse32）.zip	适用于32位Suse机的服务器压缩包
iESB-server（suse64）.zip	适用于64位Suse机的服务器压缩包
iESB-server（windows）.zip	适用于Windows的服务器压缩包

3.3.2　创建iESB工程

部署 ESB，首先创建 ESB 工程，详细步骤如下。

步骤1：双击"iESB-Designer.exe"文件，打开 iESB 设计器。

步骤2：选择"File"→"New"→"iESB Project"，如图 3-48 所示。

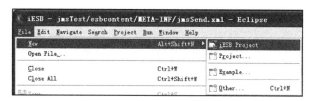

图3-48　iESB设计器——创建新工程

步骤3：在图 3-49 所示对话框中，输入 Project Name。

图3-49　iESB设计器——新工程命名

步骤4：在 Project Template 中单击"Select"按钮，可以创建工程服务模板，也可以选择设计器中已有的工程服务模板，按照自定义方式进行工程创建，如图 3-50 所示。

项目3　企业服务总线（ESB）认知

图3-50　iESB设计器——工程模板选择

步骤5：然后单击"Target runtime"右侧的"new"选择运行环境（注：如果 Target runtime 下拉框中已经存在配置好的运行环境，可以直接选择）。

步骤6：在运行环境对话框中，选择 iESB 列表中的 iESB Server 3.0，并且在 Create a new local server 前打勾，单击"Next"，如图 3-51 所示。

步骤7：在 Home Directory 输入框中输入解压后的 iESB-Server 的路径（iESB-Server 安装路径上不能有空格或中文字符），在 JRE 输入框中，选择 JDK1.6 运行环境（如没有可选择的 JDK1.6 版本的 JRE，则需要单击 JRE 按钮手动配置），在"Configuration"中选择"Default"，单击"Finish"如图 3-52 所示。

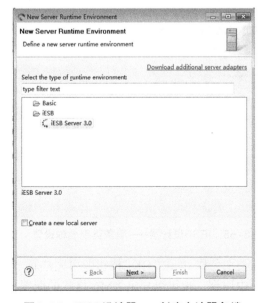

图3-51　iESB设计器——创建本地服务端

图3-52　iESB设计器——本地服务端运行环境配置

109

步骤8：创建完毕一个ESB工程，工程的目录结构如图3-53所示。

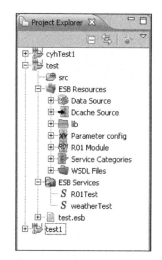

图3-53　iESB设计器——工程目录结构

在创建ESB工程中，需要注意的地方有以下两点：JDK必须是1.6版本，推荐使用JDK1.6.0_29+；工程的名称中不能使用中文字符。

3.3.3　iESB服务资源设置

1. 服务类别设置

选中工程目录中的"Service Categories"，右键单击可以弹出"New Service Category""Import Service Category""Export Service Category"对话框，如图3-54所示。

单击"New Service Category"，弹出图3-55所示的对话框。

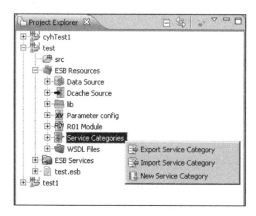

图3-54　iESB设计器——服务类别设置

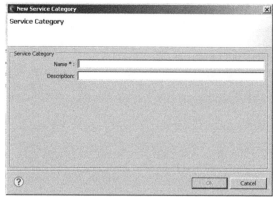

图3-55　iESB设计器——服务类别名称设置

上图中，有"*"号的名称是必填项，输入服务类别名称，单击"OK"按钮即可完成新增，服务类别可在下面小节介绍的"服务属性设置"中用到，也可以导出XML格式的配置文件，将其引入到其他项目中，或是导入到管理控制台中。

2. 服务属性设置

在设计器添加工程后，该工程会被自动生成一个服务，服务属性包括："Service Name"（服务名称）、"Service Code"（服务编号）、"Service Description"（服务描述），这三个属性的默认值都为工程名，除了服务名称，其他两个属性可以修改，用鼠标单击设计器流程编排的主工作区的空白处，在工作区的下方，"Properties"页会出现"服务设置"，单击"General"TAB 页，会显示上面提到的服务的三个属性，如图 3-56 所示。

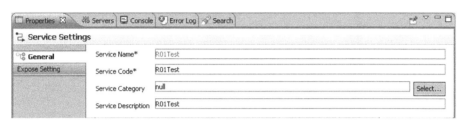

图3-56　iESB设计器——服务属性设置

图 3-56 中，有"*"号的名称是必填项，服务编号和服务描述可修改，其中，服务编号由英文字母、数字、下划线、中划线、点组成，最长不能超过 50 位，服务描述无限制；除了添加工程时自动添加的服务外，还可以手工增加新的服务，在设计器"Project Explorer"上右键单击该工程的"ESB Services"出现"Add Service"（添加服务单元）弹出菜单，如图 3-57 所示。

图3-57　iESB设计器——添加服务单元

单击"Add Service"后，弹出新建服务窗口，如图 3-58 所示。

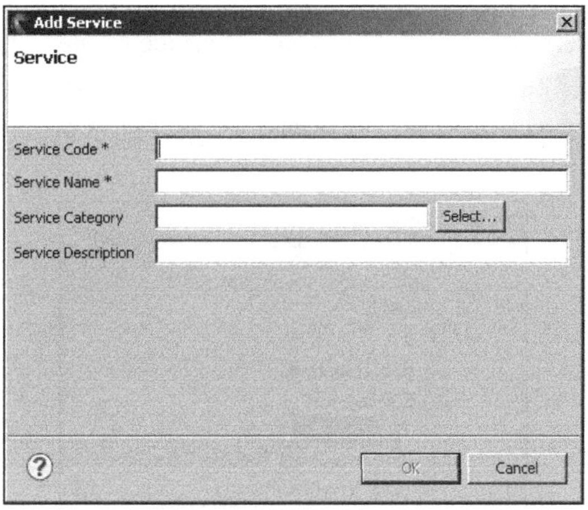

图3-58　iESB设计器——新建服务窗口

其中，图 3-58 中的"服务类别"输入框可通过单击"Select"按钮选择上一小节设置的服务类别，单击按钮后的界面如图 3-59 所示。

图3-59　iESB设计器——服务类别列表

当服务属性设置完成后，单击"OK"按钮后，将在"Project Explorer"—"ESB Service"目录下新增一个服务，可以按照上述方式查看新增服务的属性，如图3-60所示。

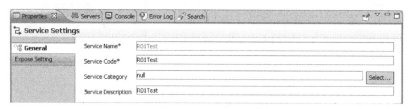

图3-60　iESB设计器——查看新增服务的属性

说明："Service Description"的值会自动按"Service Name"的值填写。

如果想更改已建服务的名称，可以在设计器"Project Explorer"上右键单击"ESB Services"（ESB 服务）下的某个服务，弹出图3-61所示的菜单。

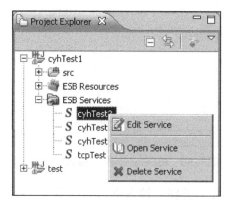

图3-61　iESB设计器——服务操作

单击"Edit Service"后,弹出修改服务窗口,如图3-62所示。

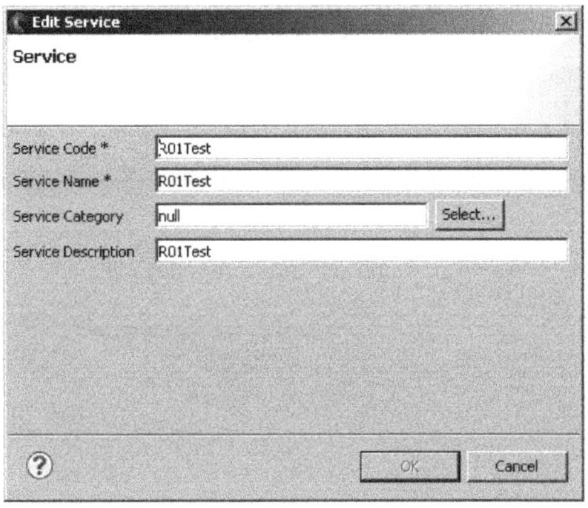

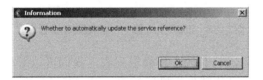

图3-62　iESB设计器——修改服务窗口

修改后单击"OK"按钮,出现图3-63所示的对话框。

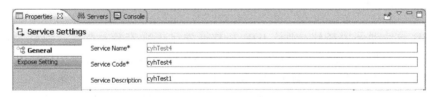

图3-63　iESB设计器——更新服务属性确认窗口

单击"OK"按钮后,将更新服务属性并重新加载服务,可以按照上述方式查看修改后的服务属性,如图3-64所示。

图3-64　iESB设计器——查看修改后的服务属性

如果想删除已建服务,则在图 3-65 显示的菜单中,单击"Delete Service"即可。

图3-65　iESB设计器——删除服务

3. 工程服务模板设置

工程服务模板是已创建好的典型的服务工程用例，可以用于开发服务和学习案例，鼠标单击设计器菜单区"Window"—"Preferences"—"ZTE ESB"—"Project Template"，如图 3-66 所示。

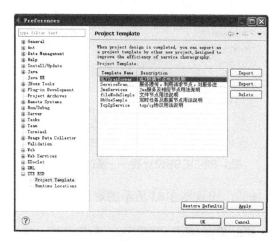

图3-66　iESB设计器——工程服务模板设置

图 3-66 中，默认会列出已有的工程模板列表，我们可以导出或删除，也可以将其他 *.esb 的工程文件导入到这里将其作为模板使用，提高开发效率。

3.3.4　任务回顾

 知识点总结

1. iESB 设计器环境搭建：确认 JDK 和数据库已正确安装及配置、确认 Windows 版本的 iESB 服务引擎已正确安装及配置、获取 iESB 设计器安装文件解压后使用。
2. iESB 工程的创建：命名新工程、选择工程服务模板、配置运行环境。
3. iESB 服务资源设置：设置服务类别、设置服务属性、设置服务模板。

学习足迹

项目 3 任务三的学习足迹如图 3-67 所示。

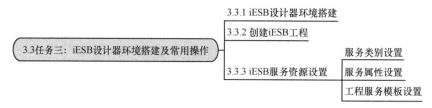

图3-67　项目3任务三学习足迹

思考与练习

1. iESB 设计器的运行环境配置主要是对 JDK 和_____的路径进行配置。
2. iESB 设计器有两种语言的版本，分别是_____和_____。
3. iESB 工程文件的后缀名是_____。

3.4 项目总结

通过对本项目的学习，我们加深了对企业服务总线 ESB 的认知，明确了 ESB 与 EAI 之间的关系。在本项目中，我们重点学习 iESB 引擎和 iESB 设计器的安装配置方法，熟悉了 iESB 设计器的环境搭建及常用操作，为后面项目中服务接口的开发和部署打好了基础。

通过对本项目的学习，让我们提高了认知能力和安装配置能力。

项目 3 技能图谱如图 3-68 所示。

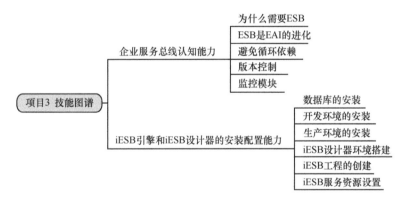

图3-68 项目3技能图谱

3.5 拓展训练

网上调研：ESB 和 EAI 的比较。

◆ 调研要求

选题：我们知道 ESB 和 EAI 都是可用于企业信息化多业务系统集成的工具，他们各自有什么特点呢？请采用信息化手段调研，并撰写调研报告，需包含以下两个关键点：

① ESB 和 EAI 的特点；

② 什么情况下更适合选用 ESB？
- **格式要求**：需提交调研报告的 Word 版本，并采用 PPT 的形式进行汇报展示。
- **考核方式**：采取课内发言，时间要求 3～5 分钟。
- **评估标准**：见表 3-3。

表3-3 拓展训练评估表

项目名称： ESB和EAI的比较	项目承接人： 姓名：	日期：
项目要求	评分标准	得分情况
总体要求（100分） ① ESB和EAI的特点； ② 举例说明在什么情况下更适合选用ESB	基本要求须包含以下三个内容（50分） ① 逻辑清晰，表达清楚（20分）； ② 调研报告文档格式规范（10分）； ③ PPT汇报展示言行举止大方得体，说话有感染力（20分）	
评价人	评价说明	备注
个人		
老师		

项目 4
SOAP 方式 WebService 接口的开发与调用

项目引入

刚开始接触 WebService，我对很多概念还不太理解。尤其是看到各个 OpenAPI 的不同提供方式时，更加疑惑。当时 Edward 还给我预留了一个问题：Google Map API 采用了 AJAX 方式，通过 javascript 提供 API，而淘宝 TOP 则采用直接的 Http+XML 请求方式，为什么 WSDL、UDDI 从没有在这些 API 中出现过？我现在终于知道答案了。原来 WebService 有两种方式：一是 SOAP 方式，在这种方式下需要 WSDL、UDDI 等；二是 REST 方式，这种方式根本不需要 WSDL、UDDI 等。目前 REST 方式更加流行，是更有前途的方式。

Edward 听了我的解释后，笑着鼓励我："不错嘛，你开始入门了，那就趁热打铁，先比较下两种方式的 WebService 有什么区别吧。"

好了，我要赶紧抓紧时间去学习，小伙伴们，让我们一起来学习吧。

知识图谱

项目 4 知识图谱如图 4-1 所示。

4.1 任务一：WebService 接口认知

【任务描述】

在 SOA 的基础技术实现方式中，WebService 占据了很重要的地位，通常，我们提到 WebService 第一想法就是 SOAP 消息在各种传输协议上交互。近几年，REST 的思想伴随着 SOA 逐渐被大家接受，同时各大网站不断开放 API 提供给开发者，也激起了 REST 风格 WebService 的热潮。

数据共享与数据整合技术

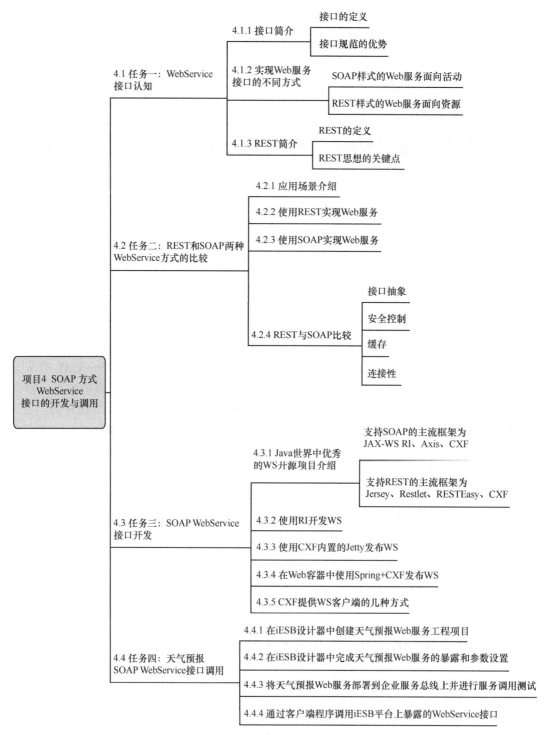

图4-1 项目4知识图谱

了解 REST 和 SOAP 两种不同风格的 WebService 实现方式是我们接下来要完成的学习任务。

4.1.1 接口简介

首先,我们复习"接口"这个概念的定义。

接口泛指实体把自己提供给外界的一种抽象化物(可以为另一实体),用以由内部操作分离出外部沟通方法,使其能被内部修改而不影响外界其他实体与其交互的方式。人类与电脑等信息机器或人类与程序之间的接口被称作用户界面;电脑等信息机器硬件组件间的接口被称作硬件接口;电脑等信息机器软件组件间的接口被称作软件接口。

站在 IT 的角度上来看,Interface(接口)包括以下内容。

① 用户接口:由一套刻度盘、球形把手、操作系统命令、绘图显示形式和其他装置组成,这些设置允许用户使用计算机或者程序通信。一个图形用户界面(GUI)为用户提供"画图导向"方法;对于计算机系统而言,GUI 通常是一个较令人满意的或者用户友好的界面。

② 程序接口:由一套陈述、功能、选项、其他表达程序结构的形式,以及程序员使用的程序或者程序语言提供的数据组成。

③ 自然的、合理的、支持任何连接到连接器或者连接到其他设备的附加装置。

那么在软件开发的世界中,怎么来理解接口呢?

1. 接口的定义

Interface 也被称作 Contract,A 实现了这个接口,代表 A 承诺 B 能做某些事情,B 需要一些能做某些事情的东西,于是 B 要求必须实现 A 接口,才能被 B 调用,其实际就是种"规范"。

图 4-2 所示是中国 2010 年制定的电源插座接口。

图4-2 电源插座接口

2. 有了接口规范的优势

接口规范,任何电器只要具备了符合规范的插头,就可以获得电力,如图 4-3 所示。

图4-3 电源插头

任何厂家（西门子插座、TCL插座、公牛插座等）只要按照规范制作产品，其产品就能为电器供电。

每个厂家插座的生产技术、工艺都不一样，因为接口的实现不一样，但是这并不影响电器的正常工作。插座的内部实现对于电器来说是完全屏蔽的，如图4-4所示。

图4-4 电源插座内部组成

对于软件开发是类似的：
① 按照接口规范进行方法调用，就能获得所期望的功能；
② 按照接口规范实现接口的方法，就能提供所期望的功能。

软件开发大多是一种协作性的工作，电器和插座分别由不同工种完成，有了接口大家可以分头干活，各自按照接口标准完成工作，各自做完各自的工作后就能轻松地将其整合到一起，各部分的测试也更加方便。虽然软件不断演化，但是接口规范一致，方便大家使用。

3.什么时候需要通过接口建立规范

为了抽象系统的某种公共行为，或者封装变化性，在进行系统设计的时候我们需要抽取出接口，以使系统更加灵活。跳过接口直接写实现的具体代码来解决问题，这种方式在确定性的场景下也可行，因为场景不涉及分工协作、变化性、测试方便等因素时，不会用到接口。但是，如何实现合理的软件API却只为少数人所重视。事实证明，所有在应用上获得成功的软件或者Web应用无一不是首先在API的设计上满足了用户的需求，即便这些用户几乎从不直接使用这些API。

4.1.2 实现Web服务接口的不同方式

Web服务是在两个应用或电子设备之间通过万维网进行通信的方法。Web服务有简单对象访问协议（SOAP）以及表述性状态转移（REST）两种类型。

SOAP为基于XML的消息交换定义了一个标准的通信协议（一组规则）。SOAP使用不同的传输协议，如Http、JMS以及SMTP。Http可以让SOAP更容易地在防火墙和代理之间穿越，而无须修改协议本身。因为使用冗长的XML格式，SOAP会比CORBA或ICE这样的中间件技术更慢一些。

REST描述一组架构性原则，数据按照这些原则可通过标准接口（如Http）进行传输。REST并不包含额外的消息传递层，而是专注于设计规则，创建无状态服务。用户可通过

URI 访问其对应的资源，通过每个新资源的表述，我们可知用户是否已经实现了状态转移。RESTFUL 资源是通过 Http 协议访问的，资源的 URL 充当了资源的标识符，而 get、put、delete、post 以及 head 用于对资源进行标准的 Http 操作。

REST 和 SOAP 能解决许多关于 Web 方面的问题，在许多情况下，它们可以满足开发者的要求。但很多人不知道，这两种技术可以搭配使用。REST 很好理解，且极易上手；不过它缺乏标准，因此只被看作是一种架构方法。与之相比，SOAP 是一个工业标准，它具备良好定义的协议以及一套良好确立的规则，在大型和小型系统中均有采用。在现在的 Web 开发中，无论面对何种问题，Web 开发者们总有办法运用好这两种技术中的一种。

下面我们一起来看一看几个大型网站的 Web 服务接口是如何设计的。

1. Facebook

（1）请求消息

Facebook 在 URI 设计上采取了类似于 REST 的风格，例如对于 friends 的获取，其可以被定义为 friends.get，前面部分作为资源定义，后面是具体的操作，其他的 API 也是类似情况，即资源＋操作，因此就算使用 Http 的 get 方法可能都进行了 update 的操作，但其实这已经违背了 REST 的思想。在 URI 被定义好以后，还有详细的参数定义，包括类型以及是否必选。

（2）响应消息

响应消息有多种方式，例如 XML、JSON 等。XML 有 XSD 作为参考，类似于没有 head 的 SOAP，只不过这里已将原来可以定义在 WSDL 中的 XSD 抽取了出来。

2. Flickr

正确处理返回的结果如下所示：

【代码 4-1】 Flickr 正确处理返回的结果

```
1  <?xml version="1.0" encoding="utf-8" ?>
2  <rsp stat="ok">
3      [xml-payload-here]
4  </rsp>
```

错误处理返回的结果如下所示：

【代码 4-2】 Flickr 错误处理返回的结果

```
1  <?xml version="1.0" encoding="utf-8" ?>
2  <rsp stat="fail">
3  <err code="[error-code]" msg="[error-message]" />
4  </rsp>
```

根据返回结果可以看出，其已经违背了 REST 的思想，但其还是将 Http 作为传输承载协议，并没有真正意义地将 Http 作为资源访问和操作协议。总体来说，其只是形式上模仿 REST，但是是一套独立的私有协议。

3. Ebay

（1）请求消息

请求消息采用 XML 作为承载，类似于 SOAP，不过去掉了 SOAP 消息的 envelope 和

head，同时在请求中附加了认证和警告级别等附加信息。

（2）响应消息

响应消息类似于 SOAP 消息，但删除了 SOAP 的 envelope 和 head，同时在返回结果中增加了消息处理结果以及版本等附加信息，这类似于当前 Axis2 框架的做法，精简 SOAP。

4. YouTube

返回的消息如下所示：

【代码 4-3】 YouTube 返回的消息示例

```
1  <?xml version="1.0" encoding="utf-8"?>
2  <ut_response status="ok">
3  <user_profile>
4  <first_name>YouTube</first_name>
5  <last_name>User</last_name>
6  <about_me>YouTube rocks!!</about_me>
7  <age>30</age>
8  <video_upload_count>7</video_upload_count>
9  </user_profile>
10 </ut_response>
```

可以看出，返回的结果是自定义的类 SOAP 消息。

5. Amazon

（1）请求消息

返回的消息示例如下所示：

【代码 4-4】 Amazon 返回的消息示例

```
https://Amazon FPS web service end point/?AWSAccessKeyId=Your
AWSAccessKeyId
    &Timestamp=[Current timestamp]
    &Signature=[Signature calculated from hash of Action and
Timestamp]
    &SignatureVersion=[Signature calculated from hash of Action and
Timestamp]
    &Version=[Version of the WSDL specified in YYYY-MM-DD format]
&Action=[Name of the API]&parameter1=[Value of the API parameter1]
&parameter2=[Value of the API parameter2]
    &...[API parameters and their values]
```

（2）响应消息

类似于 SOAP 的自有协议，消息体中包含了消息状态等附加信息。

看了上面那么多网站的设计，总结一下主要有以下几种设计方式。

请求消息设计：基本符合 REST 标准方式，即为资源 URI 定义（资源．操作）+ 参数的方式。这类设计如果滥用 get 去处理其他类型的操作，那么和第二种方法无异；REST 风格非 REST 思想，即为资源 URI 定义 + 参数（包含操作方法名）的方式，其实就是 RPC 的 REST 跟风，这类似于 SOAP 消息的自定义协议，以 XML 作为承载，可扩展，例如鉴权、访问控制等，不过那就好比自己定义了一套 SOAP 和 SOAP extends，大型的、有实力的网站有的采取此种做法。

响应消息设计：REST 标准方式，将 Resource State，返回给客户端，Http 消息作为应用协议而非传输协议，其以 XML 作为消息承载体，将 Http 作为消息传输协议，处理状态自包含。自定义消息格式、类似于 SOAP，提供可扩展部分。关于 SOAP，我们在项目 2 的任务二中已经进行了详细的解释，接下来，我们一起来看看 REST 都有哪些特点，为什么适合用来实现 WebService 接口的设计与开发。

4.1.3 REST简介

从基本原理层次上说，REST 样式和 SOAP 样式 WebService 的区别取决于应用程序是面向资源的还是面向活动的。例如，在传统的 WebService 中，一个获得天气预报的 WebService 会暴露一个 WebMethod：string GetCityWeather（String City）。暴露 RESTFUL WebService 的不是方法，而是对象（资源），通过 Http get、put、post 或者 delete 来对请求的资源进行操作。在 REST 的定义中，一个 WebService 总是使用固定的 URI 向外部世界呈现（或者说暴露）一个资源。这是一种全新的思维模式：使用唯一资源定位地址 URI，加上 Http 请求方法，从而达到对一个发布于互联网资源的唯一描述和操作。

REST（Representational State Transfer，表述性状态传递）是 Roy Fielding 提出的一个描述互联系统架构风格的名词。为什么称其为 REST？ Web 在本质上由各种各样的资源组成，资源由 URI 唯一标识。浏览器（或者任何其他类似于浏览器的应用程序）将展示出该资源的一种表现方式，或者一种表现状态。如果用户在该页面中定向到指向其他资源的链接，则将访问该资源，并表现出它的状态。这意味着客户端应用程序随着每个资源表现状态的不同而发生状态转移，也即所谓 REST。

REST 其实既不是协议也不是标准，而是诠释了 Http 的设计初衷，今天 Http 广泛应用，其越来越多地被作为传输协议，而非原设计者所考虑的应用协议。SOAP 类型的 WebService 就是最好的例子，SOAP 消息完全就是将 Http 作为消息承载，以至于对于 Http 中的各种参数（例如编码、错误码等）都置之不顾。其实,Http 是最轻量级的应用协议。Http 所抽象的 get、post、put、delete 类似于数据库中最基本的增、删、改、查操作，而互联网上的各种资源类似于数据库中的记录，对于各种资源的操作最后总是能抽象成为这 4 种基本操作，在定义了定位资源的规则以后，对于资源的操作通过标准的 Http 便可以实现，开发者也会受益于这种轻量级的协议。

REST 有如下几个关键点。

1. 面向资源的接口设计

所有的接口设计都是针对资源所设计的，也就很类似于我们的面向对象的和面向过程的设计区别，只不过现在将网络上的操作实体都作为资源来看待，同时，URI 的设计也是体现了对于资源的定位设计。我们经常接触到的一些网站的 API 设计与其说是 REST 设计，不如说是 RPC-REST 的混合体，并非是 REST 的思想。

2. 抽象操作为基础的 CRUD

Http 中的 get、put、post、delete 分别对应了 read、update、create、delete 4 种操作，如果仅仅是作为对于资源的操作，抽象成为这 4 种已经足够，但是对于现在的一些复杂的业务服务接口设计，可能这样的抽象未必能够满足。有时候,API 设计会暴露出这样的问题，如果完全按照 REST 的思想设计，那么适用的环境将会有限制，而非放之四海皆准的。

3. URI

我们可以用一个 URI（统一资源定位符）指向资源，即每个 URI 都对应一个特定的资源。要获取这个资源，访问它的 URI 就可以，因此 URI 就成了每一个资源的地址或识别符。

一般情况下，每个资源至少有一个 URI 与之对应，最典型的 URI 即 URL。

4. 无状态

无状态即所有的资源都可以通过 URI 定位，而且这个定位与其他资源无关，也不会因为其他资源的变化而改变。有状态和无状态的区别，举个简单的例子说明一下。例如，查询员工的工资首先需要登录系统，再进入查询工资的页面，在执行相关操作后，我们会获取工资的金额，这种情况是有状态的，因为查询工资的每一步操作都依赖于前一步操作，只要前置操作不成功，后续操作就无法执行；如果输入一个 URL 即可得到指定员工的工资，则这种情况是无状态的，因为获取工资不依赖于其他资源或状态，且这种情况下，员工工资是一种资源，有一个 URL 与之对应，可以通过 Http 中的 get 方法得到资源，这是典型的 RESTFUL 风格，如图 4-5 和图 4-6 所示。

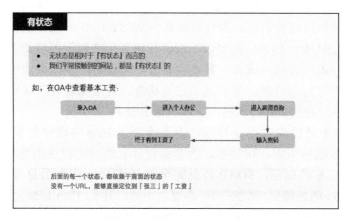

图 4-5 有状态的工资查询

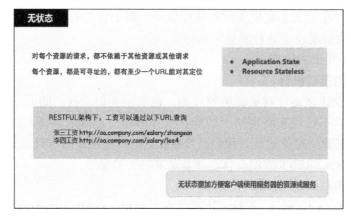

图 4-6 无状态的工资查询

4.1.4 任务回顾

知识点总结

1. 接口的作用：实现接口能提供所期望的功能；调用接口可获得所期望的功能。
2. 实现 Web 服务接口的两种方式：REST 和 SOAP。
3. REST 思想的关键点：面向资源的接口设计、抽象操作为基础的 CRUD、URI、无状态。

学习足迹

项目 4 任务一的学习足迹如图 4-7 所示。

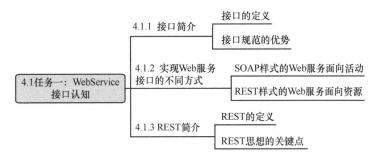

图4-7 项目4任务一学习足迹

思考与练习

1. 电脑等信息机器硬件组件间的接口是_____，电脑等信息机器软件组件间的接口是_____。
2. 由于 REST 采用标准的_____、put、post 和_____动作，因此可被任何浏览器所支持。
3. 一般而言，每个资源至少有一个 URI 与之对应，最典型的 URI 即_____。

4.2 任务二：REST 和 SOAP 两种 WebService 方式的比较

【任务描述】

在任务一中，我们从理论层面对 REST 和 SOAP 两种 WebService 方式进行了比较，接下来我们将借助具体的应用场景，通过 REST 和 SOAP Web 服务的不同实现，对两种样式的 Web 服务技术特质进行对比。

数据共享与数据整合技术

这就是我们接下来要完成的任务：借助应用场景比较 REST 和 SOAP 两种 WebService 方式的差别。

4.2.1 应用场景介绍

接下来我们将借助于一个应用场景，通过基于 REST 和 SOAP Web 服务的不同实现，来对两者进行对比。该应用场景的业务逻辑会尽量保持简单且易于理解，以有助于我们把重心放在 REST 和 SOAP Web 服务技术特质对比上。该应用场景的需求描述如下。

这是一个在线的用户管理模块，负责用户信息的创建、修改、删除、查询。用户的信息主要包括：用户名（唯一标识在系统中的用户）、头衔、公司、E-mail、描述。需求用例如图 4-8 所示。

如图 4-8 所示，客户端 1（Client1）与客户端 2（Client2）对于信息的存取具有不同的权限，客户端 1 可以执行所有的操作，而客户端 2 只被允许执行用户查询（Query User）与用户列表查询（Query User List）。关于这一点，我们在对 REST Web 服务与 SOAP Web 服务安全控制对比时会具体谈到。下面我们将分别向您介绍如何使用 REST 和 SOAP 架构实现 Web 服务。

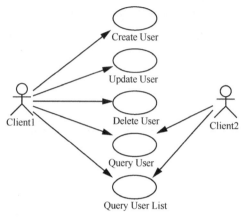

图4-8 需求用例

4.2.2 使用 REST 实现 Web 服务

1. 设计

我们将基于 Restlet 框架来实现该应用，Restlet 为那些要采用 REST 结构体系来构建应用程序的 Java 开发者提供了一个具体的解决方案。我们采用遵循 REST 设计原则的 ROA（Resource-Oriented Architecture，面向资源的体系架构）进行设计。ROA 是一种把实际问题转换成 REST 式 Web 服务的方法，它使得 URI、Http 和 XML 具有跟其他 Web 应用一样的工作方式。

在使用 ROA 进行设计时，我们需要把真实的应用需求转化成 ROA 中的资源，基本上遵循以下的步骤：

① 分析应用需求中的数据集；
② 映射数据集到 ROA 中的资源；
③ 对于每一资源，命名它的 URI；
④ 为每一资源设计其 Representation；
⑤ 用 hypermedia links 表述资源间的联系。

接下来我们按照以上步骤设计应用案例。

在线用户管理所涉及的数据集是用户信息，如果其映射到 ROA 资源，主要包括用户及用户列表两类资源。用户资源的 URI 用 http://localhost:8182/v1/users/{username} 表示，用户列表资源的 URI 用 http://localhost:8182/v1/users 表示。它们都采用了如代码 4-6 和代码 4-7 所示的 XML 表述方式。它们的 Representation 代码分别如下：

【代码 4-5】 用户列表资源 Representation

```xml
1  <?xml version="1.0" encoding="UTF-8" standalone="no"?>
2  <users>
3  <user>
4  <name>tester</name>
5  <link>http://localhost:8182/v1/users/tester</link>
6  </user>
7  <user>
8  <name>tester1</name>
9  <link>http://localhost:8182/v1/users/tester1</link>
10 </user>
11 </users>
```

【代码 4-6】 用户资源 Representation

```xml
1  <?xml version="1.0" encoding="UTF-8" standalone="no"?>
2  <user>
3  <name>tester</name>
4  <title>software engineer</title>
5  <company>Huatec</company>
6  <email>tester@huatec.com</email>
7  <description>testing!</description>
8  </user>
```

客户端通过用户列表资源提供的 link 信息，例如（<link> http://localhost:8182/v1/users/tester</link>）来获得具体的某个用户资源。

2. RESTFUL Web 服务架构

首先，我们来看一个 Web 服务使用 REST 风格实现的例子的整体架构，如图 4-9 所示。

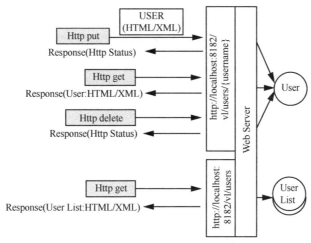

图4-9　REST实现架构

然后，我们将基于该架构，使用 Restlet 给出应用的 RESTFUL Web 服务实现。

3. 客户端实现

客户端的核心实现部分主要由 4 部分组成：使用 Http put 是增加、修改用户资源、使用 Http get 是得到某一具体用户资源、使用 Http delete 是删除用户资源，使用 Http get 是得到用户列表资源。同时，这 4 部分也对应了图 4-9 中关于架构描述的 4 对 Http 消息来回，代码如下：

【代码 4-7】 客户端实现

```
1 public class UserRestHelper {
2 //The root URI of our ROA implementation.
3 public static final tring APPLICATION_URI = "http://localhost:8182/v1";
4
5 //Get the URI of user resource by user name
6 private static String getUserUri(String name) {
7     return APPLICATION_URI + "/users/" + name;
8 }
9
10 //Get the URI of user list resource
11 private static String getUsersUri() {
12     return APPLICATION_URI + "/users";
13 }
14 //Delete user resource from server by user name
15 // 使用 Http delete 方法经由 URI 删除用户资源
16 public static void deleteFromServer(String name) {
17     Response response = new Client(Protocol.HTTP).delete(getUserUri(name));
18     ......
19 }
20 //Put user resource to server.
21 // 使用 Http put 方法经由 URI 增加或者修改用户资源
22 public static void putToServer(User user) {
23     //Fill FORM using user data.
24     Form form = new Form();
25     form.add("user[title]", user.getTitle());
26     form.add("user[company]", user.getCompany());
27     form.add("user[email]", user.getEmail());
28     form.add("user[description]", user.getDescription());
29     Response putResponse = new Client(Protocol.HTTP).put(
30     getUserUri(user.getName()), form.getWebRepresentation());
31     ......
32 }
33 //Output user resource to console
34 public static void printUser(String name) {
35     printUserByURI(getUserUri(name));
36 }
37
38 //Output user list resource to console.
39 // 使用 Http get 方法经由 URI 显示用户列表资源
40 public static void printUserList() {
41     Response getResponse = new Client(Protocol.HTTP).get(getUsersUri());
42     if (getResponse.getStatus().isSuccess()) {
```

```
  43                    DomRepresentation result = getResponse.
getEntityAsDom();
  44   //The following code line will explore this XML document and
output
  45   //each user resource to console.
  46          ……
  47       } else {
  48           System.out.println("Unexpected status:"+ getResponse.
getStatus());
  49       }
  50 }
  51
  52 //Output user resource to console
  53 // 使用 Http get 方法经由 URI 显示用户资源
  54 private static void printUserByURI(String uri) {
  55       Response getResponse = new Client(Protocol.HTTP).get(uri);
  56       if (getResponse.getStatus().isSuccess()) {
  57           DomRepresentation result = getResponse.
getEntityAsDom();
  58           //The following code line will explore this XML
document and output
  59   //current user resource to console
  60   ……
  61       } else {
  62           System.out.println("unexpected status:"+ getResponse.
getStatus());
  63       }
  64 }
  65 }
```

4. 服务器端实现

服务器端对于用户资源类实现的功能是响应有关用户资源的 Http get/put/delete 请求，而这些请求响应逻辑正对应了 UserRestHelper 类中关于用户资源类的 Http 请求，代码如下：

【代码 4-8】 服务器端实现

```
  1 public class UserResource extends Resource {
  2 private User _user;
  3 private String _userName;
  4 public UserResource(Context context, Request request, Response
response) {
  5 //Constructor is here
  6 ……
  7 }
  8 // 响应 Http delete 请求逻辑
  9 public void delete() {
  10    // Remove the user from container
  11    getContainer().remove(_userName);
  12    getResponse().setStatus(Status.SUCCESS_OK);
  13 }
  14
  15 //This method will be called by handleGet
  16 public Representation getRepresentation(Variant variant) {
```

```
17 Representation result = null;
18 if (variant.getMediaType().equals(MediaType.TEXT_XML)) {
19     Document doc = createDocument(this._user);
20     result = new DomRepresentation(MediaType.TEXT_XML, doc);
21 }
22 return result;
23 }
24 //响应 Http put 请求逻辑
25 public void put(Representation entity) {
26 if (getUser() == null) {
27 //The user doesn't exist, create it
28 setUser(new User());
29 getUser().setName(this._userName);
30 getResponse().setStatus(Status.SUCCESS_CREATED);
31 } else {
32     getResponse().setStatus(Status.SUCCESS_NO_CONTENT);
33 }
34 //Parse the entity as a Web form
35 Form form = new Form(entity);
36 getUser().setTitle(form.getFirstValue("user[title]"));
37 getUser().setCompany(form.getFirstValue("user[company]"));
38 getUser().setEmail(form.getFirstValue("user[email]"));
39  getUser().setDescription(form.getFirstValue("user[description]"));
40 //Put the user to the container
41     getApplication().getContainer().put(_userName, getUser());
42 }
43 //响应 Http get 请求逻辑
44 public void handleGet() {
45     super.handleGet();
46     if(this._user != null ) {
47         getResponse().setEntity(getRepresentation(
48              new Variant(MediaType.TEXT_XML)));
49         getResponse().setStatus(Status.SUCCESS_OK);
50     } else {
51         getResponse().setStatus(Status.CLIENT_ERROR_NOT_FOUND);
52     }
53 }
54 //build XML document for user resource
55 private Document createDocument(User user) {
56  //The following code line will create XML document according to user info
57     ……
58 }
59 //The remaining methods here
60 ……
61 }
```

UserResource 类是对用户资源类的抽象描述，其包括了对该资源的创建修改（put 方法）、读取（handleGet 方法）和删除（delete 方法），被创建出来的 UserResource 类实例被 Restlet 框架所托管，所有操作资源的方法会在相应的 Http 请求到达后被自动回调。

另外，在服务端还需要实现代表用户列表资源的资源类 UserListResource，它的实现与 UserResource 类似，响应 Http get 请求，读取当前系统内的所有用户信息，形成如代码 4-6 所示的用户列表资源 Representation，然后返回该结果给客户端。

4.2.3 使用SOAP实现Web服务

1. SOAP Web 服务架构

首先，给出 SOAP 实现的整体架构，如图 4-10 所示。

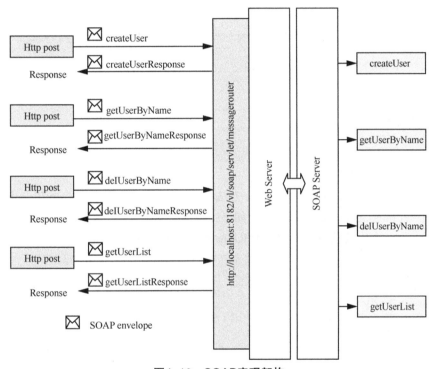

图4-10　SOAP实现架构

如图 4-10 所示，SOAP 架构与 REST 架构相比，SOAP 架构图有明显的不同，所有的 SOAP 消息发送都使用 Http post 方法，并且所有 SOAP 消息的 URI 都是一样的，这是基于 SOAP 的 Web 服务的基本实践特征。

2. 获得用户信息列表

基于 SOAP 的客户端创建 SOAP XML 文档，它通过类 RPC 方式来获得用户列表信息，代码如下：

【代码 4-9】 getUserList SOAP 消息

```
1 <?xml version="1.0" encoding="UTF-8" standalone="no"?>
2 <soap:Envelope xmlns:soap="http://schemas.xmlsoap.org/soap/envelope/">
3 <soap:Body>
4 <p:getUserList xmlns:p="http://www.exmaple.com"/>
```

```
5    </soap:Body>
6  </soap:Envelope>
```

客户端将使用 Http 的 post 方法,将上述的 SOAP 消息发送至 http://localhost:8182/v1/soap/servlet/messagerouter URI,SOAP Server 收到该 Http POST 请求通过解码 SOAP 消息确定,其需要调用 getUserList 方法完成该 Web 服务调用,返回如下所示响应:

【代码 4-10】 getUserListResponse 消息

```
1  <?xml version="1.0" encoding="UTF-8" standalone="no"?>
2  <soap:Envelope xmlns:soap="http://schemas.xmlsoap.org/soap/envelope/">
3  <soap:Body>
4  <p:get
5            UserListResponse xmlns:p="http://www.exmaple.com">
6  <Users>
7  <username>tester<username>
8  <username>tester1<username>
9            ......
10 </Users>
11 <p: getUserListResponse >
12 </soap:Body>
13 </soap:Envelope>
```

3. 获得某一具体用户信息

同样地,客户端将使用 Http 的 post 方法,将 SOAP 消息发送至 http://localhost:8182/v1/soap/servlet/messagerouter URI,代码如下:

【代码 4-11】 getUserByName SOAP 消息

```
1  <?xml version="1.0" encoding="UTF-8" standalone="no"?>
2  <soap:Envelope xmlns:soap="http://schemas.xmlsoap.org/soap/envelope/">
3  <soap:Body>
4  <p:getUserByName xmlns:p="http://www.exmaple.com">
5  <username>tester</username>
6  </p:getUserByName >
7  </soap:Body>
8  </soap:Envelope>
```

SOAP Server 处理后返回的 Response 如下所示:

【代码 4-12】 getUserByNameResponse SOAP 消息

```
1  <?xml version="1.0" encoding="UTF-8" standalone="no"?>
2  <soap:Envelope xmlns:soap="http://schemas.xmlsoap.org/soap/envelope/">
3  <soap:Body>
4  <p:getUserByNameResponse xmlns:p="http://www.exmaple.com">
5  <name>tester</name>
6  <title>software engineer</title>
7  <company>Huatec</company>
8  <email>tester@huatec.com</email>
9  <description>testing!</description>
10 </p:getUserByNameResponse>
11 </soap:Body>
12 </soap:Envelope>
```

项目4　SOAP方式WebService接口的开发与调用

实际上，创建新用户的过程也比较类似，在这里就不一一列出，上面这两个例子对于在选定的点上对比 REST 与 SOAP 已经足够了。

4.2.4　REST与SOAP比较

接下来，我们将从以下五个方面对比上面两节所给出的 REST 实现与 SOAP 实现。

1. 接口抽象

RESTFUL Web 服务使用标准的 Http 方法（get/put/post/delete）抽象所有 Web 系统的服务能力，但是，SOAP 应用是通过定义自己个性化的接口方法抽象 Web 服务的，这更像我们经常谈到的 RPC。例如在本例中的 getUserList 与 getUserByName 方法。

RESTFUL Web 服务使用标准的 Http 方法，宏观上，标准化的 Http 操作方法结合其他的标准化技术，如 URI、HTML、XML 等，将会极大提高系统与系统之间整合的互操作能力；尤其在 Web 应用领域，RESTFUL Web 服务所表达的这种抽象能力更加贴近 Web 本身的工作方式，也更加自然。

同时，使用标准 Http 方法所实现的 RESTFUL Web 服务也带来了 Http 方法本身的一些优势。

（1）无状态性（Stateless）

Http 从本质上说是一种无状态的协议，客户端发出的 Http 请求之间可以相互隔离，不存在相互的状态依赖。基于 Http 的 ROA，以非常自然的方式来实现无状态服务请求处理逻辑。对于分布式的应用而言，任意给定 Request1 与 Request2 两个服务请求，由于它们之间并没有相互之间的状态依赖，所以不需要对它们相互协作处理，其结果是：Request1 与 Request2 可以在任何的服务器上执行，这样的应用很容易在服务器端支持负载平衡（LoadBalance）。

（2）安全操作与幂指相等特性（Safety /Idempotence）

Http 的 get、head 请求本质上应该是安全的调用，即：get、head 调用不会有任何的副作用，不会对服务器端状态造成任何的改变。对于服务器来说，客户端对某一 URI 做 N 次的 get、haed 调用，其状态与没有做调用是一样的，不会发生任何的改变。

Http 的 put、delete 调用，具有幂指相等的特性，即：客户端对某一 URI 做 N 次的 put、delete 调用，其效果与做一次的调用是一样的。Http 的 get、head 方法也具有幂指相等的特性。

Http 这些标准方法在原则上保证分布式系统具有以上这些特性，从而帮助其构建更加健壮的分布式系统。

2. 安全控制

为了说明问题，基于上面的在线用户管理系统，我们给定以下场景。

参考一开始我们给出的用例图，我们希望客户端 2 只能以只读的方式访问用户和用户列表资源，而客户端 1 具有访问所有资源的全部权限。那么该如何做这样的安全控制呢？

通行的做法是：所有从客户端 2 发出的 Http 请求都经过代理服务器（Proxy Server）。代理服务器制定安全策略：所有经过该代理的访问用户和用户列表资源的请求只具有读取权限，即允许 get、head 操作，而具有写权限的 put/delete 是不被允许的。对于 REST，我们看看这样的安全策略是如何部署的，如图 4-11 所示。

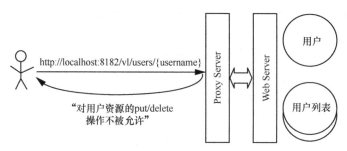

图4-11　REST 与代理服务器（Proxy Server）

一般代理服务器会根据实现（URI、Http Method）两元组决定 Http 请求的安全合法性。当代理服务器发现类似于（http://localhost:8182/v1/users/{username}，delete）这样的请求时，予以拒绝。

对于 SOAP，如果我们想借助于既有的代理服务器进行安全控制，会比较尴尬，如图 4-12 所示。

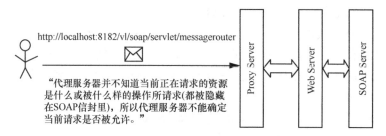

图4-12　SOAP 与代理服务器（Proxy Server）

当所有的 SOAP 消息经过代理服务器时，只能看到（http://localhost:8182/v1/soap/servlet/messagerouter, Http post）这样的信息，如果代理服务器想知道当前的 Http 请求具体做的是什么，必须对 SOAP 的消息体解码，这意味着要求第三方的代理服务器需要理解当前的 SOAP 消息语义，而这种 SOAP 应用与代理服务器之间的紧耦合关系是不合理的。

3. 缓存

众所周知，对于基于网络的分布式应用，网络传输是一个影响应用性能的重要因素。如何使用缓存来节省网络传输带来的开销，这是每一个构建分布式网络应用的开发人员必须考虑的问题。

Http 带条件的 Http get 请求（Conditional get）被设计用来节省客户端与服务器之间网络传输带来的开销，这也给客户端实现 Cache 机制（包括在客户端与服务器之间的任何代理）提供了可能。Http 通过 Http header 域：If-Modified-Since/Last-Modified，If-None-

Match/ETag 实现带条件的 get 请求。

REST 的应用可以充分地挖掘 Http 对缓存支持的能力。当客户端第一次发送 Http get 请求给服务器获得内容后，该内容可能被缓存服务器（Cache Server）缓存。当下一次客户端请求同样的资源时，缓存可以直接给出响应，而不需要请求远程的服务器获得。而这一切对客户端来说都是透明的，如图 4-13 所示。

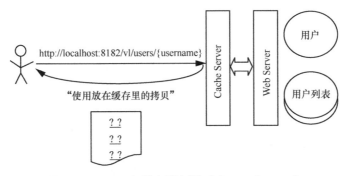

图 4-13　REST 与缓存服务器（Cache Server）

而对于 SOAP，情况又是怎样的呢？使用 Http 的 SOAP，由于其设计原则上并不像 REST 那样强调与 Web 的工作方式相一致，所以，基于 SOAP 的应用很难充分发挥 Http 本身的缓存能力，如图 4-14 所示。

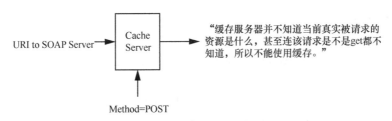

图 4-14　SOAP 与缓存服务器（Cache Server）

这两个因素决定了基于 SOAP 应用的缓存机制要远比 REST 复杂：

其一，所有经过缓存服务器的 SOAP 消息总是 Http post，如果缓存服务器不解码 SOAP 消息体，便不能知道该 Http 请求是否想从服务器获得数据；

其二，SOAP 消息所使用的 URI 总是指向 SOAP 的服务器，如本文例子中的 http://localhost:8182/v1/soap/servlet/messagerouter，这里并没有表达真实的资源 URI，其结果是缓存服务器根本不知道哪个资源正在被请求，更不用谈哪个资源正在进行缓存处理。

4．连接性

在一个单纯的 SOAP 应用中，URI 本质上除了用来指示 SOAP 服务器外，本身没有任何意义。但其与 REST 不同的是，无法通过 URI 驱动 SOAP 方法调用。例如在我们的例子中，当我们通过 getUserList SOAP 消息获得所有的用户列表后，仍然无法通过既有的信息得到某个具体的用户信息。唯一的方法只有通过 WSDL 的指示，通过调用

getUserByName 获得，getUserList 与 getUserByName 是彼此孤立的。

而对于 REST，情况是完全不同的：我们可通过 http://localhost:8182/v1/users URI 获得用户列表，然后再通过用户列表中所提供的 link 属性，例如 <link>http://localhost:8182/v1/users/tester</link> 获得 tester 用户的用户信息。这样的工作方式，类似于我们在浏览器的某个页面上单击某个 Hyperlink，浏览器会帮你自动定向到我们想访问的页面，并不依赖任何第三方的信息。

5. 总结

典型的基于 SOAP 的 Web 服务是以操作为中心的，每个操作都接受 XML 文档作为输入，并提供 XML 文档作为输出。在本质上讲，它们是 RPC 风格的。而在遵循 REST 原则的 SOA 应用中，服务是以资源为中心的，对于每个资源的操作都遵循标准化的 Http 方法。

通过上述几个方面对 SOAP 与 REST 的对比我们可以看出，基于 REST 构建的系统扩展能力要强于 SOAP，这可以体现在它的统一接口抽象、代理服务器支持、缓存服务器支持等诸多方面。并且，伴随着 Web site as WebService 演进的趋势，基于 REST 设计和实现的简单性和强扩展性会推动 REST 成为 Web 服务的一个重要架构实践领域。

4.2.5 任务回顾

 知识点总结

1. 接口抽象：RESTFUL Web 服务使用标准的 Http 方法，SOAP 应用通过定义自己个性化的接口方法来抽象 Web 服务。

2. Http 方法本身的优势：无状态性、不改变服务器端状态、幂指相等特性。

3. REST 与 SOAP 比较：接口抽象、安全控制、缓存、连接性。

 学习足迹

项目 4 任务二的学习足迹如图 4-15 所示。

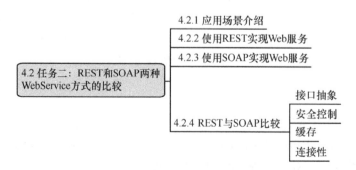

图 4-15　项目 4 任务二学习足迹

思考与练习

1. _____从本质上而言是一种协议，客户端发出的 Http 请求之间可以相互隔离，不存在相互的状态依赖。
2. 客户端对某一 URI 做 N 次的 put、delete 调用，其效果与做一次调用是一样的，这种特性被称为_____。
3. 遵循_____中，服务是以_____为中心的，对每个的操作都是标准化的 Http 方法。

4.3 任务三：SOAP WebService 接口开发

【任务描述】

了解了 SOAP 和 REST 两种不同方式的 Web 服务之后，我们将一起来从实战的角度，看看目前都有哪些流行的 JAVA WebService 开发工具，以及如何使用这些 Java 开发工具开发简单的 SOAP WebService。

我们接下来要完成的任务是 SOAP WebService 接口开发。

4.3.1 Java世界中优秀的WS开源项目介绍

本书的 2.3.4 小节 Java6 WSDL 开发简单案例小节提供了一个使用 JDK 开发 WebService 的简单案例。从 JDK6 开始，不仅可以使用 JDK 发布 WS，也可以使用 JDK 调用 WS，这一切都是那么的简单而自然，只是在做大型项目的时候不够便利，我们需要更好用的框架工具的支持。接下来我们一起了解下 Java 世界中优秀的 WS 开源项目，如：JAX-WS RI、Axis、CXF。

JAX-WS（JSR-224）的全称是 Java API for XML-based WebService，是一种 Java 规范，可以被理解为官方定义的一系列接口。

JAX-WS 有一个官方实现，就是上面提到的 JAX-WS RI，它是 Oracle 公司提供的实现，而 Apache 旗下的 Axis 与 CXF 也同样实现了该规范。Axis 相对而言更加老牌一些，而 CXF 的前世就是 XFire，它是一款著名的 WS 框架，擅长与 Spring 集成。

从本质上讲，JAX-WS 是基于 SOAP（Simple Object Access Protocol，简单对象访问协议），虽然名称里带有"简单"二字，但其实并不简单。为了让 WS 的开发与使用变得更加简单、更加轻量级，另一种风格的 WS 出现了，名为 JAX-RS（JSR-339），全称是 Java API for RESTFUL WebService，同样也是一种规范，同样也有若干实现，分别如下：Jersey、Restlet、RESTEasy、CXF。

其中，Jersey 是 Oracle 官方提供的实现，Restlet 是最老牌的实现，RESTEasy 是 JBoss 公司提供的实现，CXF 是 Apache 提供的实现。

可见，CXF 不仅适合用于开发基于 SOAP 的 WS，同样也适用于开发基于 REST 的

WS。CXF 是两个开源框架（Celtix 与 XFire）的整合，前者是一款 ESB 框架，后者是一款 WS 框架。早在 2007 年 5 月，XFire 发展到了它的鼎盛时期（最终版本是 1.2.6），但突然对业界宣布了一个令人震惊的消息：CXF2.0 诞生，直到 2014 年 5 月，CXF3.0 降临了。

在 CXF 这个主角正式登台之前，我想先请出今天的配角 Oracle JAX-WS RI，全称为 Reference Implementation，简称为 RI，它是 Java 官方提供的 JAX-WS 规范的具体实现。

4.3.2 使用RI开发WS

1. 整合 Tomcat 与 RI

这一步稍微有些复杂，不过也很容易做到。

下载 RI 的程序包后，解压即可，假设解压到 D:/Tool/jaxws-ri 目录下。随后需要对 Tomcat 的 config/catalina.properties 文件进行如下配置。

```
common.loader=${catalina.base}/lib,${catalina.base}/lib/*.jar,
${catalina.home}/lib,${catalina.home}/lib/*.jar,D:/Tool/jaxws-ri/
lib/*.jar
```

配置如图 4-16 所示。

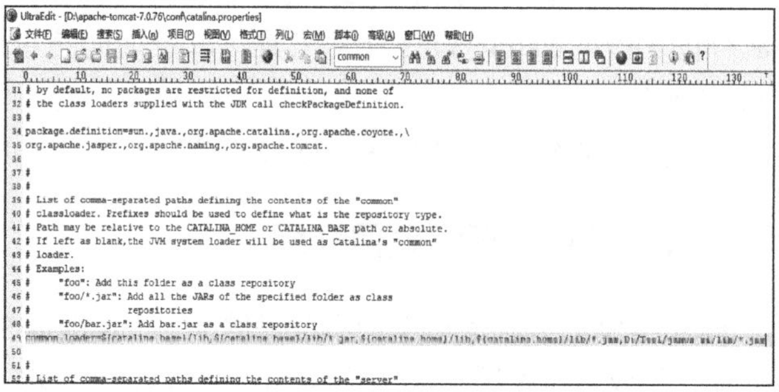

图4-16　Tomcat配置文件修改

以上配置中的最后一部分，其实就是在 Tomcat 中添加一系列关于 RI 的 Jar 包。并不复杂，只是对现有的 Tomcat 有所改造而已，当然，您将这些 Jar 包全部放入自己应用的 Web-INF/lib 目录中也是可行的。

2. 编写 WS 接口及其实现

接口部分代码如下：

【代码 4-13】 jaxws-ri 接口

```
1  package demo.ws.soap_jaxws;
2
3  import javax.jws.WebService;
4
5  @WebService
6  public interface HelloService {
7
8      String say(String name);
9  }
```

实现部分代码如下：

项目4 SOAP方式WebService接口的开发与调用

【代码4-14】 jaxws-ri 实现类

```
1  package demo.ws.soap_jaxws;
2
3  import javax.jws.WebService;
4
5  @WebService (
6      serviceName = "HelloService",
7      portName = "HelloServicePort",
8      endpointInterface = "demo.ws.soap_jaxws.HelloService"
9  )
10 public class HelloServiceImpl implements HelloService {
11
12     public String say (String name) {
13         return "hello " + name;
14     }
15 }
```

在接口与实现类上都标注 javax.jws.WebService 注解，可在实现类的注解中添加一些关于 WS 的相关信息，例如：serviceName、portName 等。当然这是可选的，其作用是让生成的 WSDL 的可读性更加强。

3. 在 Web-INF 下添加 sun-jaxws.xml 文件

在 sun-jaxws.xml 文件里配置需要发布的 WS，其内容如下：

【代码4-15】 sun-jaxws.xml 配置

```
1  <?xml version="1.0" encoding="UTF-8"?>
2  <endpoints xmlns="http://java.sun.com/xml/ns/jax-ws/ri/runtime" version="2.0">
3
4  <endpoint name="HelloService"
5            implementation="demo.ws.soap_jaxws.HelloServiceImpl"
6            url-pattern="/ws/soap/hello"/>
7
8  </endpoints>
```

这里仅发布一个 endpoint，并配置 WS 的名称、实现类、URL 模式三个属性。我们正是通过这个"URL 模式"来访问 WSDL 的，接下来我们就可以看到。

整个项目的目录如图 4-17 所示。

图4-17 jaxws-ri项目目录

139

4. 部署应用并启动 Tomcat

当 Tomcat 成功启动后，我们会在控制台上看到如下信息。

```
1  十一月21, 2017 3:30:05 下午 com.sun.xml.ws.transport.http.servlet.
WSServletDelegate <init>
2  信息: WSSERVLET14: JAX-WS servlet 正在初始化
3  十一月 21, 2017 3:30:05 下午 com.sun.xml.ws.transport.http.servlet.
WSServletContextListener contextInitialized
4  信息: WSSERVLET12: JAX-WS 上下文监听程序正在初始化
```

随后，打开浏览器，输入地址：http://localhost:8080/test/ws/soap/hello，如果不出意外的话，您现在应该可以看到图 4-18 所示界面了。

图4-18　jaxws-ri WS控制台

这应该是一个 WS 控制台，方便我们查看哪些 WS 发布，我们可以单击上面的 WSDL 链接查看具体信息。

【想一想】

这里如果出现了在 Eclipse 里启动 Tomcat 后 localhost:8080 无法访问的问题该怎么办呢？

症状

Tomcat 在 Eclipse 里面能正常启动，而不能在浏览器中访问 http://localhost:8080/，且报 404 错误，同时其他项目页面也不能访问。

关闭 Eclipse 里面的 Tomcat，在 Tomcat 安装目录下双击 startup.bat 手动启动 Tomcat 服务器。访问 http://localhost:8080/ 能正常访问 Tomcat 管理页面。

症状原因

Eclipse 将 Tomcat 的项目发布目录（Tomcat 目录中的 WebApp）重定向了，所以你会发现在 Tomcat 安装目录下的 WebApp 目录里面找不到你的项目文件。

解决办法

打开 Eclipse 中的 Server 页面，双击 "Tomcat 服务"，打开配置页面，将 Server Locations 选项选定为 Use Tomcat Installation（Task Control of Tomcat Installation），即选择 Tomcat 的安装目录来作为项目的发布目录。然后看到 "Deploy Path" 后面的值默认是 "Wtpwebapps"，把它改成 "Webapps"，也就是 Tomcat 中发布项目所在的文件夹名字。

项目4 SOAP方式WebService接口的开发与调用

RI 不仅有一个控制台，而且还能与 Tomcat 无缝整合，但 RI 似乎与 Spring 的整合能力并不是太强，也许是因为 Oracle 是 EJB 的拥护者吧。

那么，CXF 也具备 RI 这样的特性吗？并且能够与 Spring 很好地集成吗？

CXF 不仅可以将 WS 发布在任何的 Web 容器中，而且还提供了一个便于测试的 Web 环境，实际上它内置了一个 Jetty。

我们先看看如何启动 Jetty 发布 WS，再来演示如何在 Spring 容器中整合 CXF。

4.3.3 使用CXF内置的Jetty发布WS

1. 配置 Maven 依赖

第一种方式是在工程中手动引用 CXF Jar 包，在这种情况下我们首先需要下载一份 CXF 的程序包，如图 4-19 所示。

Source Distribution 为源码版，需要编译后才能使用。我们下载 Binary Distribution（可执行版），下载后解压即可，假设解压到 D:/Tool/apache-cxf-3.2.1 目录下。随后需要对环境变量进行配置，在系统变量里的 Path 中添加上 D:\Tool\apache-cxf-3.2.1\bin，如图 4-20 所示。

图4-19　CXF下载页面

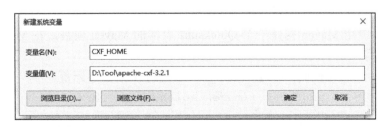

图4-20　新建CXF_HOME系统变量

CXF 环境变量设置如图 4-21 所示。

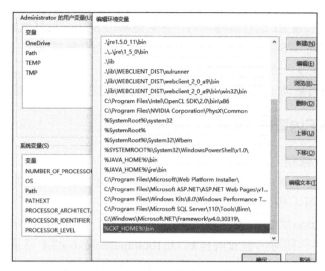

图4-21　CXF环境变量设置

在 CMD 中输入 wsdl2java-h，输出以下内容即为配置成功，如图 4-22 所示。

图4-22　CXF环境变量设置CMD检查输出

另一种更流行、更便捷的方式是通过配置 Maven 依赖，来达到引用 CXF Jar 包的目的。在 Eclipse 中用 Maven 构建一个 Quickstart 版本的 Maven 项目，在 Maven 的配置文件 pom.xml 中写入如下代码：

【代码 4-16】 soap_cxf 工程的 pom.xml 配置

```
1  <project xmlns="http://maven.apache.org/POM/4.0.0"
   xmlns:xsi= "http://www.w3.org/2001/XMLSchema-instance"
2        xsi:schemaLocation="http://maven.apache.org/POM/4.0.0
http://maven.apache.org/xsd/maven-4.0.0.xsd">
```

```
3         <modelVersion>4.0.0</modelVersion>
4         <groupId>demo.ws</groupId>
5         <version>0.0.1-SNAPSHOT</version>
6         <packaging>jar</packaging>
7         <name>soap_cxf</name>
8         <url>http://maven.apache.org</url>
9         <artifactId>soap_cxf</artifactId>
10
11        <properties>
12              <project.build.sourceEncoding>UTF-8</project.build.sourceEncoding>
13              <cxf.version>3.0.0</cxf.version>
14        </properties>
15
16
17        <dependencies>
18              <dependency>
19                    <groupId>junit</groupId>
20                    <artifactId>junit</artifactId>
21                    <version>3.8.1</version>
22                    <scope>test</scope>
23              </dependency>
24              <dependency>
25                    <groupId>org.apache.cxf</groupId>
26                    <artifactId>cxf-rt-frontend-jaxws</artifactId>
27                    <version>${cxf.version}</version>
28              </dependency>
29              <dependency>
30                    <groupId>org.apache.cxf</groupId>
31                    <artifactId>cxf-rt-transports-http-jetty</artifactId>
32                    <version>${cxf.version}</version>
33              </dependency>
34        </dependencies>
35 </project>
```

2. 写一个 WS 接口及其实现

接口部分代码如下：

【代码 4-17】 soap_cxf 接口

```
1 package demo.ws.soap_cxf;
2
3 import javax.jws.WebService;
4
5 @WebService
6 public interface HelloService {
7
8     String say(String name);
9 }
```

实现部分代码如下：

【代码 4-18】 soap_cxf 实现类

```
1 package demo.ws.soap_cxf;
2
```

```
3  import javax.jws.WebService;
4
5  @WebService
6  public class HelloServiceImpl implements HelloService {
7
8      public String say (String name) {
9          return "hello " + name;
10     }
11 }
```

以上简化了实现类上的 WebService 注解的配置,让 CXF 自动为我们取默认值即可。

3. 写一个 JaxWsServer 类来发布 WS

JaxWsServer 类代码如下:

【代码 4-19】 JaxWsServer 类

```
1  package demo.ws.soap_cxf;
2
3  import org.apache.cxf.jaxws.JaxWsServerFactoryBean;
4
5  public class JaxWsServer {
6
7      public static void main (String[] args) {
8          JaxWsServerFactoryBean factory = new JaxWsServerFactoryBean();
9          factory.setAddress ("http://localhost:8080/ws/soap/hello");
10         factory.setServiceClass (HelloService.class);
11         factory.setServiceBean (new HelloServiceImpl ());
12         factory.create ();
13         System.out.println ("soap ws is published");
14     }
15 }
```

发布 WS 除了以上这种基于 JAX-WS 的方式以外,CXF 还提供了另一种选择,名为 simple 方式。通过 simple 方式发布 WS 的代码如下:

【代码 4-20】 SimpleServer 类

```
1  package demo.ws.soap_cxf;
2
3  import org.apache.cxf.frontend.ServerFactoryBean;
4
5  public class SimpleServer {
6
7      public static void main (String[] args) {
8          ServerFactoryBean factory = new ServerFactoryBean ();
9          factory.setAddress ("http://localhost:8080/ws/soap/hello");
10         factory.setServiceClass (HelloService.class);
11         factory.setServiceBean (new HelloServiceImpl ());
12         factory.create () ;a
13         System.out.println ("soap ws is published");
14     }
15 }
```

以 simple 方式发布的 WS,不能通过 JAX-WS 方式来调用,只能通过 simple 方式的客户端来调用,后面会展示 simple 方式的客户端代码。

项目4 SOAP方式WebService接口的开发与调用

4. 运行 JaxWsServer 类

当 JaxWsServer 成功启动后，在控制台中会看到打印出来的提示，如图 4-23 所示。

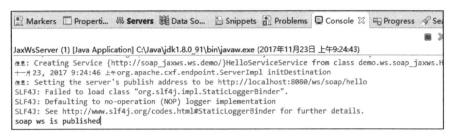

图4-23 JaxWsServer成功启动后的提示

整个项目的目录如图 4-24 所示。

图4-24 soap_cxf项目目录

随后，在浏览器中输入以下地址，可以看到对应的 WSDL 文件：http://localhost:8080/ws/soap/hello?wsdl。

通过 CXF 内置的 Jetty 发布的 WS，仅能查看 WSDL，却没有像 RI 那样的 WS 控制台。

可见，这种方式非常容易测试与调试，大大提高了我们的开发效率，但这种方式并不适合于生产环境，我们还是需要依靠 Tomcat 与 Spring。

那么，CXF 在实践中是如何集成在 Spring 容器中的呢？

4.3.4 在Web容器中使用Spring+CXF发布WS

Tomcat+Spring+CXF，这个场景应该更加接近我们的实际工作情况，开发过程也是非常自然。首先在 Eclipse 中用 Maven 构建一个 WebApp 版本的 Maven 项目，对 Maven 的配置文件进行设置。

1. 配置 Maven 依赖

在 Maven 的配置文件 pom.xml 中写入如下代码：

【代码 4-21】 soap_spring_cxf 工程的 pom.xml 配置

```xml
1  <?xml version="1.0" encoding="UTF-8"?>
2  <project xmlns="http://maven.apache.org/POM/4.0.0"
   xmlns:xsi="http://www.w3.org/2001/XMLSchema-instance"
3      xsi:schemaLocation="http://maven.apache.org/POM/4.0.0
       http://maven.apache.org/maven-v4_0_0.xsd">
4  
5  <modelVersion>4.0.0</modelVersion>
6  <groupId>demo.ws</groupId>
7  <artifactId>soap_spring_cxf</artifactId>
8  <packaging>war</packaging>
9  <version>0.0.1-SNAPSHOT</version>
10 <name>soap_spring_cxf Maven Webapp</name>
11 
12 <url>http://maven.apache.org</url>
13 
14     <properties>
15         <project.build.sourceEncoding>UTF-8</project.build.sourceEncoding>
16         <spring.version>4.0.5.RELEASE</spring.version>
17         <cxf.version>3.0.0</cxf.version>
18     </properties>
19 
20 <dependencies>
21 <dependency>
22 <groupId>junit</groupId>
23 <artifactId>junit</artifactId>
24 <version>3.8.1</version>
25 <scope>test</scope>
26 </dependency>
27 <!-- Spring -->
28 <dependency>
29 <groupId>org.springframework</groupId>
30 <artifactId>spring-context</artifactId>
31 <version>${spring.version}</version>
32 </dependency>
33 <dependency>
34 <groupId>org.springframework</groupId>
35 <artifactId>spring-web</artifactId>
36 <version>${spring.version}</version>
37 </dependency>
38 <!-- CXF -->
39 <dependency>
40 <groupId>org.apache.cxf</groupId>
41 <artifactId>cxf-rt-frontend-jaxws</artifactId>
42 <version>${cxf.version}</version>
43 </dependency>
44 <dependency>
45 <groupId>org.apache.cxf</groupId>
46 <artifactId>cxf-rt-transports-http</artifactId>
47 <version>${cxf.version}</version>
48 </dependency>
49 </dependencies>
```

```
50
51 </project>
```

2. 写一个 WS 接口及其实现

接口部分代码如下：

【代码 4-22】 soap_spring_cxf 接口

```
1  package demo.ws;
2
3  import javax.jws.WebService;
4
5  @WebService
6  public interface HelloService {
7
8      String say (String name);
9  }
```

实现部分代码如下：

【代码 4-23】 soap_spring_cxf 实现类

```
1  package demo.ws;
2
3  import javax.jws.WebService;
4  import org.springframework.stereotype.Component;
5
6  @WebService
7  @Component
8  public class HelloServiceImpl implements HelloService {
9
10     public String say (String name) {
11         return "hello " + name;
12     }
13 }
```

只有在实现类上添加 Spring 的 org.springframework.stereotype.Component 注解，这样才能被 Spring IOC 容器扫描到，才能被认为是一个 Spring Bean，我们可以根据 Bean ID（这里是 helloServiceImpl）来获取 Bean 实例。

3. 配置 web.xml

首先我们来简单了解一下 web.xml 的加载过程。

当我们去启动一个 Web 项目时，容器包括（JBoss、Tomcat 等），首先会去读取项目 web.xml 配置文件里的配置，当这一步骤没有出错并且完成之后，项目才能正常启动。

当启动 Web 项目的时候，容器首先会去它的配置文件 web.xml 读取 <listener></listener> 和 <context-param></context-param> 两个节点。

紧接着，容器创建一个 ServletContext（application），这个 Web 项目所有部分都将共享这个内容。容器将 <context-param></context-param> 的"name"作为键，将"value"作为值，将其转化为键值对，存入 ServletContext。

容器创建 <listener></listener> 中的类实例，根据配置的 class 类路径 <listener-class> 来创建监听，监听中会有 contextInitialized（ServletContextEvent args）初始化方法，启动 Web 应用时，系统调用 listener 的该方法，在这个方法中获得以下内容：

ServletContext application =ServletContextEvent.getServletContext（）；

context-param 的值 = application.getInitParameter（"context-param 的键"）。

得到这个 context-param 的值之后，我们就可以做以下操作了。

举例：你可能想在项目启动之前就打开数据库，那么这里就可以在 <context-param> 中设置数据库的连接方式（驱动、url、user、password），在监听类中初始化数据库的连接。这个监听是自己写的一个类，除了初始化方法，它还有销毁方法，用于关闭应用前释放资源。比如：说数据库连接的关闭，此时，调用 contextDestroyed（ServletContextEvent args），关闭 Web 应用时，系统调用 listener 的该方法。接着，容器会读取 <filter></filter>，根据指定的类路径来实例化过滤器。

以上都是在 Web 项目还没有完全启动的时候就已经完成了的工作。如果系统中有 Servlet，则 Servlet 是在第一次发起请求的时候被实例化的，而且一般不会被容器销毁，它可以服务于多个用户的请求。所以，Servlet 的初始化都要比上面提到的几个要晚。

总体来说，web.xml 的加载顺序是：<context-param> → <listener> → <filter> → <servlet>。其中，如果 web.xml 中出现了相同的元素，则按照在配置文件中出现的先后顺序来加载。

对于某类元素而言，加载顺序与它们出现的顺序是有关的。以 <filter> 为例，web.xml 中当然可以定义多个 <filter>，与 <filter> 相关的一个元素是 <filter-mapping>，注意，对于拥有相同 <filter-name> 的 <filter> 和 <filter-mapping> 元素而言，<filter-mapping> 必须出现在 <filter> 之后，否则当解析到 <filter-mapping> 时，它所对应的 <filter-name> 还未被定义。Web 容器初始化每个 <filter> 时，按照 <filter> 出现的顺序来对其进行初始化，当请求资源匹配多个 <filter-mapping> 时，<filter> 拦截资源是按照 <filter-mapping> 元素出现的顺序来依次调用 doFilter ( ) 方法的。<servlet> 同 <filter> 类似，此处不再赘述。

接下来我们在 web.xml 中写入如下代码：

【代码 4-24】 soap_spring_cxf 工程的 web.xml 配置

```
1  <?xml version="1.0" encoding="UTF-8"?>
2  <web-app xmlns="http://java.sun.com/xml/ns/javaee"
3           xmlns:xsi="http://www.w3.org/2001/XMLSchema-instance"
4           xsi:schemaLocation="http://java.sun.com/xml/ns/javaee
5           http://java.sun.com/xml/ns/javaee/web-app_3_0.xsd"
6           version="3.0">
7
8  <!-- Spring -->
9  <context-param>
10 <param-name>contextConfigLocation</param-name>
11 <param-value>classpath:spring.xml</param-value>
12 </context-param>
13 <listener>
14 <listener-class>org.springframework.web.context.ContextLoaderListener
</listener-class>
15 </listener>
16
17 <!-- CXF -->
18 <servlet>
19 <servlet-name>cxf</servlet-name>
```

```
20<servlet-class>org.apache.cxf.transport.servlet.CXFServlet</
servlet-class>
21</servlet>
22<servlet-mapping>
23<servlet-name>cxf</servlet-name>
24<url-pattern>/ws/*</url-pattern>
25</servlet-mapping>
26
27</web-app>
```

所有带有 /ws 前缀的请求,将会交给被 CXFServlet 进行处理,也就是处理 WS 请求了。目前主要使用了 Spring IOC 的特性,利用了 ContextLoaderListener 加载 Spring 配置文件,即下面定义的 spring.xml 文件。

4. 配置 Spring

在 spring.xml 中写入如下代码:

【代码 4-25】 soap_spring_cxf 工程的 spring.xml 配置

```
 1 <?xml version="1.0" encoding="UTF-8"?>
 2 <beans xmlns="http://www.springframework.org/schema/beans"
 3        xmlns:xsi="http://www.w3.org/2001/XMLSchema-instance"
 4        xmlns:context="http://www.springframework.org/schema/context"
 5        xsi:schemaLocation="http://www.springframework.org/
schema/beans
 6        http://www.springframework.org/schema/beans/spring-
beans-4.0.xsd
 7        http://www.springframework.org/schema/context
 8        http://www.springframework.org/schema/context/spring-
context-4.0.xsd">
 9
10<context:component-scan base-package="demo.ws"/>
11
12<import resource="spring-cxf.xml"/>
13
14</beans>
```

以上配置做了两件事情:一是定义 IOC 容器扫描路径,即这里定义的 demo.ws,在这个包下面(包括所有子包)凡是带有 Component 的类都会被扫描到 SpringIOC 容器中;二是引入 spring-cxf.xml 文件,用于编写 CXF 相关配置。

5. 配置 CXF

在 spring-cxf.xml 中写入如下代码:

【代码 4-26】 soap_spring_cxf 工程的 spring-cxf.xml 配置

```
 1 <?xml version="1.0" encoding="UTF-8"?>
 2 <beans xmlns="http://www.springframework.org/schema/beans"
 3        xmlns:xsi="http://www.w3.org/2001/XMLSchema-instance"
 4        xmlns:jaxws="http://cxf.apache.org/jaxws"
 5        xsi:schemaLocation="http://www.springframework.org/
schema/beans
 6        http://www.springframework.org/schema/beans/spring-
beans-4.0.xsd
 7        http://cxf.apache.org/jaxws
 8        http://cxf.apache.org/schemas/jaxws.xsd">
```

```
 9
10 <jaxws:server id="helloService" address="/soap/hello">
11   <jaxws:serviceBean>
12     <ref bean="helloServiceImpl"/>
13   </jaxws:serviceBean>
14 </jaxws:server>
15
16 </beans>
```

通过 CXF 提供的 Spring 命名空间,即 jaxws:server,其用来发布 WS。其中,最重要的是 address 属性,以及通过 jaxws:serviceBean 配置的 Spring Bean。

可见,在 Spring 中集成 CXF 比想象得更加简单,此外,还有一种更简单的配置方法,那就是使用 CXF 提供的 endpoint 方式,配置如下:

【代码 4-27】 soap_spring_cxf 工程的 spring-cxf.xml endpoint 方式配置

```
 1 <?xml version="1.0" encoding="UTF-8"?>
 2 <beans xmlns="http://www.springframework.org/schema/beans"
 3        xmlns:xsi="http://www.w3.org/2001/XMLSchema-instance"
 4        xmlns:jaxws="http://cxf.apache.org/jaxws"
 5        xsi:schemaLocation="http://www.springframework.org/schema/beans
 6           http://www.springframework.org/schema/beans/spring-beans-4.0.xsd
 7           http://cxf.apache.org/jaxws
 8           http://cxf.apache.org/schemas/jaxws.xsd">
 9
10 <jaxws:endpoint id="helloService" implementor="#helloServiceImpl" address="/soap/hello"/>
11
12 </beans>
```

使用 jaxws:endpoint 可以简化 WS 发布的配置,与 jaxws:server 相比,这确实是一种进步。

注意,这里的 implementor 属性值是 #helloServiceImpl,这是 CXF 特有的简写方式,并非是 Spring 的规范,意思是通过 Spring 的 BeanID 获取 Bean 实例。

同样,也可以在 Spring 中使用 simple 方式来发布 WS,配置如下:

【代码 4-28】 soap_spring_cxf 工程的 spring-cxf.xml simple 方式配置

```
 1 <?xml version="1.0" encoding="UTF-8"?>
 2 <beans xmlns="http://www.springframework.org/schema/beans"
 3        xmlns:xsi="http://www.w3.org/2001/XMLSchema-instance"
 4        xmlns:simple="http://cxf.apache.org/simple"
 5        xsi:schemaLocation="http://www.springframework.org/schema/beans
 6           http://www.springframework.org/schema/beans/spring-beans-4.0.xsd
 7           http://cxf.apache.org/simple
 8           http://cxf.apache.org/schemas/simple.xsd">
 9
10 <simple:server id="helloService" serviceClass="#helloService" address="/soap/hello">
11   <simple:serviceBean>
```

项目4 SOAP方式WebService接口的开发与调用

```
12<ref bean="#helloServiceImpl"/>
13</simple:serviceBean>
14</simple:server>
15
16</beans>
```

可见，simple:server 与 jaxws:server 的配置方式类似，都需要配置一个 serviceBean。

比较以上这三种方式，我个人更喜欢第二种，也就是 endpoint 方式，因为它够简单！

至于为什么 CXF 要提供如此之多的 WS 发布方式？我个人认为，CXF 既是为了满足广大开发者的喜好，也是为了实现向前兼容。

整个项目的目录如图 4-25 所示。

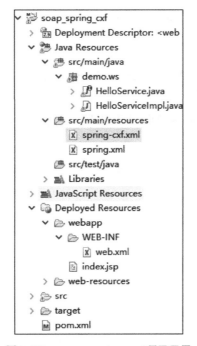

图4-25　soap_spring_cxf项目目录

6. 启动 Tomcat

将应用部署到 Tomcat 中，在浏览器中输入以下地址可进入 CXF 控制台：http://localhost:8080/soap_spring_cxf/ws。CXF 控制台界面如图 4-26 所示。

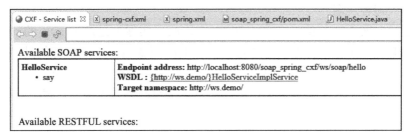

图4-26　soap_spring_cxf项目CXF控制台

通过以上过程，我们可以看出 CXF 完全具备 RI 的易用性，并且与 Spring 有很好的可集成性，而且配置也非常简单。通过下面这个地址我们可以查看对应的 WSDL http://localhost:8080/soap_spring_cxf/ws/soap/hello?wsdl。

紧接在 /ws 前缀后面的 /soap/hello，其实是在 spring-cxf.xml 中的 address= "/soap/hello"中配置的。

现在已经成功地通过 CXF 对外发布了 WS，下面要做的事情就是用 WS 客户端来调用这些 endpoint 了。

用户可以不再使用 JDK 内置的 WS 客户端，也不必通过 WSDL 打客户端 Jar 包，因为 CXF 已经为您提供了多种 WS 客户端解决方案，用户可根据个人需求自行选择！

4.3.5　CXF提供WS客户端的几种方式

1. 静态代理客户端

这种方案需要自行通过 WSDL 进行客户端 Jar 打包，通过静态代理的方式来调用 WS，代码如下：

【代码 4-29】 soap_spring_cxf 工程的静态代理客户端

```
1  package demo.ws;
2
3  import org.apache.cxf.jaxws.JaxWsProxyFactoryBean;
4
5  public class JaxWsClient {
6
7      public static void main(String[] args) {
8          JaxWsProxyFactoryBean factory = new JaxWsProxyFactoryBean();
9          factory.setAddress("http://localhost:8080/soap_spring_cxf/ws/soap/hello");
10         factory.setServiceClass(HelloService.class);
11
12         HelloService helloService = factory.create(HelloService.class);
13         String result = helloService.say("world");
14         System.out.println(result);
15     }
16 }
```

这种做法最为原始，下面的方案更有特色。

2. 动态代理客户端

这种方案无须通过 WSDL 打客户端 Jar 包，底层实际上是通过 JDK 的动态代理特性完成的，CXF 实际上做了一个简单的封装。与 JDK 动态客户端不一样的是，此时无须使用 HelloService 接口，可以说是货真价实的 WS 动态客户端，代码如下：

【代码 4-30】 soap_spring_cxf 工程的动态代理客户端

```
1  package demo.ws;
2
3  import org.apache.cxf.endpoint.Client;
```

```
    4 import org.apache.cxf.jaxws.endpoint.dynamic.JaxWsDynamic
ClientFactory;
    5
    6 public class JaxWsDynamicClient {
    7
    8     public static void main(String[] args) {
    9         JaxWsDynamicClientFactory factory = JaxWsDynamic
ClientFactory.newInstance();
   10         Client client = factory.createClient("http://
localhost:8080/soap_spring_cxf/ws/soap/hello?wsdl");
   11
   12         try {
   13             Object[] results = client.invoke("say", "world");
   14             System.out.println(results[0]);
   15         } catch (Exception e) {
   16             e.printStackTrace();
   17         }
   18     }
   19 }
```

3. 通用动态代理客户端

这种方案与上一种方案类似，但不同的是，它不仅适用于调用 JAX-WS 方式发布的 WS，也能够用于调用 simple 方式发布的 WS，更加智能，代码如下：

【代码 4-31】 soap_spring_cxf 工程的通用动态代理客户端

```
    1 package demo.ws;
    2
    3 import org.apache.cxf.endpoint.Client;
    4 import org.apache.cxf.endpoint.dynamic.DynamicClientFactory;
    5
    6 public class DynamicClient {
    7
    8     public static void main(String[] args) {
    9         DynamicClientFactory factory = DynamicClientFactory.
newInstance();
   10         Client client = factory.createClient("http://
localhost:8080/soap_spring_cxf/ws/soap/hello?wsdl");
   11
   12         try {
   13             Object[] results = client.invoke("say", "world");
   14             System.out.println(results[0]);
   15         } catch (Exception e) {
   16             e.printStackTrace();
   17         }
   18     }
   19 }
```

4. 基于 CXF simple 方式的客户端

这种方式仅用于调用 simple 方式发布的 WS，不能调用 JAX-WS 方式发布的 WS，这是需要注意的，代码如下：

【代码 4-32】 基于 CXF simple 方式的客户端

```
1  package demo.ws;
2
3  import org.apache.cxf.frontend.ClientProxyFactoryBean;
4
5  public class SimpleClient {
6
7      public static void main (String[] args) {
8          ClientProxyFactoryBean factory = new ClientProxyFactoryBean ();
9          factory.setAddress ("http://localhost:8080/soap_spring_cxf/ws/soap/hello");
10         factory.setServiceClass (HelloService.class);
11         HelloService helloService = factory.create (HelloService.class);
12         String result = helloService.say ("world");
13         System.out.println (result);
14     }
15 }
```

5. 基于 Spring 的客户端

（1）使用 JaxWsProxyFactoryBean

在 spring-client.xml 中写入如下代码：

【代码 4-33】 基于 Spring 的客户端的 spring-client.xml 配置——JaxWsProxyFactoryBean

```
1  <?xml version="1.0" encoding="UTF-8"?>
2  <beans xmlns="http://www.springframework.org/schema/beans"
3         xmlns:xsi="http://www.w3.org/2001/XMLSchema-instance"
4         xsi:schemaLocation="http://www.springframework.org/schema/beans
5         http://www.springframework.org/schema/beans/spring-beans-4.0.xsd">
6
7  <bean id="factoryBean" class="org.apache.cxf.jaxws.JaxWsProxyFactoryBean">
8  <property name="serviceClass" value="demo.ws.HelloService"/>
9  <property name="address" value="http://localhost:8080/soap_spring_cxf/ws/soap/hello"/>
10 </bean>
11
12 <bean id="helloService" factory-bean="factoryBean" factory-method="create"/>
13
14 </beans>
```

（2）使用 jaxws:client

在 spring-client.xml 中写入如下代码：

【代码 4-34】 基于 Spring 的客户端的 spring-client.xml 配置 -jaxws:client

```
1  <?xml version="1.0" encoding="UTF-8"?>
2  <beans xmlns="http://www.springframework.org/schema/beans"
3         xmlns:xsi="http://www.w3.org/2001/XMLSchema-instance"
```

```
4          xmlns:jaxws="http://cxf.apache.org/jaxws"
5          xsi:schemaLocation="http://www.springframework.org/
schema/beans
6          http://www.springframework.org/schema/beans/spring-
beans-4.0.xsd
7          http://cxf.apache.org/jaxws
8          http://cxf.apache.org/schemas/jaxws.xsd">
9
10<jaxws:client id="helloService"
11               serviceClass="demo.ws.HelloService"
12               address="http://localhost:8080/soap_spring_
cxf/ws/soap/hello"/>
13
14</beans>
```

客户端代码如下：

【代码 4-35】 基于 Spring 的客户端

```
1 package demo.ws;
2
3 import org.springframework.context.ApplicationContext;
4 import org.springframework.context.support.ClassPathXml
ApplicationContext;
5
6 public class Client {
7
8     public static void main(String[] args) {
9         ApplicationContext context = new ClassPathXml-
ApplicationContext("spring-client.xml");
10
11        HelloService helloService = context.getBean
("helloService", HelloService.class);
12        String result = helloService.say("world!");
13        System.out.println(result);
14    }
15}
```

上述两种 Spring 配置方式都很方便，建议根据两种的实际场景选择最为合适的方案。

通过上面几个小节的学习，相信您已经大致了解了 CXF 的基本用法。CXF 可独立使用，也可与 Spring 集成；可面向 API 来编程，也可使用 Spring 配置；发布 WS 的方式有多种，调用 WS 的方式同样也有多种。

尤其是 Spring+CXF 这对搭档，只需配置 web.xml、编写 WS 接口及其实现、配置 CXF 的 EndPoint、启动 Web 容器 4 个步骤，使发布 WS 更加简单。

4.3.6 任务回顾

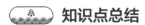
知识点总结

1. 支持 SOAP 的主流框架：JAX-WS RI、Axis 和 CXF。

2. 支持 REST 的主流框架：Jersey、Restlet、RESTEasy 和 CXF。

3. 使用 RI 开发 WS：整合 Tomcat 与 RI、编写接口和实现类、在 sun-jaxws.xml 文件里配置需要发布的 WS、在 Tomcat 中部署应用。

4. CXF 提供 WS 客户端的几种方式：静态代理客户端、动态代理客户端、通用动态代理客户端、基于 CXF simple 方式的客户端、基于 Spring 的客户端。

学习足迹

项目 4 任务三的学习足迹如图 4-27 所示。

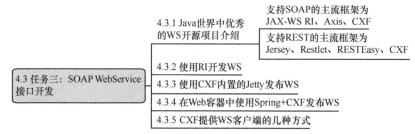

图4-27　项目4任务三学习足迹

思考与练习

1．JAX-WS 有一个官方实现_____，它是 Oracle 公司提供的实现，而 Apache 旗下的_____与_____也同样实现了该规范。

2．当我们去启动一个 Web 项目时，容器（包括 JBoss、Tomcat 等）首先会去读取_____，当这一步骤没有出错并且完成之后，项目才能正常地被启动起来。

3．不仅可用于开发基于 SOAP 的_____，同样也适用于开发基于 REST 的_____。

4.4　任务四：天气预报 SOAP WebService 接口调用

【任务描述】

互联网上有很多的免费 WebService，我们可以调用这些免费的 WebService，将其他网站的内容信息服务集成到我们的企业服务总线上，供企业内部可以重复使用。以获取天气预报数据为例，气象中心的管理系统将收集到的天气信息以互联网 WebService 的方式将数据呈现出来，我们把该天气预报服务注册到企业服务总线上并暴露出来，而企业内网的不同种类的应用都可以去调用 ESB 上的服务，得到天气信息并以不同的样式去展示。

项目4　SOAP方式WebService接口的开发与调用

这就是我们接下来要完成的任务：通过 ESB 调用天气预报 SOAP WebService。

4.4.1　在iESB设计器中创建天气预报Web服务工程项目

接下来，我们一起通过调用天气预报的 WebService 来获取所在城市的天气情况，通过进一步加深对 WebService 的理解，我们明白已经开发完成的 SOAP 方式的 WebService 接口是如何暴露服务和设置参数，从而使注册到企业服务总线供其他服务使用者进行调用的。

从图 4-28 所示的界面中我们可以看到该页面提供了不同的 Web 服务供大家研究、学习和使用。

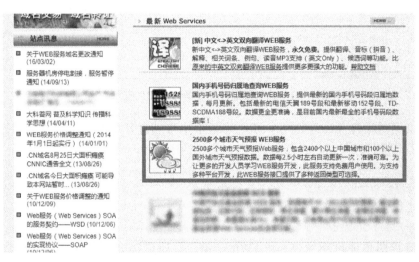

图4-28　Web服务提供页面

该天气预报服务接口的方法和参数说明如下。

```
getRegionCountry
获得国外国家名称和与之对应的 ID
输入参数：无，返回数据：一维字符串数组。
getRegionDataset
获得中国省（自治区、直辖市）；国家名称（国外）和与之对应的 ID
输入参数：无，返回数据：DataSet。
getRegionProvince
获得中国省（自治区、直辖市）和与之对应的 ID
输入参数：无，返回数据：一维字符串数组。
getSupportCityDataset
获得支持的城市 / 地区名称和与之对应的 ID
输入参数：theRegionCode = 省（自治区、直辖市）、国家 ID 或名称，返回数据：DataSet。
getSupportCityString
获得支持的城市 / 地区名称和与之对应的 ID
输入参数：theRegionCod e = 省（自治区、直辖市）、国家 ID 或名称，返回数据：一维字符串数组。
getWeather
获得天气预报数据
输入参数：城市 / 地区 ID 或名称，返回数据：一维字符串数组。
```

在上述 URL 后面加上 ?wsdl，按回车即可看到对应的 wsdl 文件，如图 4-29 所示。

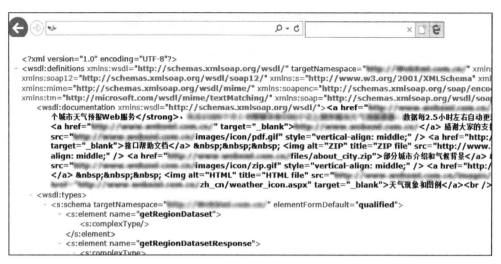

图4-29　天气预报Web服务wsdl文件获取页面

将该页面另存为 WeatherWS.wsdl，用记事本将其打开，使用搜索替换功能，将其中的以下代码，进行替换。

```
<s:element ref="s:schema"/>
<s:any/>
```

将上述代码修改替换为以下代码。

```
<s:any minOccurs="2" maxOccurs="2"/>
```

再次保存即生成可用的 WeatherWS.wsdl。之所以需要这个步骤，是因为代码用到的语言不同会导致服务无法解析的问题，这个天气预报的 WebService 是用 .net 写的，而我们的 iESB 设计器是基于 Java 环境开发的，Java 调用 .net 开发的 WebService 都会存在这样的问题。

要将服务部署到企业服务总线上，首先要在 iESB 设计器中创建 ESB 工程，详细步骤如下。

步骤 1：双击"iESB-Designer.exe"文件，打开 iESB 设计器。

步骤 2：选择"File"→"New"→"iESB Project"，如图 4-30 所示。

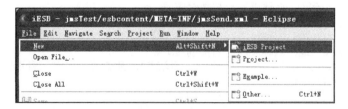

图4-30　新建iESB工程

步骤 3：在图 4-31 所示对话框中，输入 Project name。

项目4　SOAP方式WebService接口的开发与调用

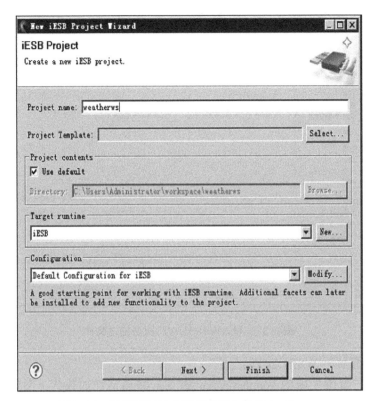

图4-31　天气预报Web服务项目命名为weatherws

4.4.2　在iESB设计器中完成天气预报Web服务的暴露和参数设置

天气预报 Web 服务的暴露和参数设置详细步骤如下。

步骤1：单击画布任意的空白区域并选择"WebService"单选按钮，就会出现如图 4-32 所示的属性面板。

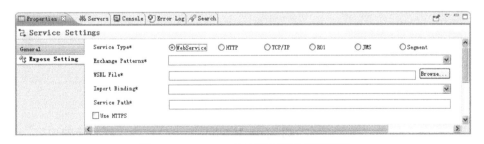

图4-32　WeatherWS服务属性设置界面

步骤2："Exchange Patterns"（交互模式）下拉框有两种："RequestResponse"（同步）和"OneWay"（异步）。一般选择"RequestResponse"。

步骤3：在"WSDL File"（描述文件）输入框的右侧，单击"浏览"按钮，来选择服务描述文件，如图 4-33 所示。

159

数据共享与数据整合技术

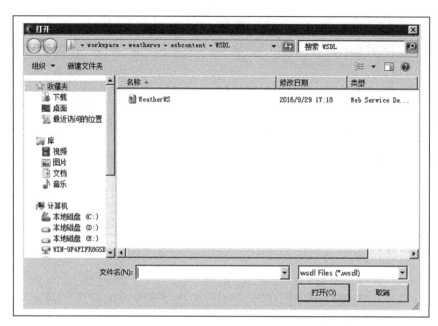

图4-33 导入WeatherWS服务描述文件

步骤4：加载解析 WSDL 文件。

导入 4.4.1 中修改生成的 WeatherWS.wsdl 后，将该文件加载到下图的对话框中，这时设计器会自动解析该文件（解析过程需要一定时间，请耐心等待），并用解析的结果去初始化"绑定名称"下拉框，加载后如图 4-34 所示。

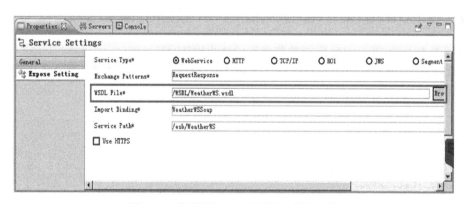

图4-34 解析WeatherWS服务描述文件

步骤5：在上图的"绑定名称"（Import Binding）下拉框中选择相应的内容，后缀为"soap"表示"soap11"协议，后缀为"soap12"表示"soap12"协议，到此为止，服务的暴露方式设置完毕。

步骤6：在"服务路径"输入框中输入以"/"为开头的相对访问地址，在该服务部署到引擎后，管理控制台会自动将该服务的绝对访问地址拼装好。

步骤7：导入的 wsdl 文件，在目录 WSDL FILE 下，如图 4-35 所示。

项目4　SOAP方式WebService接口的开发与调用

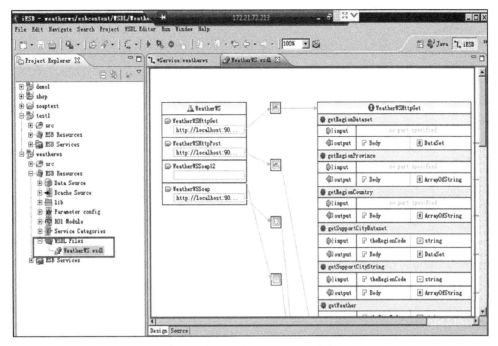

图4-35　WeatherWS.wsdl设计器解析视图

步骤8：创建一个输入参数。

① 选择 Xpath Assign 拖入设计器区域，如图 4-36 所示。

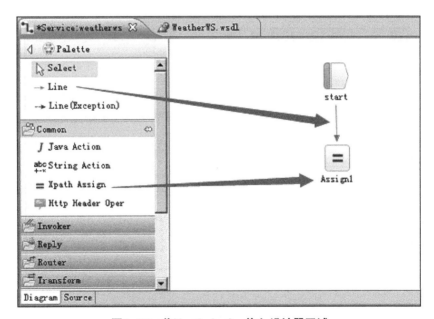

图4-36　将Xpath Assign拖入设计器区域

② 单击"Assign1"，如图 4-37 所示。

161

数据共享与数据整合技术

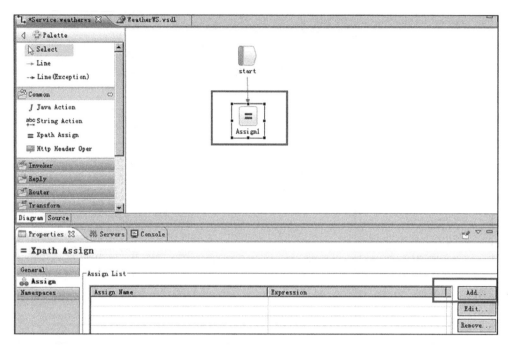

图4-37　Xpath Assign配置界面

③ 添加输入变量（参数）。

这里我们设置一个城市名称输入参数，并通过该城市名称获取该城市的天气。填写变量名称，并单击"Expression"，如图 4-38 所示。

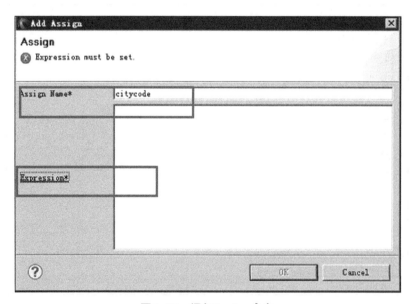

图4-38　添加Assign命名

弹出的界面如图 4-39 所示，然后在"getWeatherIN"中选择输入参数"web: theCityCode"。

项目4　SOAP方式WebService接口的开发与调用

图4-39　Expression输入参数设置

单击"OK"按钮以后，系统会自动生成如图4-40所示的 Expression 值：

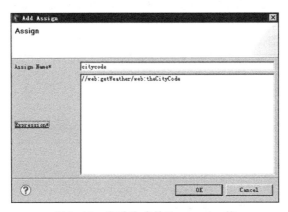

图4-40　自动生成的Expression值

单击"OK"按钮，回到上一级页面，可以看到刚才添加的 citycode 的相关信息，如图4-41所示。

图4-41　添加完成的citycode的相关信息

步骤9：创建SOAP服务暴露端点。

① 新建SOAP端点，选择"Soap Invoker"拖入到空白处，如图4-42所示。

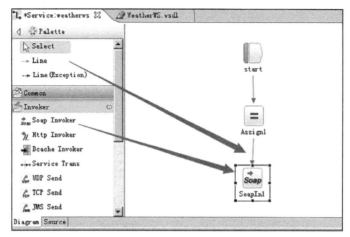

图4-42　将Soap Invoker拖入设计器区域

② SOAP调用设置。

选择SOAP端点，设置属性，如图4-43所示，Operation处选择getWeather方法，获取天气。

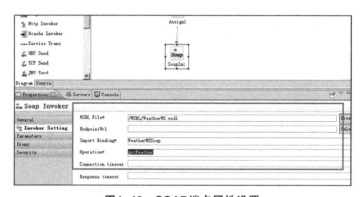

图4-43　SOAP端点属性设置

然后设置SOAP参数，自动加载设置项，如图4-44所示。

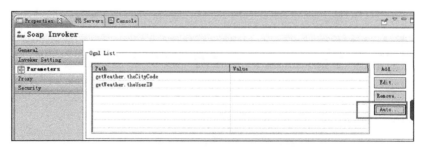

图4-44　SOAP参数设置自动加载设置项

项目4　SOAP方式WebService接口的开发与调用

接下来，添加设置项的变量值，如图4-45所示。

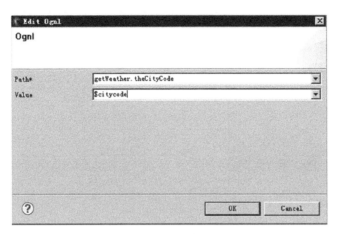

图4-45　添加设置项的变量值

这时，天气预报Web服务的暴露和参数设置的操作就完成了，如图4-46所示。

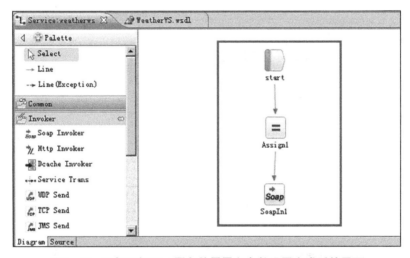

图4-46　天气预报Web服务的暴露和参数设置完成后的界面

4.4.3　将天气预报Web服务部署到企业服务总线上并进行服务调用测试

1. 部署WeatherWS工程

将WeatherWS工程添加至iESB Server中，如图4-47所示。

启动iESB服务器，如图4-48所示。

2. iESB服务管理与调用测试

打开IE浏览器，输入后台登录地址，进入iESB管理后台，链接如下：http://localhost:9080/esbConsole。

默认用户名及密码均为esbadmin，登录界面如图4-49所示。

数据共享与数据整合技术

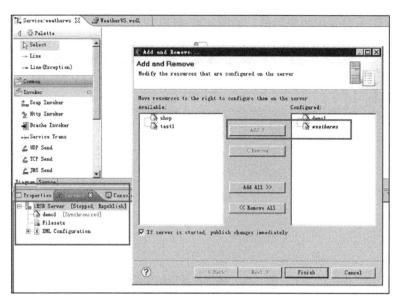

图4-47　将WeatherWS工程添加在iESB Server中

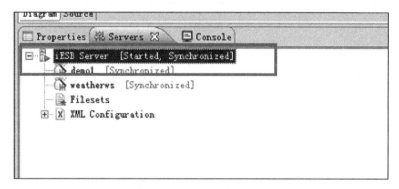

图4-48　启动iESB服务器

图4-49　iESB管理后台登录界面

选择"服务注册"→"工程管理"就可以看到刚才从 iESB 设计器中部署好的 WeatherWS 服务，如图 4-50 所示。

图4-50　iESB管理后台工程管理界面

单击"查看服务"，可以看到对应的服务详情，如图 4-51 所示。

图4-51　iESB管理后台服务详情页面

单击"测试"按钮，进入在线测试窗口，如图 4-52 所示。

图4-52　iESB管理后台服务在线测试页面

在图 4-52 所示的在线测试窗口中,继续选取"getWeather"方法,点击"生成消息"按钮,将城市修改为"深圳",并点击中间的发送箭头按钮,这时在右边的窗口中,就能获取到深圳当天的天气信息了。

在服务详情页,可以看到 iESB 平台上暴露的天气预报 WebService 接口地址,下一节中,我们将采用这个地址对该接口进行调用,如图 4-53 所示。

图4-53　iESB管理后台服务地址及监控按钮

单击"监控"按钮,将跳转到监控页面,我们可以监控到接口被请求的次数及请求是否成功,如图 4-54 所示。

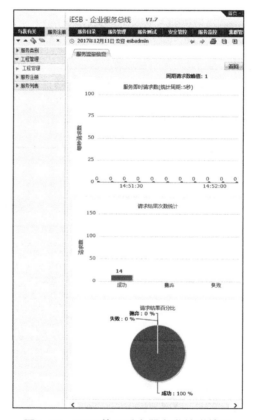

图4-54　iESB管理后台服务监控详情页

项目4　SOAP方式WebService接口的开发与调用

4.4.4　通过客户端程序调用iESB平台上暴露的WebService接口

步骤1：从 iESB 管理后台服务详情页导出 WSDL 文件，服务地址如图 4-55 所示。

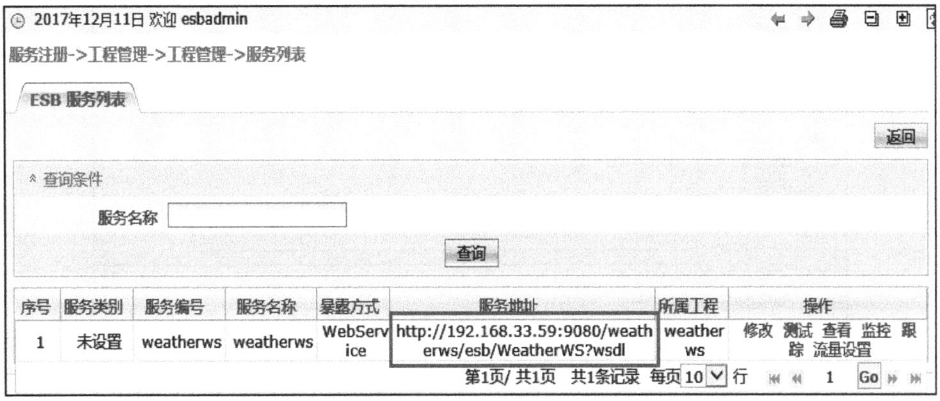

图4-55　iESB管理后台服务详情页——服务地址

步骤2：在浏览器中输入该服务地址，会出现如图 4-56 所示 XML 文件页面。

图4-56　iESB——WeatherWS服务WSDL XML文件页面

步骤3：将页面另存为 WSDL 的文件，如图 4-57 所示。
步骤4：由 WSDL 文件生成 Java 代码包。

采用 JDK 自带的 wsimport 命令，生成 Java 代码包。如图 4-58 所示，在 cmd 命令窗口中，先进入到存放 WeaterWS.wsdl 的文件目录，再输入"wsimport -keep 文件路径"，即可生成 Java 代码包。

数据共享与数据整合技术

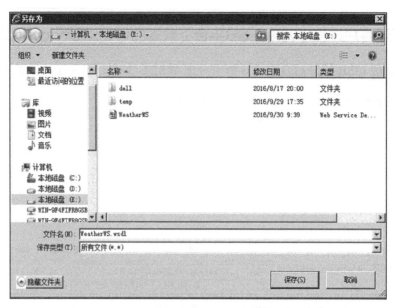

图4-57 保存iESB——WeatherWS服务WSDL文件

图4-58 使用JDK自带的wsimport工具生成Java代码

步骤5：编写客户端程序。

调用上面生成的代码编写 Java 客户端程序，可以在 Eclipse、Myeclipse 或者 iESB 设计器中编写，我们直接在 iESB 设计器中编写 Java 测试程序。

新建一个 Java Project，如图 4-59 所示。

输入项目名称，创建工程项目，如图 4-60 所示。

把刚才由 WSDL 文件生成的 Java 代码包直接复制到 weathtest 项目的 src 文件夹中，如图 4-61 所示。

项目4　SOAP方式WebService接口的开发与调用

图4-59　使用iESB设计器新建Java Project

图4-60　使用iESB设计器新建Java Project——项目名称及环境设置

图4-61　复制生成的Java代码到weathtest项目的src文件夹

在 src 包中，单击鼠标右键，新建一个"Class"，如图 4-62 所示。

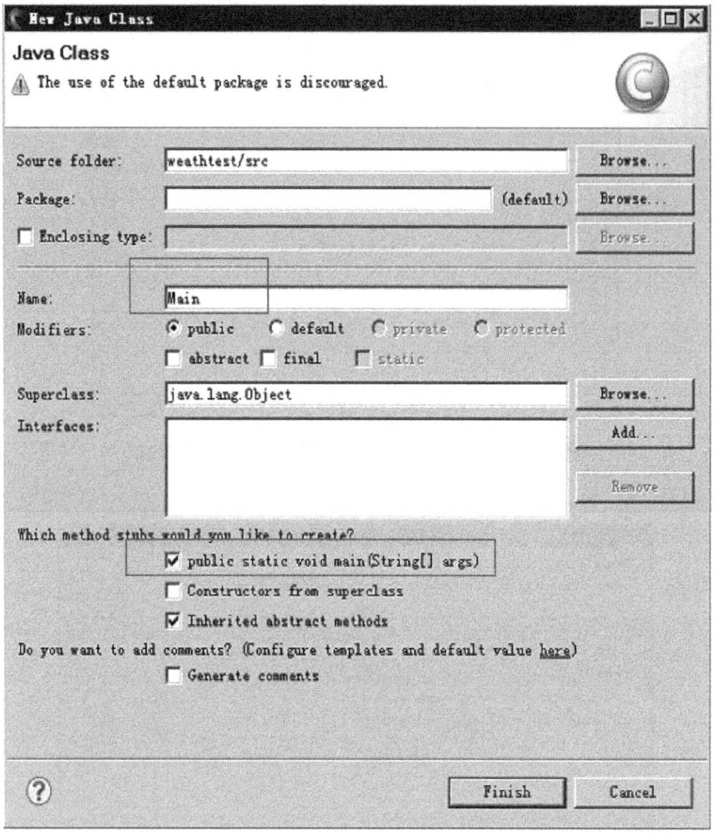

图4-62 新建天气预报服务测试客户端Main类

写入如下代码：

【代码 4-36】 天气预报服务测试客户端 Main 类

```
1   import java.util.List;
2   import cn.com.webxml.ArrayOfString;
3   import cn.com.webxml.WeatherWS;
4   import cn.com.webxml.WeatherWSSoap;
5   public class Main {
6     public static void main (String[] args) {
7         // 创建一个WeatherWS工厂
8         WeatherWS factory = new WeatherWS ();
9         // 根据工厂创建一个WeatherWSSoap对象
10        WeatherWSSoap weatherWSSoap = factory.getWeatherWSSoap();
11        // 调用 WebService 提供的 getWeather 方法获取南宁市的天气预报情况
12        ArrayOfString weatherInfo = weatherWSSoap.getWeather ("南宁", null);
13        List<String> lstWeatherInfo = weatherInfo.getString ();
14        // 遍历天气预报信息
15        for (String string : lstWeatherInfo) {
```

项目4　SOAP方式WebService接口的开发与调用

```
16              System.out.println (string);
17              System.out.println ("------------------------");
18          }
19      }
20 }
```

运行该项目之后，可以再次进入 iESB 后台监控服务调用次数，如图 4-63 所示。

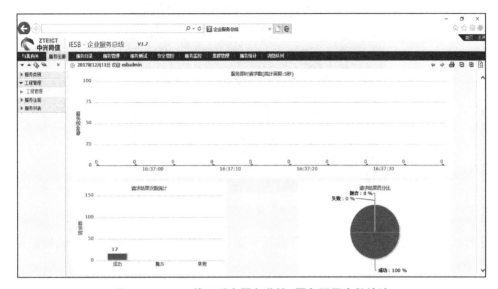

图4-63　iESB管理后台服务监控–服务调用次数统计

也可以在 cmd 命令行下运行 weathtest 项目，进一步测试调用情况。如图 4-64 所示，先进入编译好的 Main.class 文件的目录。

图4-64　cmd命令行进入Main.class文件目录

输入"java Main"命令运行项目，运行成功的效果如图 4-65 所示。

图4-65 "java Main"命令运行天气预报服务客户端

运行成功后,查看 iESB 后台服务监控页面,发现请求数据发生变化,监控结果如图 4-66 所示。

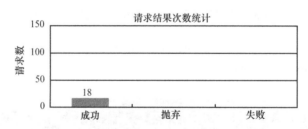

图4-66 再次查看服务调用监控页面统计

4.4.5 任务回顾

 知识点总结

1. 创建天气预报 Web 服务工程项目:获取并保存 WSDL 文件、创建 ESB 工程。

2. 天气预报 Web 服务的暴露和参数设置:交互模式设置、加载解析 WSDL 文件、设置服务路径、创建输入参数、创建 SOAP 服务暴露端点。

3. 天气预报 Web 服务部署及调用测试:将 WeatherWS 工程添加至 iESB Server 中、启动 iESB 服务器、服务测试、服务监控。

4. 客户端程序调用 iESB 上已部署的服务:导出 WSDL 文件、由 WSDL 文件生成 Java 代码包、编写并运行客户端程序。

项目4 SOAP方式WebService接口的开发与调用

学习足迹

项目4任务四的学习足迹如图4-67所示。

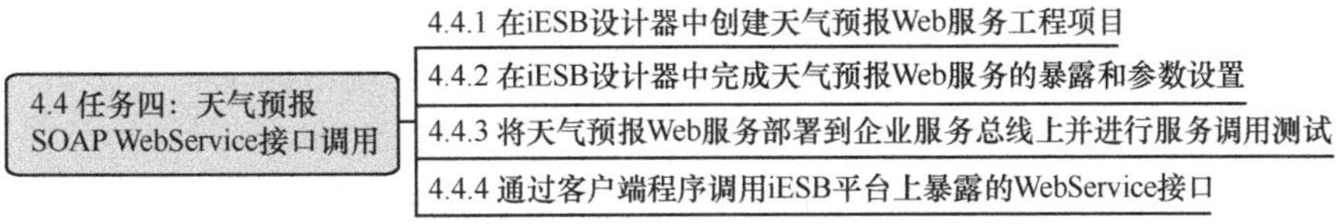

```
                          ┌─ 4.4.1 在iESB设计器中创建天气预报Web服务工程项目
4.4 任务四：天气预报      ├─ 4.4.2 在iESB设计器中完成天气预报Web服务的暴露和参数设置
SOAP WebService接口调用  ├─ 4.4.3 将天气预报Web服务部署到企业服务总线上并进行服务调用测试
                          └─ 4.4.4 通过客户端程序调用iESB平台上暴露的WebService接口
```

图4-67 项目4任务四学习足迹

思考与练习

1．iESB设计器中"Exchange Patterns"（交互模式）有两种：＿＿＿＿＿＿和"OneWay"（异步）。
2．在某个服务部署到引擎后，管理控制台如何自动将该服务拼装好。
3．iESB管理后台的访问链接是＿＿＿＿＿＿。

4.5 项目总结

本项目中，我们首先一起了解了REST和SOAP两种不同风格的WebService实现方式，并结合应用场景比较了REST和SOAP两种WebService方式的差别。然后从实战的角度，熟悉多种JAVA WebService开发工具开发简单的SOAP WebService的流程。最后我们一起将互联网上提供的天气预报服务注册到企业服务总线上暴露出来并进行了测试及客户端调用。

通过本项目的学习，让我们提高了认知理解能力、接口的开发和调用能力。

项目4技能图谱如图4-68所示。

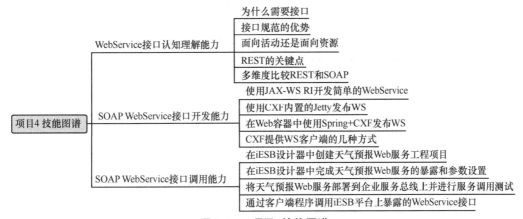

图4-68 项目4技能图谱

4.6 拓展训练

自主完成：国内手机号码归属地查询 Web 服务的注册及调用测试
- ◆ **调研要求**

选题：参考任务四，获取国内手机号码归属地查询 Web 服务的 WSDL 文件，将其注册到企业服务总线上暴露出来并进行测试及客户端调用。

需包含以下关键点：
① 正确的 WSDL 文件；
② iESB 管理后台页面服务测试；
③ 客户端测试。

- ◆ **格式要求**：客户端统一使用 Eclipse 编程。
- ◆ **考核方式**：采取文件提交和课内发言两种形式，时间要求 5～10 分钟。
- ◆ **评估标准**：见表 4-1。

表4-1 拓展训练评估表

项目名称： 国内手机号码归属地查询Web服务的注册及调用测试	项目承接人： 姓名：	日期：
项目要求	评分标准	得分情况
总体要求（100分） ① 提交正确的WSDL文件； ② iESB管理后台页面服务测试成功； ③ 客户端测试成功	基本要求须包含以上三个内容（50分） ① 逻辑清晰，表达清楚（20分）； ② 提交的文档格式规范（10分）； ③ 汇报展示言行举止大方得体，说话有感染力（20分）	
评价人	评价说明	备注
个人		
老师		

项目 5
REST 方式 WebService 接口的开发与调用

项目引入

项目顺利进入到中期，Edward 对我的学习进度表示满意，同时给我下达了新的学习目标——学习 REST 方式 WebService 接口的开发与调用。

Edward 说："进入移动互联网时代后，RPC 风格的服务很难在移动终端使用，而 RESTFUL 风格的服务，由于可以直接以 Json 或 xml 为载体承载数据，以 Http 方法为统一接口完成数据操作，客户端的开发不依赖于服务实现的技术，移动终端也可以轻松使用服务，这也加剧了 REST 取代 SOAP 成为 WebService 的主导。所以，学习 REST 方式 WebService 接口的开发与调用很有必要。"

Edward 说的很有道理，我得抓紧时间去学习了，小伙伴们，一起来吧。

知识图谱

项目 5 知识图谱如图 5-1 所示。

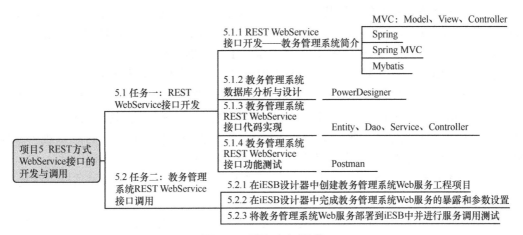

图5-1　项目5知识图谱

5.1 任务一：REST WebService 接口开发

【任务描述】

REST 的最佳场景是当你通过互联网公开一个公共 API 来对数据的 CRUD 操作进行处理的时候。REST 专注于通过一个一致性接口访问命名资源。在本任务中，我们将一起模拟开发一个简单的教务管理系统，通过这样一个场景，作为我们 REST WebService 接口开发学习的素材。

这就是我们接下来要完成的任务：学习 REST WebService 接口开发。

5.1.1 REST WebService接口开发——教务管理系统简介

在上一个项目中，我们一起学习了如何开发基于 SOAP 的 Web 服务以及 SOAP WebService 接口是如何部署到 ESB 平台上进行调用的。

接下来，我们将视角集中在 REST 上，它是继 SOAP 以后，另一种广泛使用的 Web 服务。与 SOAP 不同，REST 并没有 WSDL 的概念，也没有叫作"信封"的东西，因为 REST 主张用一种简单粗暴的方式来表达数据，传递的数据格式可以是 JSON 格式，也可以是 XML 格式，这完全由您来决定。

REST（Representational State Transfer，表述性状态转移）是 Roy Fielding 博士在 2000 年写的一篇关于软件架构风格的论文提出来的一种软件架构风格，此文一出，许多知名互联网公司开始采用这种轻量级 Web 服务，大家习惯将其称为 RESTFUL WebService，或简称 REST 服务。

那么到底什么是 REST 呢？

REST 本质上是使用 URL 来访问资源的一种方式。众所周知，URL 就是我们平常使用的请求地址，其中包括两部分：请求方式与请求路径，比较常见的请求方式是 get 与 post，但在 REST 中还有几种其他类型的请求方式，汇总起来有 6 种：get、post、put、delete、head、options，前 4 种，正好与 crud（增、删、改、查）4 种操作相对应：get（查）、post（增）、put（改）、delete（删），这正是 REST 的奥妙所在！

实际上，REST 是一种"无状态"的架构模式，因为在任何时候都可以由客户端发出请求到服务端，最终返回它想要的数据，并且当前请求不会受到上次请求的影响。也就是说，服务端通过内部资源发布 REST 服务，客户端通过 URL 访问这些资源，这不就是 SOA 所提倡的"面向服务"的思想吗？所以，REST 也被人们看作是一种轻量级的 SOA 实现技术，因此 REST 在企业级应用与互联网的应用中都得到了广泛使用。

REST 接下来，我们将一起模拟开发一个简单的教务管理系统，通过这样一个场景，作为我们开发和学习 REST WebService 接口的素材。

教务管理系统采用 Java 语言开发，表示层即大家常说的 Web 前端，一般是由前端工程师负责，使用的技术包括 HTML、CSS、Javascript 等。业务逻辑层和数据访问层都属于 Java Web 后台开发，使用的是行业内流行的 SSM 框架（SSM 框架是 Spring MVC、Spring、Mybatis 三个开源框架的整合框架集）。开发过程遵循 MVC（Model-View-Controller）模式，将业务和显示分离。其中后台开发分为 Controller、Service、Dao 和 Entity 四部分。Controller 负责处理请求分发，连接页面和后台业务；Service 负责核心业务逻辑的处理；Dao 负责操作数据库；Entity 是与数据库表对应的实体对象。具体技术架构如图 5-2 所示。

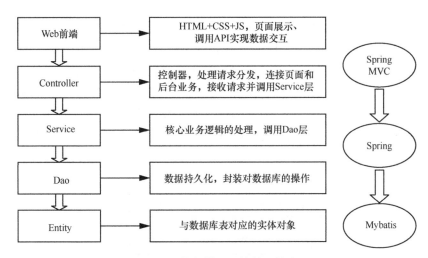

图5-2　教务管理系统核心技术

1. MVC 模式

MVC 是模型（Model）—视图（View）—控制器（Controller）的缩写，是一种软件设计模式，目的是将 M（业务逻辑）和 V（显示）分离，其最大优点是耦合性低和可维护性高。

Model（模型）：负责业务逻辑的处理以及数据库的交互，Service、Dao、Entity 都属于模型层。

View（视图）：负责显示界面并与用户交互，不包含业务逻辑和控制逻辑的 Web 前端属于视图层。

Controller（控制器）：负责接收请求并控制请求转发，是连接模型层 M 和视图层 V 的桥梁，图 5-2 所示的 Controller 属于控制器层。

> 【注意】
>
> 三层架构和 MVC 模式的区别如下：
> ① 三层架构是一种软件架构，通过接口实现编程；
> ② MVC 模式是一种复合模式，是一种解决方案；
> ③ 三层架构又可归于部署模式，MVC 可归于表示模式。

2. Spring

Spring 是由 Rod Johnson 创建，于 2003 年兴起的一个轻量级的 Java 开源框架，其目的是简化企业级应用程序的开发。Spring 的两大核心特性是 IoC（控制反转）和 AOP（面向切面编程）。IoC 简单来说就是通过 Spring 管理对象，包括控制对象的生命周期和对象间的关系。AOP 即面向切面编程，它基于 IoC 基础，是对 OOP（面向对象编程）的有益补充。在移动电商系统中，Spring 至关重要，它整合的 Spring MVC 和 Mybatis 贯穿于整个后台开发。

Spring 由 7 个定义良好的模块组成，每个模块（或组件）都可以单独存在或者与其他一个或多个模块联合实现。7 个模块分别是 Spring Core（提供 Spring 框架的基本功能）、Spring AOP（面向切面编程）、Spring ORM（Spring 框架插入了若干个 ORM 框架，从而提供了 ORM 的对象关系工具）、Spring DAO（提供对 JDBC 和 DAO 的支持）、Spring Web（建立在应用程序上下文模块之上，为基于 Web 的应用程序提供上下文）、Spring Context（向 Spring 框架提供上下文信息）、Spring Web MVC（构建 Web 应用程序的 MVC 实现），如图 5-3 所示。

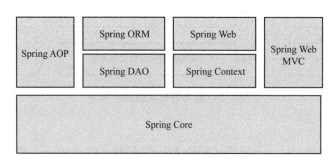

图5-3　Spring框架组成

3. Spring MVC

Spring MVC，也称 Spring Web MVC，是 Spring 框架的一个后续产品，即 Spring 框架的一个子模块，它使 MVC 模式能简单、快速地开发 Web 程序。Spring MVC 是 Spring 可插入的 MVC 结构，所以在使用 Spring 开发 Web 时，我们可以选择使用 Spring MVC 框架或集成其他 MVC 框架，如 Struts1、Struts2 等。

Spring MVC 是典型的 MVC 结构，它提供了模型、视图和控制器等组件，具体组件如下。

① DispatcherServlet：前端控制器，请求入口。
② HandlerMapping：控制器，请求派发（处理器映射）。
③ Controller：控制器，请求处理流程。
④ ModelAndView：模型，封装业务处理结果和视图名称。
⑤ ViewResolver：视图，视图显示处理器。

Spring MVC 组件逻辑如图 5-4 所示。

项目5 REST方式WebService接口的开发与调用

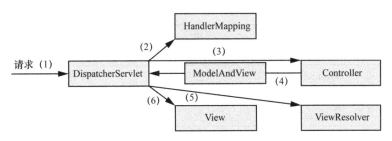

图5-4 Spring MVC组件逻辑

4. Mybatis

Mybatis 是轻量级的持久层开源框架，前身是 Apache 基金会的一个开源项目 iBatis。2010 年，Apache Software Foundation 将这个项目迁移到了 Google code，并将其改名为 Mybatis。Mybatis 封装了 JDBC 技术，简化数据库操作代码，其支持高级映射和动态 SQL，是一个优秀的 ORM（Object Relational Mapping 对象关系映射）框架。

Mybatis 有以下特点：

① 使用简单的 XML 或注解做配置和定义映射关系；
② 支持普通 SQL 查询、存储过程查询和高级映射；
③ 封装了几乎所有的 JDBC 代码和参数以及结果集的检索。

5.1.2 教务管理系统数据库分析与设计

数据库设计是软件开发必不可少的一部分，是整个软件应用的根基，是软件开发的起点。如果把软件开发比作盖房子，那么数据库设计相当于打地基；如果地基没有打好可能会导致大楼倒塌。同样地，如果没有设计好数据库，必然也会造成很多问题，轻则删减字段，重则无法运行系统。

迄今为止，最常用的数据库仍然是关系型数据库，而最常用的关系型数据库有 Oracle、SQLServer、DB2 和 MySQL 等。鉴于 MySQL 开源、高效、可靠等特点，我们的教务管理系统采用的是 MySQL 数据库。下面我们将介绍教务管理系统数据库的逻辑和物理结构设计。

1. 教务管理系统数据库逻辑结构设计

（1）学生信息表

学生信息表存储与学生相关的信息，如学号、姓名、性别、所在班级等见表 5-1。学生与班级是一对多的关系，即一个学生只能属于一个班级，一个班级可以包含多个学生。所以学生信息表中的字段包含班级编号（class_id）。

表5-1 学生信息逻辑表

字段名	数据类型	说明	描述
student_id	int	主键，非空且唯一	学生编号，采用MySQL自增主键
student_num	varchar(20)	非空	学生学号
student_name	varchar(50)	非空	学生姓名

（续表）

字段名	数据类型	说明	描述
username	varchar(20)	非空	学生登录用户名
password	varchar(20)	非空	学生登录密码
student_sex	int	非空	学生性别，0代表男性，1代表女性
mobile_phone	varchar(11)	非空	学生手机号
email	varchar(50)	非空	学生电子邮箱
class_id	int	非空	学生所在班级

（2）教师信息表

教师信息表存储与教师相关的信息，如工号、姓名、职称、工龄等见表 5-2。

表5-2　教师信息逻辑表

字段名	数据类型	说明	描述
teacher_id	int	主键，非空且唯一	教师编号，采用MySQL自增主键
teacher_num	varchar(20)	非空	教师工号
username	varchar(20)	非空	教师登录用户名
password	varchar(20)	非空	教师登录密码
email	varchar(50)	非空	教师电子邮箱
teacher_name	varchar(50)	非空	教师姓名
title	varchar(20)	非空	教师职称
mobile_phone	varchar(11)	非空	教师手机号
experience	tinyint	非空	教师工龄

（3）班级信息表

班级信息表存储与班级相关的信息，如名称、创建者、创建时间等见表 5-3。

表5-3　班级信息逻辑表

字段名	数据类型	说明	描述
class_id	int	主键，非空且唯一	班级编号，采用MySQL自增主键
class_name	varchar(50)	非空	班级名称
creator_id	int	非空	班级创建者的ID
create_time	timestamp	非空	创建班级的时间

2. 教务管理系统数据库物理结构设计

在逻辑结构设计中，数据库表的字段和数据类型均已确定，接下来我们可以开始设计数据库的物理数据模型，并由此模型导出数据库文件。

（1）使用 PowerDesigner 设计物理数据模型

PowerDesigner 是 Sybase 公司的 CASE 工具集，是设计数据库的强大软件，是一款开发人员常用的数据库建模工具。PowerDesigner 可以设计概念数据模型（CDM）、逻辑数据模型（LDM）、物理数据模型（PDM）、面向对象模型（OOM）等，本教材主要内容是使用 PowerDesigner 设计物理数据模型（PDM），暂不涉及其他模型的设计。

使用 PowerDesigner 设计物理数据模型（PDM）的步骤如下。

① 打开 PowerDesigner 软件，在菜单栏中单击"文件"→"建立新模型"，如图 5-5 所示。

图5-5　PDM设计步骤（一）

② 选择新建物理对象模型（Physical Data Model），如图 5-6 所示。

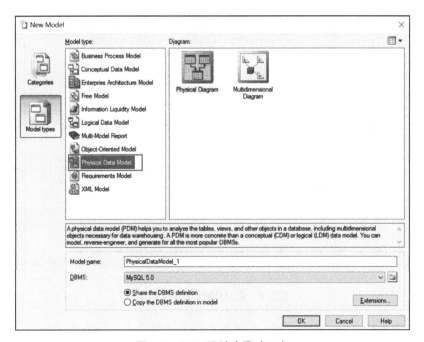

图5-6　PDM设计步骤（二）

③ 选择使用的数据库，如图 5-7 所示。

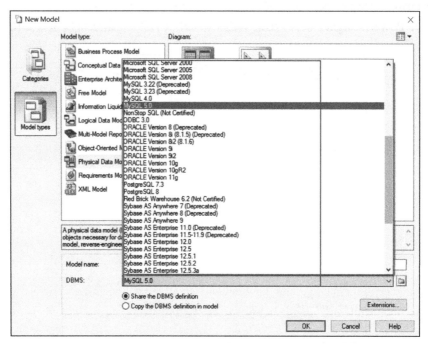

图5-7　PDM设计步骤（三）

④ 模型命名后，单击"确定"按钮进入物理对象模型编辑界面，使用工具栏中的工具设计，如图 5-8 所示。

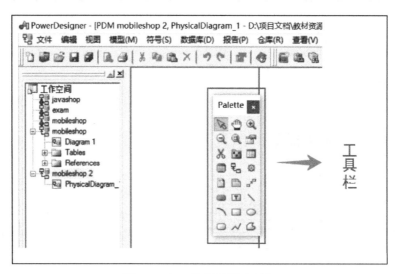

图5-8　PDM设计步骤（四）

⑤ 单击工具栏中的"Table"→在画布上单击"建立表"→双击"表"，编辑名称和字段，如图 5-9 所示。

项目5　REST方式WebService接口的开发与调用

图5-9　PDM设计步骤（五）

（2）学生表的物理数据模型

学生表的名称是 student，student_id 字段是主键，需在表 5-10 中"P"列的框中打钩，数据类型是 Data Type 项，如需修改，只需单击"Data Type"列对应的单元格，然后输入需修改的类型的首字母进行查找，然后选中修改即可，如图 5-10 所示。

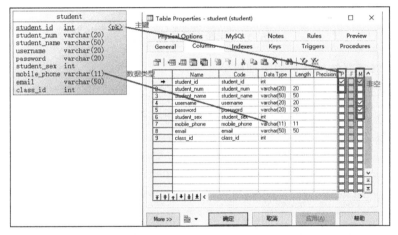

图5-10　字段属性设置（一）

主键 student_id 设置自增，如图 5-11 所示。

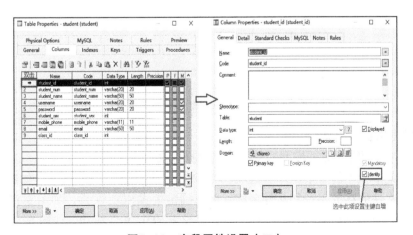

图5-11　字段属性设置（二）

还有一个比较特别的是设置班级信息表的 create_time（创建时间）时，将默认值设置为当前系统时间，如图 5-12 所示。

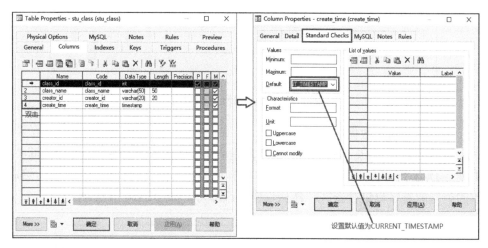

图5-12　字段属性设置（三）

（3）教务管理系统物理数据模型概览

为了提高性能，教务管理系统在设计数据库的时候不使用外键约束，但我们需注意哪个键是外键，然后在开发时实现外键的逻辑，如图 5-13 所示。

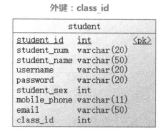

图5-13　教务管理系统的物理数据模型

（4）导出数据库文件

设计好所有的物理数据模型后便可导出数据库文件，步骤如下：

① 单击菜单栏中的"数据库"选项，然后单击"Generate Database"，如图 5-14 所示；

② 修改文件的存放路径和文件名称，单击确定生成 SQL 文件，如图 5-15 所示；

③ 出现 Generated Files 提示框时，则表明导出 SQL 文件成功，如图 5-16 所示。

项目5　REST方式WebService接口的开发与调用

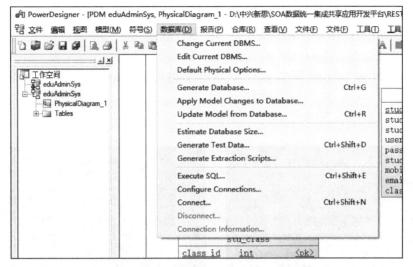

图5-14　导出数据库文件步骤（一）

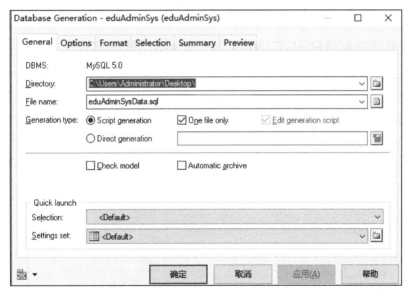

图5-15　导出数据库文件步骤（二）

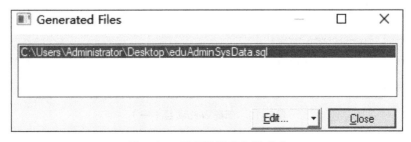

图5-16　导出数据库文件成功

④ 进入 MySQL 并新建一个名为 eduadminsysdata 的数据库（SQL 语句：create database eduadminsysdata default charset utf8;），使用 eduadminsysdata（SQL 语句：use eduadminsysdata）。

⑤ 使用 source 命令将 SQL 文件导入 eduadminsysdata 数据库中（例如：sourceD:/eduadminsysdata.sql;），如图 5-17 所示。

导入后的结果如图 5-18 所示。

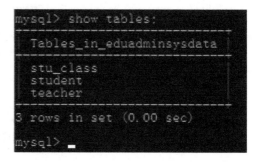

图5-17　SQL文件导入数据库　　　　图5-18　eduadminsysdata数据库中的表

5.1.3　教务管理系统REST WebService接口代码实现

1. 新建项目搭建环境

① 打开 Eclipse，新建 Web 项目，如图 5-19 所示。

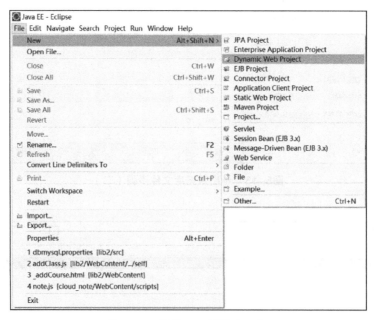

图5-19　新建Web项目（一）

② 填写项目名称，如图 5-20 所示。

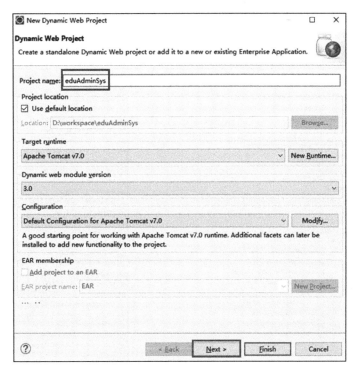

图5-20 新建Web项目（二）

③ 单击"Next"按钮，直到出现图 5-21 所示的画面，然后再勾选"Generate web.xml deployment descriptor"，单击"Finish"按钮，新建 Web 项目成功。

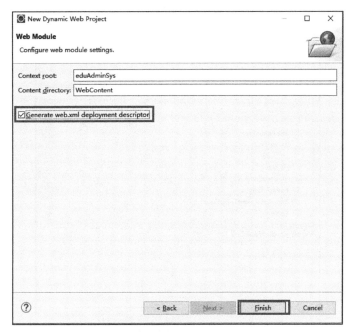

图5-21 新建Web项目（三）

④ 把用到的与各框架相关的依赖 Jar 包放在"WebContent"→"Web-INF"→"lib"下，如图 5-22 所示。

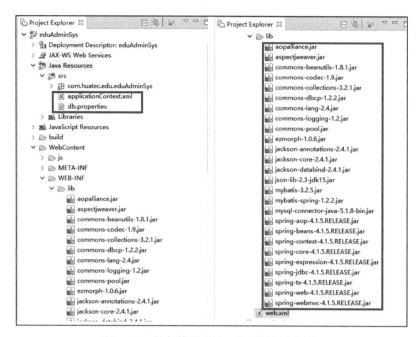

图5-22 教务管理系统工程项目目录结构

⑤ 在 src 下新建一个 db.properties，如图 5-23 所示。

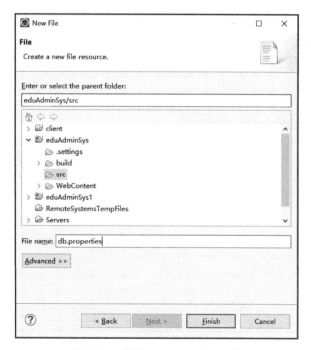

图5-23 新建db.properties文件

Db.properties 文件做以下配置:

【代码 5-1】 db.properties 文件配置

```
1 driver=com.MySQL.jdbc.Driver
2 url=jdbc:MySQL://localhost:3306/eduadminsysdata?useUnicode=true&characterEncoding=UTF-8
3 user=root
4 pwd=12345678
```

数据库相关参数配置如图 5-24 所示。

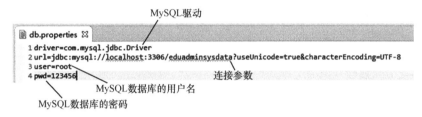

图5-24 数据库相关参数配置

⑥ 配置 applicationContext.xml 文件,具体代码如下:

【代码 5-2】 applicationContext.xml 文件配置

```
 1 <?xml version="1.0" encoding="UTF-8"?>
 2 <beans
 3 xmlns="http://www.springframework.org/schema/beans"
 4 xmlns:xsi="http://www.w3.org/2001/XMLSchema-instance"
 5 xmlns:context="http://www.springframework.org/schema/context"
 6 xmlns:jdbc="http://www.springframework.org/schema/jdbc"
 7 xmlns:jee="http://www.springframework.org/schema/jee"
 8 xmlns:tx="http://www.springframework.org/schema/tx"
 9 xmlns:aop="http://www.springframework.org/schema/aop"
10 xmlns:mvc="http://www.springframework.org/schema/mvc"
11 xmlns:util="http://www.springframework.org/schema/util"
12 xmlns:jpa="http://www.springframework.org/schema/data/jpa"
13 xsi:schemaLocation="
14 http://www.springframework.org/schema/beans http://www.springframework.org/schema/beans/spring-beans-3.2.xsd
15 http://www.springframework.org/schema/context http://www.springframework.org/schema/context/spring-context-3.2.xsd
16 http://www.springframework.org/schema/jdbc http://www.springframework.org/schema/jdbc/spring-jdbc-3.2.xsd
17 http://www.springframework.org/schema/jee http://www.springframework.org/schema/jee/spring-jee-3.2.xsd
18 http://www.springframework.org/schema/tx http://www.springframework.org/schema/tx/spring-tx-3.2.xsd
19 http://www.springframework.org/schema/data/jpa http://www.springframework.org/schema/data/jpa/spring-jpa-1.3.xsd
20 http://www.springframework.org/schema/aop http://www.springframework.org/schema/aop/spring-aop-3.2.xsd
21 http://www.springframework.org/schema/mvc http://www.springframework.org/schema/mvc/spring-mvc-3.2.xsd
22 http://www.springframework.org/schema/util http://www.
```

```xml
springframework.org/schema/util/spring-util-3.2.xsd">
23
24<!-- 开启组件扫描 -->
25<context:component-scan base-package="com.huatec.edu.eduAdminSys"/>
26<!-- SpringMVC注解支持 -->
27<mvc:annotation-driven/>
28
29<!-- 配置视图解析器ViewResolver,该解析器负责将视图名解析成具体的视图技术,比如解析成html、jsp等 -->
30<bean id="viewResolver"
31class="org.springframework.web.servlet.view.InternalResourceViewResolver">
32<!-- 前缀属性 -->
33<property name="prefix" value="/"/>
34<!-- 后缀属性 -->
35<property name="suffix" value=".html"/>
36</bean>
37
38<!-- 配置数据库连接信息 -->
39<util:properties id="jdbc" location="classpath:db.properties"/>
40<bean id="dbcp" class="org.apache.commons.dbcp.BasicDataSource">
41<property name="driverClassName" value="#{jdbc.driver}"/>
42<property name="url" value="#{jdbc.url}"/>
43<property name="username" value="#{jdbc.user}"/>
44<property name="password" value="#{jdbc.pwd}"/>
45</bean>
46
47<!-- 配置SqlSessionFactoryBean -->
48<!-- 可以定义一些属性来指定Mybatis框架的配置信息 -->
49<bean id="ssf" class="org.mybatis.spring.SqlSessionFactoryBean">
50<!-- 数据源,注入连接信息 -->
51<property name="dataSource" ref="dbcp"/>
52<!-- 用于指定sql定义文件的位置(加classpath从src下找) -->
53<property name="mapperLocations"
54value="classpath:com/huatec/edu/eduAdminSys/sql/*.xml"/>
55</bean>
56
57
58
59<!-- 配置MapperScannerConfigurer -->
60<!-- 按指定的包扫描包下的接口,批量生成接口实现对象,id为接口名,首字母小写 -->
61<bean class="org.mybatis.spring.mapper.MapperScannerConfigurer">
62<!-- 指定扫描com.huatec.edu.eduAdminSys.dao包下所有接口 -->
63<property name="basePackage"
64value="com.huatec.edu.eduAdminSys.dao"/>
65<!-- 注入sqlSessionFactory(此句可不写,自动注入sqlSessionFactory) -->
66<property name="sqlSessionFactory" ref="ssf"/>
67</bean>
68
69</beans>
```

⑦ 创建包，包结构规划如图 5-25 所示。

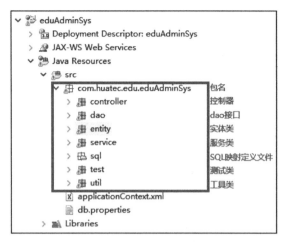

图5-25　教务管理系统包结构

2. 编写实体类

根据数据表编写实体类，需遵循以下原则。

① 实现序列化 Serializable 接口（网络传输，以对象的形式向磁盘读写）。
② 属性类型统一采用封装类型（例如，int 采用 Integer，避免空值时报错）。
③ 属性名称与数据表中字段名称一致（注：此点仅限于 Mybatis）。
④ 为每个实体类生成 get、set 和 toString 方法。

接下来，我们以学生表为例来写学生实体类，首先我们可以使用 desc 命令去数据库中查看学生表的结构，如图 5-26 所示。

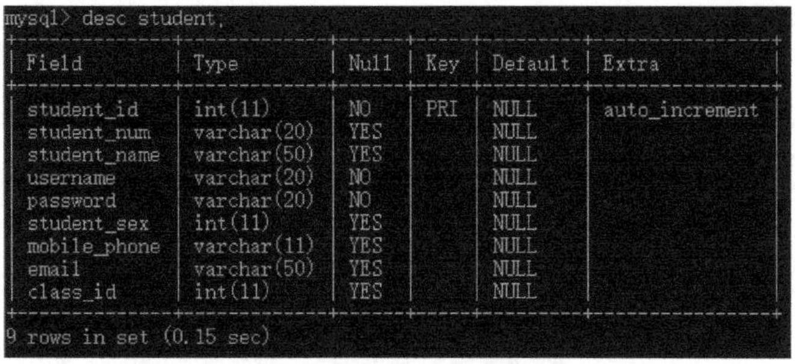

图5-26　学生表结构

在 com.huatec.edu.eduAdminSys.entity 包下新建一个实体类 Student（文件名：Student.java），代码如下：

【代码 5-3】 Student 实体类

```
1  package com.huatec.edu.eduAdminSys.entity;
2
3  import java.io.Serializable;
4
```

```
5 public class Student implements Serializable {
6 private Integer  student_id;
7 private String student_num;
8 private String student_name;
9 private String username;
10 private String password;
11 private Integer  student_sex;
12 private String mobile_phone;
13 private String email;
14 private Integer class_id;
15 // 关联属性
16 private StuClass stuClass;
17
18
19 public StuClass getStuClass() {
20 return stuClass;
21 }
22 public void setStuClass(StuClass stuClass) {
23 this.stuClass = stuClass;
24 }
25 //get、set
26 public Integer getStudent_id() {
27 return student_id;
28 }
29 public void setStudent_id(Integer student_id) {
30 this.student_id = student_id;
31 }
32 public String getStudent_num() {
33 return student_num;
34 }
35 public void setStudent_num(String student_num) {
36 this.student_num = student_num;
37 }
38 public String getStudent_name() {
39 return student_name;
40 }
41 public void setStudent_name(String student_name) {
42 this.student_name = student_name;
43 }
44 public String getUsername() {
45 return username;
46 }
47 public void setUsername(String username) {
48 this.username = username;
49 }
50 public String getPassword() {
51 return password;
52 }
53 public void setPassword(String password) {
54 this.password = password;
55 }
56 public Integer getStudent_sex() {
57 return student_sex;
58 }
```

```
59 public void setStudent_sex(Integer student_sex) {
60 this.student_sex = student_sex;
61 }
62 public String getMobile_phone() {
63 return mobile_phone;
64 }
65 public void setMobile_phone(String mobile_phone) {
66 this.mobile_phone = mobile_phone;
67 }
68 public String getEmail() {
69 return email;
70 }
71 public void setEmail(String email) {
72 this.email = email;
73 }
74 public Integer getClass_id() {
75 return class_id;
76 }
77 public void setClass_id(Integer class_id) {
78 this.class_id = class_id;
79 }
80 @Override
81 public String toString() {
82 return "Student [student_id=" + student_id + ", student_num=" + student_num + ", student_name=" + student_name
83 + ", username=" + username + ", password=" + password + ", student_sex=" + student_sex + ", mobile_phone="
84 + mobile_phone + ", email=" + email + ", class_id=" + class_id + "]";
85 }
86 }
```

用同样的方法，完成教师实体类和班级实体类，代码分别如下：

【代码 5-4】 Teacher 实体类

```
1 package com.huatec.edu.eduAdminSys.entity;
2
3 import java.io.Serializable;
4
5 public class Teacher implements Serializable {
6 private Integer  teacher_id;
7 private String teacher_num;
8 private String username;
9 private String password;
10 private String email;
11 private String teacher_name;
12 private String title;
13 private String mobile_phone;
14 private Integer experience;
15 //get、set
16 public Integer getTeacher_id() {
17 return teacher_id;
18 }
19 public void setTeacher_id(Integer teacher_id) {
```

数据共享与数据整合技术

```java
20    this.teacher_id = teacher_id;
21 }
22 public String getTeacher_num() {
23    return teacher_num;
24 }
25 public void setTeacher_num(String teacher_num) {
26    this.teacher_num = teacher_num;
27 }
28 public String getUsername() {
29    return username;
30 }
31 public void setUsername(String username) {
32    this.username = username;
33 }
34 public String getPassword() {
35    return password;
36 }
37 public void setPassword(String password) {
38    this.password = password;
39 }
40 public String getEmail() {
41    return email;
42 }
43 public void setEmail(String email) {
44    this.email = email;
45 }
46 public String getTeacher_name() {
47    return teacher_name;
48 }
49 public void setTeacher_name(String teacher_name) {
50    this.teacher_name = teacher_name;
51 }
52 public String getTitle() {
53    return title;
54 }
55 public void setTitle(String title) {
56    this.title = title;
57 }
58 public String getMobile_phone() {
59    return mobile_phone;
60 }
61 public void setMobile_phone(String mobile_phone) {
62    this.mobile_phone = mobile_phone;
63 }
64 public Integer getExperience() {
65    return experience;
66 }
67 public void setExperience(Integer experience) {
68    this.experience = experience;
69 }
70 @Override
71 public String toString() {
72    return "Teacher [teacher_id=" + teacher_id + ", teacher_num=" + teacher_num + ", username=" + username
```

```
73 + ", password=" + password + ", email=" + email + ", teacher_name=" + teacher_name + ", title=" + title
74 + ", mobile_phone=" + mobile_phone + ", experience=" + experience + "]";
75 }
76 }
```

【代码 5-5】 StuClass 实体类

```
 1 package com.huatec.edu.eduAdminSys.entity;
 2
 3 import java.io.Serializable;
 4 import java.sql.Timestamp;
 5
 6 public class StuClass implements Serializable {
 7 private Integer  class_id;
 8 private String class_name;
 9 private Integer creator_id;
10 private Timestamp create_time;
11
12 public Integer getClass_id() {
13 return class_id;
14 }
15
16 public void setClass_id(Integer class_id) {
17 this.class_id = class_id;
18 }
19
20 public String getClass_name() {
21 return class_name;
22 }
23
24 public void setClass_name(String class_name) {
25 this.class_name = class_name;
26 }
27
28 public Integer getCreator_id() {
29 return creator_id;
30 }
31
32 public void setCreator_id(Integer creator_id) {
33 this.creator_id = creator_id;
34 }
35
36 public Timestamp getCreate_time() {
37 return create_time;
38 }
39
40 public void setCreate_time(Timestamp create_time) {
41 this.create_time = create_time;
42 }
43
44 @Override
```

```
45 public String toString() {
46 return "stuClass [class_id=" + class_id + ", class_name=" + class_name + ", creator_id=" + creator_id
47 + ", create_time=" + create_time + "]";
48 }
49
50
51 }
```

完成后的 Entity 代码目录如图 5-27 所示。

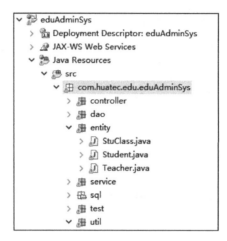

图5-27　Entity代码目录

3. 定义 SQL 语句

（1）SQLMap.xml 文件介绍

我们通过 Mybatis 的映射定义文件 com/huatec/edu/eduAdminSys/sql/***SqlMap.xml，该文件用来定义 SQL 语句和映射信息。SqlMap.xml 文件的根元素是 mapper，其下的子元素包含 cache、insert、select 等。SqlMap.xml 文件的层级结构如图 5-28 所示。

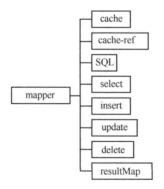

图5-28　SqlMap.xml文件结构

上面的元素可以不必都体现在映射文件中，我们可以根据需求选择。

cache：缓存，可开启 Mybatis 缓存，其属性包含 eviction（回收机制，默认 LRU）、

flushInterval（时间间隔，默认不设置）、size（引用数目，默认1024）和readOnly（是否只读，默认false）。其中eviction可用的回收策略有LRU、FIFO、SOFT和WEAK 4种。

① LRU：最近最少使用的，移除闲置最长时间的对象。

② FIFO：先进先出，按对象进入缓存的顺序移除。

③ SOFT：软引用（不常使用的对象），移除基于垃圾回收器状态和软引用规则的对象。

④ WEAK：弱引用（不常使用的对象，生命周期短于软引用），移除基于垃圾回收器状态和弱引用规则的对象。

cache-ref：缓存引用，用来引用另外定义好的缓存。

SQL：SQL块，用来定义可以在其他语句中重复使用的SQL代码段。

select：映射查询语句，是最常用的元素之一，其下面有很多属性可以配置，总结见表5-4。

表5-4 select元素的属性

属性	描述
id	命名空间中的唯一标识
parameterType	参数类型
resultType	结果类型，不能和resultMap同时使用
resultMap	引用外部resultMap，不能和resultType同时使用
flushCache	将其设置为true会导致缓存被清空，默认值为false
useCache	将其设置为true会导致本条语句的结果被缓存，默认值为true
timeout	等待数据库返回请求结果并抛出异常的最大等待值，默认不设置，由驱动自行处理
fetchSize	每次返回的结果行数，默认不设置，由驱动自行处理
statementType	statement类型，可选STATEMENT、PREPARED或CALLABLE，默认为PREPARED
resultSetType	结果集类型，可选FORWARD_ONLY、SCROLL_SENSITIVE或SCROLL_INSENSITIVE，默认不设置，由驱动自行处理

Insert/update/delete：映射插入/更新/删除语句，这三个元素的属性很类似，总结见表5-5。

表5-5 Insert/update/delete元素的属性

属性	描述
id	命名空间中的唯一标识
parameterType	参数类型
flushCache	将其设置为true会导致缓存被清空，默认值为false
timeout	等待数据库返回请求结果并抛出异常的最大等待值，默认不设置，由驱动自行处理
statementType	statement类型，可选STATEMENT、PREPARED或CALLABLE，默认为PREPARED
useGeneratedkeys	（仅对insert有用）将其设置为true时，可取出数据库内部生成的主键，默认值为false
keyProperty	（仅对insert有用）当useGeneratedkeys设置为true时，可将取出的主键存储到keyProperty指定的字段上

resultMap：结果映射，通过 resultMap 元素开发者可以自定义字段和属性的对应关系，该元素主要用于复杂的关联查询上。

（2）完成 SqlMap.xml 文件配置

在 com.huatec.edu.eduAdminSys.sql 包下新建"学生"的映射文件 StudentSqlMap.xml，然后在 StudentSqlMap.xml 中定义 SQL 语句，代码如下：

【代码 5-6】 StudentSqlMap.xml 文件配置

```xml
1  <?xml version="1.0" encoding="UTF-8" ?>
2  <!DOCTYPE mapper PUBLIC "-//ibatis.apache.org//DTD Mapper 3.0//EN"
3    "http://ibatis.apache.org/dtd/ibatis-3-mapper.dtd">
4
5  <mapper namespace="com.huatec.edu.eduAdminSys.dao.StudentDao">
6  <!-- 缓存配置 -->
7  <cache eviction="LRU" flushInterval="30000" size="512" readOnly="true"/>
8
9  <!-- insert 元素,在此元素内写增加的sql语句,parameterType:参数类型-->
10 <!-- sql 语句中传入的参数类型用 #{XX} -->
11 <!-- useGeneratedKeys="true" keyProperty="tag_id"   获取自增的主键并存入 tag_id 中 -->
12 <insert id="save" parameterType="com.huatec.edu.eduAdminSys.entity.Student"
13 useGeneratedKeys="true" keyProperty="student_id" >
14 insert into student
15 (student_id,student_num,student_name,username,password, student_sex,mobile_phone,email,class_id)
16 values(#{student_id},#{student_num},#{student_name},#{username},#{password},#{student_sex},#{mobile_phone},#{email},#{class_id})
17 </insert>
18
19 <!-- select 元素,在此元素内写查询语句,resultType:结果类型 -->
20 <select id="findAll" resultType="com.huatec.edu.eduAdminSys.entity.Student">
21 select * from student
22 </select>
23
24 <!-- 根据 username 查询 -->
25 <select id="findByName" parameterType="string"
26  resultType="com.huatec.edu.eduAdminSys.entity.Student">
27 select * from student where username=#{username}
28 </select>
29
30 <!-- 根据 student_id 查询 -->
31 <select id="findById" parameterType="int"
32  resultType="com.huatec.edu.eduAdminSys.entity.Student">
33 select * from student where student_id=#{student_id}
34 </select>
35
36 <!-- 根据 class_id 查询 -->
```

```xml
37<select id="findByClassId" parameterType="int"
38  resultType="com.huatec.edu.eduAdminSys.entity.Student">
39 select * from student where class_id=#{class_id}
40</select>
41
42<!-- delete 元素，在此元素内写删除语句 -->
43<delete id="deleteById" parameterType="int">
44 delete from student where student_id=#{student_id}
45</delete>
46
47<!-- update 元素 -->
48<update id="updateMsg"
49  parameterType="com.huatec.edu.eduAdminSys.entity.Student">
50 update student
51<set>
52<if test="student_num!=null">
53 student_num=#{student_num},
54</if>
55<if test="student_name!=null">
56 student_name=#{student_name},
57</if>
58<if test="username!=null">
59 username=#{username},
60</if>
61<if test="student_sex!=null">
62 student_sex=#{student_sex},
63</if>
64<if test="mobile_phone!=null">
65 mobile_phone=#{mobile_phone},
66</if>
67
68<if test="email!=null">
69 email=#{email},
70</if>
71</set>
72 where student_id=#{student_id}
73</update>
74
75
76<!-- 根据 keywords 查询，姓名、学号 -->
77<select id="findByKeywords" parameterType="string"
78  resultType="com.huatec.edu.eduAdminSys.entity.Student">
79 select * from student where student_name like #{keywords} or student_num like #{keywords}
80</select>
81<!-- 多表联合查询，意思是将 student 表的信息，以及 stuClass 表的信息都查询出来，条件有两个，1，student_num 与传参一致 2，两个表的 class_id 是一致的 -->
82<select id="findByNum" parameterType="String" resultMap="studentResultMap">
83  select s.*,c.* from student  s join stu_class  c on s.class_id=c.class_id where s.student_num=#{student_num}
84</select>
85
86<!--   -->
```

```
 87<resultMap type="com.huatec.edu.eduAdminSys.entity.Student" id="studentResultMap">
 88<id property="student_id" column="student_id"/>
 89<result property="student_num" column="student_num"/>
 90<result property="student_name" column="student_name"/>
 91<result property="username" column="username"/>
 92<result property="password" column="password"/>
 93<result property="student_sex" column="student_sex"/>
 94<result property="mobile_phone" column="mobile_phone"/>
 95<result property="email" column="email"/>
 96<result property="class_id" column="class_id"/>
 97
 98<!-- 一对一关系 -->
 99<association property="stuClass"
100  javaType="com.huatec.edu.eduAdminSys.entity.StuClass">
101  <id property="class_id" column="class_id"/>
102  <result property="class_name" column="class_name"/>
103  <result property="creator_id" column="creator_id"/>
104  <result property="create_time" column="create_time"/>
105 </association>
106 </resultMap>
107 </mapper>
```

用同样的方法，完成 TeacherSqlMap.xml 和 StuClassSqlMap.xml 的配置，代码分别如下：

【代码 5-7】 TeacherSqlMap.xml 文件配置

```
 1 <?xml version="1.0" encoding="UTF-8" ?>
 2 <!DOCTYPE mapper PUBLIC "-//ibatis.apache.org//DTD Mapper 3.0//EN"
 3   "http://ibatis.apache.org/dtd/ibatis-3-mapper.dtd">
 4
 5 <mapper namespace="com.huatec.edu.eduAdminSys.dao.TeacherDao">
 6 <!-- 缓存配置 -->
 7 <cache eviction="LRU" flushInterval="30000" size="512" readOnly="true"/>
 8
 9 <!-- insert 元素，在此元素内写增加的 sql 语句，parameterType:参数类型-->
10 <!-- sql 语句中传入的参数类型用 #{XX} -->
11 <!-- useGeneratedKeys="true" keyProperty="tag_id"  获取自增的主键并存入 tag_id 中 -->
12 <insert id="save" parameterType="com.huatec.edu.eduAdminSys.entity.Teacher"
13 useGeneratedKeys="true" keyProperty="teacher_id" >
14 insert into teacher
15 (teacher_id,teacher_num,username,password,email,teacher_name,title,mobile_phone,experience)
16 values(#{teacher_id},#{teacher_num},#{username},#{password},#{email},#{teacher_name},
17 #{title},#{mobile_phone},#{experience})
18 </insert>
19
20 <!-- select 元素，在此元素内写查询语句，resultType:结果类型 -->
21 <select id="findAll" resultType="com.huatec.edu.eduAdminSys.entity.Teacher">
```

```
22 select * from teacher
23 </select>
24
25 <!-- 根据loginName查询 -->
26 <select id="findByName" parameterType="string"
27   resultType="com.huatec.edu.eduAdminSys.entity.Teacher">
28 select * from teacher where username=#{username}
29 </select>
30
31 <!-- 根据loginId查询 -->
32 <select id="findById" parameterType="int"
33   resultType="com.huatec.edu.eduAdminSys.entity.Teacher">
34 select * from teacher where teacher_id=#{teacher_id}
35 </select>
36
37 </mapper>
```

【代码5-8】 StuClassSqlMap.xml 文件配置

```
1 <?xml version="1.0" encoding="UTF-8" ?>
2 <!DOCTYPE mapper PUBLIC "-//ibatis.apache.org//DTD Mapper 3.0//EN"
3   "http://ibatis.apache.org/dtd/ibatis-3-mapper.dtd">
4
5 <mapper namespace="com.huatec.edu.eduAdminSys.dao.StuClassDao">
6 <!-- 缓存配置 -->
7 <cache eviction="LRU" flushInterval="30000" size="512" readOnly="true"/>
8
9 <!-- insert元素,在此元素内写增加的sql语句,parameterType:参数类型 -->
10 <!-- sql语句中传入的参数类型用#{XX} -->
11 <!-- useGeneratedKeys="true" keyProperty="tag_id"  获取自增的主键并存入tag_id中 -->
12 <insert id="save" parameterType="com.huatec.edu.eduAdminSys.entity.StuClass"
13 useGeneratedKeys="true" keyProperty="class_id" >
14 insert into stu_class
15   (class_id,class_name,creator_id,create_time)
16 values(#{class_id},#{class_name},#{creator_id},#{create_time})
17 </insert>
18
19 <!-- select元素,在此元素内写查询语句,resultType:结果类型 -->
20 <select id="findAll" resultType="com.huatec.edu.eduAdminSys.entity.StuClass">
21 select * from stu_class
22 </select>
23
24 <!-- 根据class_id查询 -->
25 <select id="findById" parameterType="int"
26   resultType="com.huatec.edu.eduAdminSys.entity.StuClass">
27 select * from stu_class where class_id=#{class_id}
28 </select>
29
```

```
30 <!-- delete 元素,在此元素内写删除语句 -->
31 <delete id="deleteById" parameterType="int">
32 delete from stu_class where class_id=#{class_id}
33 </delete>
34 </mapper>
```

完成后的 SQL 代码目录如图 5-29 所示。

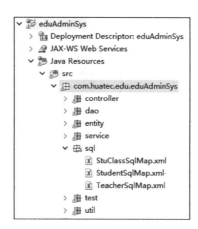

图5-29　SQL代码目录

4. 编写 Dao 接口

在 Java 开发中,为了提高数据库操作的执行效率和增加代码的复用性,我们重新封装一个 Dao 层,即数据访问层,以用来访问数据库以实现数据的持久化。Dao（Data Access Object）层封装了对数据库的访问,该层一般包含接口和实现类。而 Mybatis 可以根据 Dao 接口帮我们生成其实现类,所以我们只需要将 Dao 接口写好即可。在 com.huatec.edu.eduAdminSys.dao 包下新建一个接口并将其命名为 StudentDao,代码如下:

【代码 5-9】　StudentDao.java 代码

```
1  package com.huatec.edu.eduAdminSys.dao;
2
3  import java.util.List;
4
5  import com.huatec.edu.eduAdminSys.entity.Student;
6
7  public interface StudentDao {
8   public int save(Student student);
9   public List<Student> findAll();
10  public Student findByName(String username);
11  public Student findById(int student_id);
12  public List<Student> findByClassId(int class_id);
13  public int deleteById(int student_id);
14  public int updateMsg(Student student);// 修改部分信息
15  public List<Student> findByKeywords(String keywords);
16  // 饭卡管理系统需要
17  public  Student findByNum(String student_num);
18 }
```

用同样的方法,完成 TeacherDao.java 和 StuClassDao.java 的配置,代码分别如下:

【代码 5-10】 TeacherDao.java 代码

```java
package com.huatec.edu.eduAdminSys.dao;

import java.util.List;
import java.util.Map;

import com.huatec.edu.eduAdminSys.entity.Teacher;

public interface TeacherDao {
/* 此处的方法名与参数类型需和 TeacherSqlMap.xml 中
 * 相应元素的 id 与 parameterType 的值相同
 */
public int save(Teacher Teacher);//insert 元素
public List<Teacher> findAll();//select 元素
//public int updatePwdById(Map map);//update 元素
//public int deleteById(int Teacher_id);//delete 元素
//public int dynamicUpdate(Teacher Teacher);
public List<Teacher> findUnion(int Teacher_id);

public Teacher findByName(String loginName);
public Teacher findById(int teacherId);
}
```

【代码 5-11】 StuClassDao.java 代码

```java
package com.huatec.edu.eduAdminSys.dao;

import java.util.List;
import java.util.Map;

import com.huatec.edu.eduAdminSys.entity.StuClass;

public interface StuClassDao {
/* 此处的方法名与参数类型需和 StuClassSqlMap.xml 中
 * 相应元素的 id 与 parameterType 的值相同
 */
public int save(StuClass stuClass);//insert 元素
public List<StuClass> findAll();//select 元素
public int deleteById(int StuClass_id);//delete 元素
public StuClass findById(int StuClass_id);
}
```

完成后的 Dao 代码目录如图 5-30 所示。

图5-30　Dao代码目录

5. 编写工具类

一般后台给前端返回数据时都会携带状态码和消息，所以我们需要编写一个 Result 工具类并用来存放结果信息，将后台处理相关业务逻辑后得到的最终结果返回前端。在 com.huatec.edu.eduAdminSys.util 包下新建一个 Result 类，文件命名为 Result.java，代码如下：

【代码 5-12】 Result.java 代码

```
1  package com.huatec.edu.eduAdminSys.util;
2
3  import java.io.Serializable;
4
5  public class Result implements Serializable {
6  private int status;// 状态，成功：0，失败：1
7  private String msg;// 消息
8  private Object data;// 数据
9  //get、set 方法
10 public int getStatus() {
11 return status;
12 }
13 public void setStatus(int status) {
14 this.status = status;
15 }
16 public String getMsg() {
17 return msg;
18 }
19 public void setMsg(String msg) {
20 this.msg = msg;
21 }
22 public Object getData() {
23 return data;
24 }
25 public void setData(Object data) {
26 this.data = data;
27 }
28 //toString 方法
29 public String toString() {
30 return "Result [status=" + status + ", msg=" + msg + ", data=" + data + "]";
31 }
32 }
```

完成后的 util 代码目录如图 5-31 所示。

图5-31　util代码目录

项目5 REST方式WebService接口的开发与调用

6. Service 层实现

Service 层的主要功能是处理业务逻辑并调用 Dao 层接口操作数据库，实现 Service 层首先需要在 com.huatec.edu. eduAdminSys 包下新建一个 Service 包，然后将 Service 层的代码写在此包中。

（1）用户登录 Service 层实现

"用户登录"的业务逻辑总结见表 5-6。

表5-6 "用户登录"业务逻辑

前台传参	sign、username、password
业务逻辑	① 根据sign的值选择登录流程，若为0则执行教师登录流程，否则执行学生登录流程； ② 判断username是否存在； ③ 判断password是否正确
返回数据	状态码、提示消息、teacher对象或者student对象

接下来按照业务逻辑编写 Service 接口和实现类，在 com.huatec.edu.eduAdminSys.service 包下新建一个接口 UserService，代码如下。

【代码 5-13】 UserService.java 代码

```
1  package com.huatec.edu.eduAdminSys.service;
2
3  import com.huatec.edu.eduAdminSys.util.Result;
4
5  public interface UserService {
6  //会员登录
7  public Result checkLogin(int sign,String username,String password);//sign=0，为教师；sign=1，为学生。
8  }
```

在 com.huatec.edu.eduAdminSys.service 包下新建一个类 UserServiceImpl，并让其实现 UserService 接口，代码如下：

【代码 5-14】 UserServiceImpl.java 代码

```
1  package com.huatec.edu.eduAdminSys.service;
2
3  import java.io.UnsupportedEncodingException;
4  import java.net.URLDecoder;
5  import java.sql.Timestamp;
6
7  import javax.annotation.Resource;
8
9  import org.springframework.stereotype.Service;
10
11 import com.huatec.edu.eduAdminSys.dao.StudentDao;
12 import com.huatec.edu.eduAdminSys.dao.TeacherDao;
13 import com.huatec.edu.eduAdminSys.entity.Student;
14 import com.huatec.edu.eduAdminSys.entity.Teacher;
15 import com.huatec.edu.eduAdminSys.util.Result;
16
17 @Service
18 public class UserServiceImpl  implements UserService {
```

```
19 @Resource
20 private TeacherDao teacherDao;
21 @Resource
22 private StudentDao studentDao;
23
24
25 @Override
26 public Result checkLogin(int sign,String username, String password) {
27 //sign=0,为教师；sign=1,为学生
28 // TODO Auto-generated method stub
29 Result result=new Result();
30 if(sign == 0){// 教师登录
31 Teacher teacher=teacherDao.findByName(username);
32 // 判断用户是否存在
33 if(teacher==null){
34 result.setStatus(1);
35 result.setMsg("此用户不存在");
36 return result;
37 }
38 // 判断密码是否正确
39 if(!password.equals(teacher.getPassword())){
40 result.setStatus(1);
41 result.setMsg("密码错误");
42 return result;
43 }
44
45
46 result.setStatus(0);
47 result.setMsg("用户名和密码正确");
48 result.setData(teacher);
49 return result;
50 }else{// 学生登录
51 System.out.println("学生登录");
52 System.out.println(username);
53 Student student=studentDao.findByName(username);
54
55 if(student==null){
56 result.setStatus(1);
57 result.setMsg("此用户不存在");
58 return result;
59 }
60 // 判断密码是否正确
61 if(!password.equals(student.getPassword())){
62 result.setStatus(1);
63 result.setMsg("密码错误");
64 return result;
65 }
66 result.setStatus(0);
67 result.setMsg("用户名和密码正确");
68 result.setData(student);
69 return result;
70 }
71 }
72 }
```

至此,"用户登录"的 Service 接口和实现类就完成了,下面我们一起来测试其对应的逻辑是否能实现。在 com.huatec.edu.eduAdminSys.test 包下新建一个测试类,命名为 TestUserService(文件名:TestUserService.java),在此类中我们会使用 Junit 测试"用户登录"的方法。

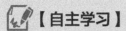

【自主学习】

自主学习 Junit 的基本使用。

使用 Junit 测试用户登录的方法的代码如下:

【代码 5-15】 TestUserService.java 代码

```
1  package com.huatec.edu.eduAdminSys.test;
2
3  import org.junit.Test;
4  import org.springframework.context.ApplicationContext;
5  import org.springframework.context.support.ClassPathXmlApplication-Context;
6
7  import com.huatec.edu.eduAdminSys.service.UserService;
8  import com.huatec.edu.eduAdminSys.util.Result;
9
10 public class TestUserService {
11 String conf="applicationContext.xml";
12 ApplicationContext ac=new ClassPathXmlApplicationContext(conf);
13 UserService  userService = ac.getBean("userServiceImpl",UserService.class);
14
15 @Test
16   public void test1(){
17   System.out.println("测试 UserService.checkLogin() 方法 ");
18   Result result = userService.checkLogin(0,"missliu", "123456");
19   System.out.println(result.toString());
20   }
21 }
```

执行代码后,控制台输出结果如图 5-32 所示。

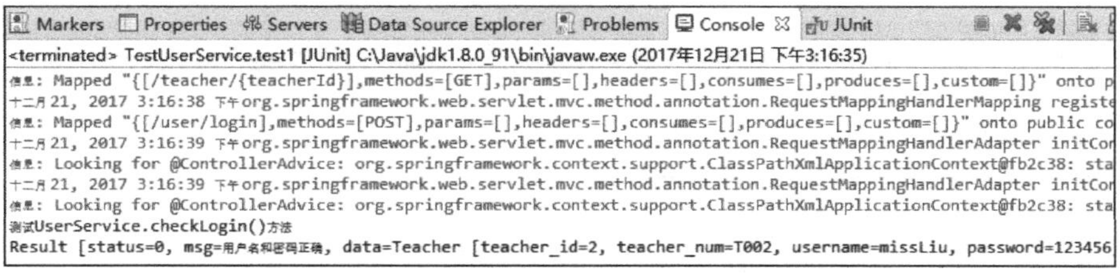

图5-32 测试"用户登录Service层"的控制台结果

(2)查看教师信息 Service 层实现

"查看教师信息"的业务逻辑总结见表 5-7。

表5-7 "查看教师信息"的业务逻辑

前台传参	teacherId
业务逻辑	① 接受来自前端的teacherId； ② 调用dao层的teacherDao.findById方法； ③ 判断teacherId是否存在，为空则返回"此用户不存在"的提示信息，存在则返回该teacher的详细信息
返回数据	状态码、提示消息、teacher对象

接下来按照业务逻辑编写 Service 接口和实现类，在 com.huatec.edu.eduAdminSys.service 包下新建一个接口 TeacherService，其代码如下：

【代码 5-16】 TeacherService.java 代码

```
1  package com.huatec.edu.eduAdminSys.service;
2
3  import com.huatec.edu.eduAdminSys.entity.Teacher;
4  import com.huatec.edu.eduAdminSys.util.Result;
5
6  public interface TeacherService {
7
8  public Result getTeacherInfo(int teacherId);
9
10 }
```

在 com.huatec.edu.eduAdminSys.service 包下新建一个类 TeacherServiceImpl，并让其实现 TeacherService 接口，代码如下：

【代码 5-17】 TeacherServiceImpl.java 代码

```
1  package com.huatec.edu.cduAdminSys.service;
2
3  import javax.annotation.Resource;
4
5  import org.springframework.stereotype.Service;
6
7  import com.huatec.edu.eduAdminSys.dao.TeacherDao;
8  import com.huatec.edu.eduAdminSys.entity.Teacher;
9
10 import com.huatec.edu.eduAdminSys.util.Result;
11
12 @Service
13 public class TeacherServiceImpl implements TeacherService {
14 // 注入 TeacherDao
15 @Resource
16 private TeacherDao teacherDao;
17
18 public Result getTeacherInfo(int teacherId) {
19 // TODO Auto-generated method stub
20 Result result=new Result();
21 Teacher teacher=teacherDao.findById(teacherId);
22 if(teacher==null){
23 result.setStatus(1);
```

```
24 result.setMsg("此用户不存在");
25 return result;
26 }
27 result.setStatus(0);
28 result.setMsg("查询教师信息成功");
29 result.setData(teacher);
30 return result;
31 }
32 }
```

至此,"查看教师信息"的 Service 接口和实现类就完成了,请自行完成代码测试,此处不再赘述。

(3)班级相关业务逻辑 Service 层实现

"查询全部班级信息"的业务逻辑总结见表 5-8。

表5-8 "查询全部班级信息"的业务逻辑

前台传参	无
业务逻辑	① 调用dao层的stuClassDao.findAll()方法; ② 将查询到的全部班级信息存入List<StuClass >定义的stuClass集合中,然后传给result
返回数据	状态码、提示消息、stuClass对象

"添加班级"的业务逻辑总结见表 5-9。

表5-9 "添加班级"的业务逻辑

前台传参	class_name、creator_id
业务逻辑	① 接受来自前端的class_name、creator_id; ② 由于class_id为数据库主键自增,create_time自动获取系统时间,故在此需要赋空值给这两个字段; ③ 调用dao层的stuClassDao.save方法将数据存入数据库
返回数据	状态码、提示消息、stuClass对象

"删除班级"的业务逻辑总结见表 5-10。

表5-10 "删除班级"的业务逻辑

前台传参	class_id
业务逻辑	① 接受来自前端的class_id; ② 判断数据库中是否存在class_id对应的班级信息; ③ 若不存在则返回"此班级不存在"的消息提示;若存在,则调用Dao层的stuClassDao.deleteById方法,并将对应的班级数据从数据库中删除
返回数据	状态码、提示消息

数据共享与数据整合技术

"根据班级 ID 查询班级信息"的业务逻辑总结见表 5-11。

表5-11 "根据班级ID查询班级信息"的业务逻辑

前台传参	class_id
业务逻辑	① 接受来自前端的class_id； ② 判断数据库是否存在class_id对应的班级信息； ③ 若不存在则返回"此班级不存在"的消息提示；若存在，则返回对应的班级信息
返回数据	状态码、提示消息、stuClass对象

接下来按照业务逻辑编写 Service 接口和实现类，在 com.huatec.edu.eduAdminSys.service 包下新建一个接口 StuClassService，其代码如下：

【代码 5-18】 StuClassService.java 代码

```
1  package com.huatec.edu.eduAdminSys.service;
2
3  import java.sql.Timestamp;
4
5  import com.huatec.edu.eduAdminSys.entity.StuClass;
6  import com.huatec.edu.eduAdminSys.util.Result;
7
8  public interface StuClassService {
9
10 // 根据id加载班级信息
11 public Result getStuClassInfo(int class_id);
12
13 // 加载全部班级信息
14 public Result loadAllStuClassInfo();
15
16 // 根据id删除班级信息
17 public Result delStuClassInfo(int class_id);
18
19 // 添加班级
20 public Result registStuClass(String class_name,int creator_id);
21
22 }
```

在 com.huatec.edu.eduAdminSys.service 包下新建一个类 StuClassServiceImpl，并让其实现 StuClassService 接口，代码如下：

【代码 5-19】 StuClassServiceImpl.java 代码

```
1  package com.huatec.edu.eduAdminSys.service;
2
3  import java.io.UnsupportedEncodingException;
4  import java.net.URLDecoder;
5  import java.sql.Timestamp;
6  import java.util.List;
7
8  import javax.annotation.Resource;
9
10 import org.springframework.stereotype.Service;
```

```java
11
12 import com.huatec.edu.eduAdminSys.dao.StuClassDao;
13 import com.huatec.edu.eduAdminSys.entity.StuClass;
14 import com.huatec.edu.eduAdminSys.util.Result;
15
16 @Service
17 public class StuClassServiceImpl implements StuClassService {
18 //注入StuClassDao
19 @Resource
20 private StuClassDao stuClassDao;
21
22 //根据班级ID查询班级信息
23 @Override
24 public Result getStuClassInfo(int class_id) {
25 // TODO Auto-generated method stub
26 Result result=new Result();
27 StuClass stuClass=stuClassDao.findById(class_id);
28 if(stuClass==null){
29 result.setStatus(1);
30 result.setMsg("此班级不存在");
31 return result;
32 }
33 result.setStatus(0);
34 result.setMsg("查询班级信息成功");
35 result.setData(stuClass);
36 return result;
37 }
38
39 //查询全部班级信息
40 @Override
41 public Result loadAllStuClassInfo() {
42 // TODO Auto-generated method stub
43 Result result=new Result();
44 List<StuClass> stuClass=stuClassDao.findAll();
45 for(StuClass m:stuClass){
46 System.out.println(stuClass);
47 }
48
49 result.setStatus(0);
50 result.setMsg("加载全部班级信息成功");
51 result.setData(stuClass);
52 return result;
53
54 }
55
56 //根据class_id删除班级信息
57 @Override
58 public Result delStuClassInfo(int class_id) {
59 // TODO Auto-generated method stub
60 Result result=new Result();
61 StuClass stuClass=stuClassDao.findById(class_id);
```

```
62 if(stuClass==null){
63 result.setStatus(1);
64 result.setMsg("此班级不存在");
65 return result;
66 }else{
67 stuClassDao.deleteById(class_id);
68 result.setStatus(0);
69 result.setMsg("删除班级信息成功");
70 return result;
71 }
72 }
73
74
75 // 添加班级
76 @Override
77 public Result registStuClass(String class_name, int creator_id) {
78 // TODO Auto-generated method stub
79 Result result=new Result();
80
81 // 装载参数
82 StuClass stuClass=new StuClass();
83 stuClass.setClass_id(null);
84 stuClass.setClass_name(class_name);
85 stuClass.setCreator_id(creator_id);
86         stuClass.setCreate_time(null);
87
88
89 // 调用stuClassDao的save方法将数据存入数据库
90
91 stuClassDao.save(stuClass);
92 // 装载结果信息
93 result.setStatus(0);
94 result.setMsg("添加班级成功");
95 result.setData(stuClass);
96 return result;
97 }
98 }
```

至此，班级相关业务逻辑的Service接口和实现类就完成了，请自行完成代码测试，此处不再赘述。

（4）学生相关业务逻辑Service层实现

"查询全校学生列表"的业务逻辑总结见表5-12。

表5-12 "查询全校学生列表"的业务逻辑

前台传参	无
业务逻辑	① 调用Dao层的studentDao.findAll()方法； ② 将查询到的全校学生列表信息存入List<Student>定义的students集合中，然后传给返回数据result
返回数据	状态码、提示消息、students对象

"根据学生 ID 查询学生信息"的业务逻辑总结见表5-13。

表5-13 "根据学生ID查询学生信息"的业务逻辑

前台传参	studentId
业务逻辑	① 接受来自前端的studentId； ② 判断数据库中是否存在studentId对应的学生信息； ③ 若不存在则返回"此学生不存在"的消息提示；若存在，则返回对应的学生信息
返回数据	状态码、提示消息、student对象

"关键字搜索学生列表"的业务逻辑总结见表 5-14。

表5-14 "关键字搜索学生列表"的业务逻辑

前台传参	keywords
业务逻辑	① 接受来自前端的keywords； ② 将通过关键字查询到的学生列表信息存入List<Student>定义的students集合中，然后传给返回数据result
返回数据	状态码、提示消息、students对象

"增加学生"的业务逻辑总结见表 5-15。

表5-15 "增加学生"的业务逻辑

前台传参	studentNum、studentName、username、password、studentSex、mobilePhone、email、classId
业务逻辑	① 接受来自前端的一系列要录入的参数； ② student_id为数据库主键自增； ③ 调用Dao层的studentDao.save方法将数据存入数据库
返回数据	状态码、提示消息、student对象

"删除学生"的业务逻辑总结见表 5-16。

表5-16 "删除学生"的业务逻辑

前台传参	studentId
业务逻辑	① 接受来自前端的studentId； ② 判断数据库中是否存在studentId对应的学生信息； ③ 若不存在则返回"此学生不存在"的消息提示；若存在，则调用Dao层的studentDao.deleteById方法将对应的学生数据从数据库中删除
返回数据	状态码、提示消息

"修改学生信息"的业务逻辑总结见表 5-17。

表5-17 "修改学生信息"的业务逻辑

前台传参	studentId、studentNum、studentName、username、studentSex、mobilePhone、email
业务逻辑	① 接受来自前端的一系列要修改的参数； ② 所在班级不允许学生自行修改； ③ 调用Dao层的studentDao.updateMsg方法并将对应的学生数据更新到数据库中
返回数据	状态码、提示消息、student对象

"加载班级学生列表"的业务逻辑总结见表5-18。

表5-18 "加载班级学生列表"的业务逻辑

前台传参	classId
业务逻辑	① 接受来自前端的classId； ② 调用Dao层的studentDao.findByClassId方法； ③ 将查询到的全校学生列表信息存入List<Student>定义的students集合中，然后传给返回数据result
返回数据	状态码、提示消息、students对象

"根据 studentNum 查看学生信息"的业务逻辑总结见表 5-19。

表5-19 "根据studentNum查看学生信息"的业务逻辑

前台传参	studentNum
业务逻辑	① 接受来自前端的studentNum； ② 判断数据库中是否存在studentNum对应的学生信息； ③ 若不存在则返回"此学生不存在"的消息提示；若存在，则返回对应的学生信息及所属班级名称
返回数据	状态码、提示消息、student对象

接下来按照业务逻辑编写 Service 接口和实现类，在 com.huatec.edu.eduAdminSys.service 包下新建一个接口 StudentService，其代码如下：

【代码5-20】 StudentService.java 代码

```
1  package com.huatec.edu.eduAdminSys.service;
2
3  import com.huatec.edu.eduAdminSys.entity.Teacher;
4  import com.huatec.edu.eduAdminSys.util.Result;
5
6  public interface StudentService {
7
8      // 通过class_id获取学生列表
9      public Result loadStudentList(int classId);
10
11     // 获取所有学生列表
12     public Result loadStudentList();
```

```
13
14 // 关键字搜索学生列表
15 public Result loadStudentList(String keywords);
16
17
18 // 增加一名学生
19 public Result addStudent(String studentNum,String studentName,
20 String username,String password,int studentSex,String mobilePhone,
21 String email,int classId);
22
23 // 删除学生
24 public Result deleteStudentById(int studentId);
25
26 // 修改学生信息
27 public Result updateStudent(int studentId,String studentNum,String studentName,
28 String username,int studentSex,String mobilePhone,
29 String email);
30 // 查看学生信息
31 public Result loadStudentById(int studentId);
32
33 // 通过学号查看学生，将数据提供给饭卡管理系统用
34 public Result loadStudentByNum(String studentNum);
35 }
```

在 com.huatec.edu.eduAdminSys.service 包下新建一个类 StudentServiceImpl，并让其实现 StudentService 接口，代码如下：

【代码 5-21】 StudentServiceImpl.java 代码

```
1  package com.huatec.edu.eduAdminSys.service;
2
3
4  import java.util.List;
5
6  import javax.annotation.Resource;
7
8  import org.springframework.stereotype.Service;
9
10 import com.huatec.edu.eduAdminSys.dao.StudentDao;
11 import com.huatec.edu.eduAdminSys.entity.StuClass;
12 import com.huatec.edu.eduAdminSys.entity.Student;
13
14 import com.huatec.edu.eduAdminSys.util.Result;
15
16 @Service
17 public class StudentServiceImpl implements StudentService {
18 // 注入 StudentDao
19 @Resource
20 private StudentDao studentDao;
21
22 // 加载所有学生列表
23 public Result loadStudentList() {
24 // TODO Auto-generated method stub
```

```
25 Result result=new Result();
26 List<Student> students=studentDao.findAll();
27 for(Student s:students){
28 System.out.println(s);
29 }
30
31 result.setStatus(0);
32 result.setMsg("加载全校学生列表信息成功");
33 result.setData(students);
34 return result;
35 }
36
37
38 //加载班级学生列表
39 public Result loadStudentList(int classId) {
40 // TODO Auto-generated method stub
41 // TODO Auto-generated method stub
42 Result result=new Result();
43 List<Student> students=studentDao.findByClassId(classId);
44 for(Student s:students){
45 System.out.println(s);
46 }
47 //StuClass stuClass=stuClassDao.findAll();
48 result.setStatus(0);
49 result.setMsg("加载该班级学生列表信息成功");
50 result.setData(students);
51 return result;
52
53 }
54
55
56 //关键字搜索学生信息
57 public Result loadStudentList(String keywords) {
58 // TODO Auto-generated method stub
59 Result result=new Result();
60 String keywords1 = "%"+keywords+"%";
61 List<Student> students=studentDao.findByKeywords(keywords1);
62 /*     for(Student s:students){
63 System.out.println(s);
64 }*/
65 result.setStatus(0);
66 result.setMsg("通过关键字搜索学生列表成功");
67 result.setData(students);
68 return result;
69 }
70
71
72 //增加学生信息
73 public Result addStudent(String studentNum, String studentName, String username, String password,
74 int studentSex, String mobilePhone, String email, int classId) {
75 // TODO Auto-generated method stub
76 Result result=new Result();
77
```

```java
78 Student student= new Student();
79 student.setStudent_num(studentNum);
80 student.setStudent_name(studentName);
81 student.setUsername(username);
82 student.setPassword(password);
83 student.setStudent_sex(studentSex);
84 student.setMobile_phone(mobilePhone);
85 student.setEmail(email);
86 student.setClass_id(classId);
87
88 studentDao.save(student);
89 result.setStatus(0);
90 result.setMsg("新增学生成功");
91 result.setData(student);
92
93 return result;
94 }
95
96
97 //删除学生信息
98 public Result deleteStudentById(int studentId) {
99 // TODO Auto-generated method stub
100 Result result=new Result();
101
102 Student student=studentDao.findById(studentId);
103 if(student==null){
104 result.setStatus(1);
105 result.setMsg("此学生不存在");
106 return result;
107 }
108 studentDao.deleteById(studentId);
109
110 result.setStatus(0);
111 result.setMsg("删除学生成功");
112 return result;
113 }
114
115
116 //修改学生信息
117 public Result updateStudent(int studentId, String studentNum, String studentName, String username, int studentSex,
118 String mobilePhone, String email) {
119 // TODO Auto-generated method stub
120         Result result=new Result();
121
122 Student student= new Student();
123 student.setStudent_id(studentId);
124 student.setStudent_num(studentNum);
125 student.setStudent_name(studentName);
126 student.setUsername(username);
127 //student.setPassword(password);
128 student.setStudent_sex(studentSex);
129 student.setMobile_phone(mobilePhone);
130 student.setEmail(email);
```

```
131 //student.setClass_id(classId);
132
133 studentDao.updateMsg(student);
134 result.setStatus(0);
135 result.setMsg("修改学生成功");
136 result.setData(student);
137
138 return result;
139 }
140
141
142 //通过studentId查看学生
143 public Result loadStudentById(int studentId) {
144 // TODO Auto-generated method stub
145 Result result=new Result();
146
147 Student student=studentDao.findById(studentId);
148 if(student==null){
149 result.setStatus(1);
150 result.setMsg("此学生不存在");
151 return result;
152 }
153
154 result.setStatus(0);
155 result.setMsg("查询学生信息成功");
156 result.setData(student);
157 return result;
158 }
159
160 //新增一个功能：通过studentNum查询学生，并将数据提供给饭卡管理系统用
161 public Result loadStudentByNum(String studentNum) {
162 // TODO Auto-generated method stub
163 Result result=new Result();
164
165 Student student=studentDao.findByNum(studentNum);
166 if(student==null){
167 result.setStatus(1);
168 result.setMsg("此学生不存在");
169 return result;
170 }
171
172 result.setStatus(0);
173 result.setMsg("查询学生成功");
174 result.setData(student);
175 return result;
176 }
177
178 }
```

至此，学生相关业务逻辑的 Service 接口和实现类就完成了，请自行完成代码测试，此处不再赘述。

7. Controller 层实现

Controller 层负责调用 Service 层并形成 API 以供前端页面调用实现 Controller 层

项目5 REST方式WebService接口的开发与调用

首先需要在 com.huatec.edu.eduAdminSys 包下新建一个包，命名为 Controller，然后将 Controller 层的代码写在此包中。要使用 RESTFUL API，必须先配置 eduAdminSys 项目下的 web.xml，具体代码如下：

【代码 5-22】 web.xml 文件配置

```xml
1  <?xml version="1.0" encoding="UTF-8"?>
2  <web-app xmlns:xsi="http://www.w3.org/2001/XMLSchema-instance"
   xmlns="http://java.sun.com/xml/ns/javaee" xsi:schemaLocation=
   "http://java.sun.com/xml/ns/javaee http://java.sun.com/xml/ns/
   javaee/web-app_3_0.xsd" id="WebApp_ID" version="3.0">
3  <display-name>eduAdminSys</display-name>
4  <welcome-file-list>
5  <welcome-file>index.html</welcome-file>
6  <welcome-file>index.htm</welcome-file>
7  <welcome-file>index.jsp</welcome-file>
8  <welcome-file>default.html</welcome-file>
9  <welcome-file>default.htm</welcome-file>
10 <welcome-file>default.jsp</welcome-file>
11 </welcome-file-list>
12
13 <!-- servlet 容器启动之后，会立即创建 DispatcherServlet 实例，
14 接下来会调用该实例的 init 方法，此方法会依据 init-param 指定位置的配置文件
启动 spring 容器 -->
15 <servlet>
16 <servlet-name>action</servlet-name>
17 <servlet-class>org.springframework.web.servlet.DispatcherServlet
</servlet-class>
18 <init-param>
19 <param-name>contextConfigLocation</param-name>
20 <param-value>classpath:applicationContext.xml</param-
value>
21 </init-param>
22 <load-on-startup>1</load-on-startup>
23 </servlet>
24
25 <!-- 允许访问以 html、css、js 为结尾的静态资源 -->
26 <servlet-mapping>
27 <servlet-name>default</servlet-name>
28 <url-pattern>*.html</url-pattern>
29 </servlet-mapping>
30 <servlet-mapping>
31 <servlet-name>default</servlet-name>
32 <url-pattern>*.css</url-pattern>
33 </servlet-mapping>
34 <servlet-mapping>
35 <servlet-name>default</servlet-name>
36 <url-pattern>*.js</url-pattern>
37 </servlet-mapping>
38 <!-- 可实现 RESTful API，但是会拦截静态文件，
39 所以上面需要使用 defaultServlet 来处理静态文件 -->
40 <servlet-mapping>
```

```
41<servlet-name>action</servlet-name>
42<url-pattern>/</url-pattern>
43</servlet-mapping>
44
45    <!-- 支持 GET、POST、PUT 与 DELETE 请求，解决 HTTP PUT 请求 Spring 无法获取请求参数的问题（ajax）
46<form action="..." method="post">
47<input type=»hidden» name="_method" value="put" /> -->
48<filter>
49<filter-name>HiddenHttpMethodFilter</filter-name>
50<filter-class>org.springframework.web.filter.HiddenHttpMethodFilter</filter-class>
51</filter>
52<filter-mapping>
53<filter-name>HiddenHttpMethodFilter</filter-name>
54<servlet-name>action</servlet-name>
55</filter-mapping>
56<!-- HttpPutFormContentFilter 过滤器的作用是获取 put 表单的值，
57 并将之传递到 Controller 中 method 为 RequestMethod.put 的方法中
58 该过滤器只能接受 enctype 值为 application/x-www-form-urlencoded 的表单
59<form action="" method="put" enctype="application/x-www-form-urlencoded">  -->
60<filter>
61<filter-name>HttpMethodFilter</filter-name>
62<filter-class>org.springframework.web.filter.HttpPutFormContentFilter</filter-class>
63</filter>
64<filter-mapping>
65<filter-name>HttpMethodFilter</filter-name>
66<url-pattern>/*</url-pattern>
67</filter-mapping>
68<!-- 解决中文乱码问题 -->
69<filter>
70<filter-name>Set Character Encoding</filter-name>
71<filter-class>org.springframework.web.filter.CharacterEncodingFilter</filter-class>
72<init-param>
73<param-name>encoding</param-name>
74<param-value>UTF-8</param-value>
75</init-param>
76</filter>
77
78<filter-mapping>
79<filter-name>Set Character Encoding</filter-name>
80<url-pattern>/*</url-pattern>
81</filter-mapping>
82
83</web-app>
```

教务管理系统的 API 规划见表 5-20。

表5-20 教务管理系统的API规划

功能	前端传参	Http方法类型	API设计
登录	sign、username、password	post	/user/login
查看教师信息	teacherId	get	/teacher/{teacherId}
查询所有班级	无	get	/stuClass/loadAll
添加班级	className、creatorId（创建教师Id）	post	/stuClass
删除班级	stuClassId	delete	/stuClass/{stuClassId}
根据id查询班级	stuClassId	get	/stuClass/{stuClassId}
根据stuClassId查询学生列表	stuClassId	post	/student/loadByStuClassId
查询全校学生列表	无	get	/student/loadAll
关键字搜索学生列表	Keywords	post	/student/loadByKeywords
增加学生	studentNum、studentName、loginName、password、studentSex、tel、email、classId	post	/student
删除学生	studentId	delete	/student/{stuClassId}
修改学生信息	studentNum、studentName、loginName、studentSex、tel、email、classId	post	/student/updateStudent
查看学生信息	studentId	get	/student/{studentId}
根据studentNum查看学生信息	studentNum	post	/student/loadByStudentNum

（1）SpringMVC 常用注解

在 SpringMVC 中，控制器负责处理由 DispatcherServlet 分发的请求，它把用户请求的数据经过业务处理层处理之后封装成一个 Model，然后再把该 Model 返回给对应的 View 并进行展示。SpringMVC 中提供了一个非常简便的、定义 Controller 的方法，该方法无需继承特定的类或实现特定的接口，只需使用 @Controller 注解一个类是 Controller，然后使用 @RequestMapping 和 @RequestParam 等一些注解用以定义 URL 请求和 Controller 方法之间的映射，这样的 Controller 就能被外界访问到。此外 Controller 不会直接依赖于 HttpServletRequest 和 HttpServletResponse 等 HttpServlet 对象，它们可以通过 Controller 中的方法参数灵活地获取到 HttpServlet 对象。SpringMVC 支持的注解有很多，在这里主要介绍 @Controller、@RequestMapping、@ResponseBody 和 @PathVariable. 4 种注解。

1）@Controller

在 SpringMVC 中使用 @Controller 注解来定义控制器，这样可以简化配置文件，降低侵入性。当 @Controller 被用于标记在一个类时，使用它标记的类是一个 SpringMVC Controller 对象。分发处理器将会扫描使用了该注解的类的方法，并检测该方法是否使用

了 @RequestMapping 注解。

2）@RequestMapping

此注解用来定义访问的 URL，可以将 @RequestMapping 放在类级别上，也可以放在方法级别上。当 @RequestMapping 标记在 Controller 类上时，里面使用 @RequestMapping 标记的方法的请求地址都是相对于类上的 @RequestMapping 而言的；当 Controller 类上没有标记 @RequestMapping 注解时，方法上的 @RequestMapping 都是绝对路径。这种绝对路径和相对路径所组合成的最终路径都是相对于根路径 "/" 而言的。如图 5-33 所示。

```
@Controller
@RequestMapping("/member")
public class MemberController {
    @RequestMapping("/login.do")
    public String login(String uname,String password)
        return "login";
    }
}
```

图5-33　@RequestMapping注解的使用

3）@ResponseBody

@ResponseBody 注解可以直接放在方法上，表示返回类型将会直接作为 Http 响应字节流输出，此注解可以很方便地将数据自动转换为 Json 格式字符串并返回给客户端。所以系统在输出 JSON 格式的数据时，会经常用到此注解。

4）@PathVariable

@PathVariable 注解是获得请求 URL 中的动态参数的，在使用 SpringMVC 创建 RESTFUL API 时会用到此注解。

（2）用户登录 Controller 层实现

在 com.huatec.edu.eduAdminSys.controller 包下新建一个 UserController 类，代码如下：

【代码 5-23】 用户登录 UserController.java 代码

```
1  package com.huatec.edu.eduAdminSys.controller;
2
3  import java.io.UnsupportedEncodingException;
4  import java.net.URLDecoder;
5
6  import javax.annotation.Resource;
7
8  import org.springframework.stereotype.Controller;
9  import org.springframework.web.bind.annotation.PathVariable;
10 import org.springframework.web.bind.annotation.RequestMapping;
11 import org.springframework.web.bind.annotation.RequestMethod;
12 import org.springframework.web.bind.annotation.ResponseBody;
13 import com.huatec.edu.eduAdminSys.service.UserService;
14 import com.huatec.edu.eduAdminSys.util.Result;
15
16 @Controller
```

```
17 @RequestMapping("/user")
18 public class UserController {
19 //注入 userService
20 @Resource
21 private UserService userService;
22
23 //用户登录
24 @RequestMapping(value="/login",method=RequestMethod.POST)
25 @ResponseBody
26 public Result checkLogin(int sign,String username,String password){
27 System.out.println(sign);
28 //sign 为 0，表示教师；sign 为 1，表示学生
29 System.out.println(username);
30 System.out.println(password);
31 //调用 Service 层方法
32 Result result=userService.checkLogin(sign,username, password);
33 //返回结果信息
34 return result;
35 }
36
37
38 }
```

（3）查看教师信息 Controller 层实现

在 com.huatec.edu.eduAdminSys.controller 包下新建一个 TeacherController 类，代码如下：

【代码 5-24】 查看教师信息 TeacherController.java 代码

```
1 package com.huatec.edu.eduAdminSys.controller;
2
3 import javax.annotation.Resource;
4
5 import org.springframework.stereotype.Controller;
6 import org.springframework.web.bind.annotation.PathVariable;
7 import org.springframework.web.bind.annotation.RequestMapping;
8 import org.springframework.web.bind.annotation.RequestMethod;
9 import org.springframework.web.bind.annotation.ResponseBody;
10
11 import com.huatec.edu.eduAdminSys.service.TeacherService;
12 import com.huatec.edu.eduAdminSys.util.Result;
13
14 @Controller
15 @RequestMapping("/teacher")
16 public class TeacherController {
17 //注入 TeacherService
18 @Resource
19 private TeacherService teacherService;
20 //按 teacherId 查询教师信息
21 @RequestMapping(value="/{teacherId}",method=RequestMethod.GET)
22 @ResponseBody
23 public Result getTeacherInfo(@PathVariable("teacherId") int teacherId){
24 //调用 Service 层方法
```

```
25 Result result=teacherService.getTeacherInfo(teacherId);
26 return result;
27 }
28 }
```

(4)班级模块 Controller 层实现

在 com.huatec.edu.eduAdminSys.controller 包下新建一个 StuClassController 类,代码如下:

【代码 5-25】 StuClassController.java

```
1 package com.huatec.edu.eduAdminSys.controller;
2
3 import javax.annotation.Resource;
4
5 import org.springframework.stereotype.Controller;
6 import org.springframework.web.bind.annotation.PathVariable;
7 import org.springframework.web.bind.annotation.RequestMapping;
8 import org.springframework.web.bind.annotation.RequestMethod;
9 import org.springframework.web.bind.annotation.ResponseBody;
10
11 import com.huatec.edu.eduAdminSys.service.StuClassService;
12 import com.huatec.edu.eduAdminSys.util.Result;
13
14
15 @Controller
16 @RequestMapping("/stuClass")
17
18 public class StuClassController {
19 //注入 StuClassService
20 @Resource
21 private StuClassService stuClassService;
22
23 //添加班级信息          /stuClass    POST
24 @RequestMapping(method=RequestMethod.POST)
25 @ResponseBody
26 public Result registStuClass(String className,int creatorId){
27 //System.out.println("class_name:"+class_name);
28 //System.out.println("creator_id:"+creator_id);
29
30 /*try {
31 uname=URLDecoder.decode(uname, "UTF-8");
32 System.out.println("uname:"+uname);
33 } catch (UnsupportedEncodingException e) {
34 e.printStackTrace();
35 } */
36 //调用 Service 层方法
37 Result result=stuClassService.registStuClass(className,creatorId);
38 //返回结果信息
39 return result;
40 }
41
42 //按 stuClassId 查询班级信息   /stuClass/{stuClassId}
43 @RequestMapping(value="/{stuClassId}",method=RequestMethod.GET)
```

```
44 @ResponseBody
45 public Result getStuClassInfo(@PathVariable("stuClassId") int stuClassId){
46 // 调用 Service 层方法
47 Result result=stuClassService.getStuClassInfo(stuClassId);
48 return result;
49 }
50
51 // 按 stuClassId 删除班级信息    /stuClass/{stuClassId}
52 @RequestMapping(value="/{stuClassId}",method=RequestMethod.DELETE)
53 @ResponseBody
54 public Result delStuClassInfo(@PathVariable("stuClassId") int stuClassId){
55 // 调用 Service 层方法
56 Result result=stuClassService.delStuClassInfo(stuClassId);
57 return result;
58 }
59
60 // 查询所有班级信息    /stuClass/loadAll
61 @RequestMapping(value="/loadAll",method=RequestMethod.GET)
62 @ResponseBody
63 public Result loadAllStuClassInfo(){
64 // 调用 Service 层方法
65 Result result=stuClassService.loadAllStuClassInfo();
66 return result;
67 }
68 }
```

（5）学生模块 Controller 层实现

在 com.huatec.edu.eduAdminSys.controller 包下新建一个 StudentController 类，代码如下：

【代码 5-26】 StudentController.java

```
1  package com.huatec.edu.eduAdminSys.controller;
2
3  import javax.annotation.Resource;
4
5  import org.springframework.stereotype.Controller;
6  import org.springframework.web.bind.annotation.PathVariable;
7  import org.springframework.web.bind.annotation.RequestMapping;
8  import org.springframework.web.bind.annotation.RequestMethod;
9  import org.springframework.web.bind.annotation.RequestParam;
10 import org.springframework.web.bind.annotation.ResponseBody;
11
12 import com.huatec.edu.eduAdminSys.service.StudentService;
13 import com.huatec.edu.eduAdminSys.util.Result;
14
15 @Controller
16 @RequestMapping("/student")
17 public class StudentController {
18 // 注入 Service
19 @Resource
20 private StudentService studentService;
```

```
21
22 // 根据 stuClassId 查询学生列表
23 @RequestMapping(value="/loadByStuClassId/{stuClassId}",method=RequestMethod.GET)
24 @ResponseBody
25 public Result loadByStuClassId(@PathVariable("stuClassId") int stuClassId){
26 Result result=studentService.loadStudentList(stuClassId);
27 return result;
28 }
29
30 // 查询全校学生列表
31 @RequestMapping(value="/loadAll",method=RequestMethod.GET)
32 @ResponseBody
33 public Result loadByStuClassId(){
34 Result result=studentService.loadStudentList();
35 return result;
36 }
37
38 // 增加学生
39 @RequestMapping(method=RequestMethod.POST)
40 @ResponseBody
41 public Result addStudent(String studentNum, String studentName, String username, String password,
42 int studentSex, String mobilePhone, String email, int classId){
43 Result result=studentService.addStudent(studentNum, studentName, username, password, studentSex, mobilePhone, email, classId);
44 return result;
45 }
46
47 // 删除学生
48 @RequestMapping(value="/{studentId}",method=RequestMethod.DELETE)
49 @ResponseBody
50 public Result addStudent(@PathVariable("studentId") int studentId){
51 Result result=studentService.deleteStudentById(studentId);
52 return result;
53 }
54
55 // 修改学生
56 @RequestMapping(value="/{studentId}",method=RequestMethod.PUT)
57 @ResponseBody
58 public Result addStudent(@PathVariable("studentId") int studentId, String studentNum, String studentName, String username,
59 int studentSex, String mobilePhone, String email){
60 Result result=studentService.updateStudent(studentId, studentNum, studentName, username, studentSex, mobilePhone, email);
61 return result;
62 }
63
64 // 通过 id 查询学生
65 @RequestMapping(value="/{studentId}",method=RequestMethod.GET)
66 @ResponseBody
```

```
67 public Result loadStudentById(@PathVariable("studentId") int studentId){
68 Result result=studentService.loadStudentById(studentId);
69 return result;
70 }
71
72 // 根据学生学号、真实姓名关键字去搜索
73 @RequestMapping(value="/loadByKeywords",method=RequestMethod.POST)
74 @ResponseBody
75 public Result loadByKeywords(String keywords){
76 Result result=studentService.loadStudentList(keywords);
77 return result;
78 }
79
80 // 通过 studentNum 查询学生, 提供给饭卡管理系统用
81 @RequestMapping(value="/loadByStudentNum",method=RequestMethod.POST)
82 @ResponseBody
83 public Result loadByStudentNum(String studentNum){
84 Result result=studentService.loadStudentByNum(studentNum);
85 return result;
86 }
87 }
```

至此，我们计划中的全部教务管理系统 REST API 都按照数据库、Entity、SQL 映射、Dao、Service 和 Controller 的开发步骤一步步地完成了，下面我们一起使用 REST API 测试工具 Postman 对开发完成的 API 进行功能测试。

5.1.4 教务管理系统REST WebService接口功能测试

1. 下载安装 Postman

Postman 是一款功能丰富的网页调试工具，该工具支持 Mac、Windows、Linux 和 Chrome 多种平台，提供强大的 Web API、Http 请求调试功能。软件功能强大，界面简洁明晰，操作方便快捷，设计人性化。Postman 能够发送多种类型的 Http 请求（get、head、post、put），可附带多种数量的参数和 Headers。我们可以很方便地模拟 get 或者 post 或者其他方式的请求来调试接口。

2. REST 接口测试

接下来我们以用户登录和查询所有班级这两个 API 为例，来看一看如何使用 Postman 测试 REST 接口。

首先我们将 eduAdminSys 项目添加到 Tomcat 中，然后启动 Tomcat，如图 5-34 所示。

（1）用户登录 API 测试

我们从表 5-19 教务管理系统的 API 规划中可以看到，用户登录 API 的 Http 方法类型是 post，前端传参是 sign、username 和 password，API 设计为 /user/login。

打开 Postman，我们在图中标记的位置设置 Http 方法的类型为 post，API 的 URL 为 http://localhost:8080/eduAdminSys/user/login，如图 5-35 所示。

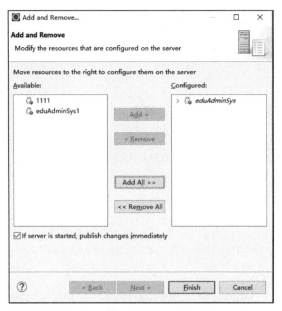

图5-34 将项目添加到tomcat

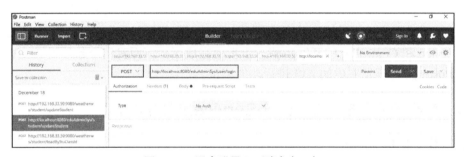

图5-35 用户登录API测试(一)

然后单击"Body",选择"x-www-form-urlencoded",并在下方的"key"和"value"中分别填写前端传参 sign、username 和 password,如图 5-36 所示。

图5-36 用户登录API测试(二)

单击"Send"即可提交请求，然后在下面查看请求结果，并且可以以 Pretty、Raw 和 Preview 三种方式查看，如图 5-37 所示。

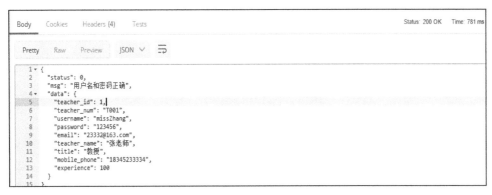

图5-37　用户登录API测试（三）

① Pretty 方式，可以更美观规整地显示 JSON 和 XML 的响应内容。
② Raw 方式，显示最原始的数据，可以帮助我们判断数据是否缩小。
③ Preview 方式，可以自动解析显示 HTML 页面。

每一个 Http 请求被发出后，就会有一个响应，Http 本身会有一个状态码，来标示这个请求是否成功，常见状态码如下。

① 200：2 开头的状态码都表示这个请求发送成功，最常见的状态码是 200。
② 300：3 开头的状态码代表重定向，最常见的状态码是 302，这个请求被重定向到别的地方了。
③ 400：400 代表客户端发送的请求有语法错误；401 代表访问的页面没有授权；403 代表没有权限访问这个页面；404 代表没有这个页面。
④ 500：5 开头的状态码代表服务器有异常，500 代表服务器内部异常；504 代表服务器端超时，没返回结果。

（2）查询所有班级 API 测试

表 5-19 教务管理系统的 API 规划中可以看到，查询所有班级 API 的 Http 方法类型是 GET，前端传参无，API 设计为 /stuClass/loadAll。

打开 Postman，在图中标记的位置设置 Http 方法类型为 get，API 的 URL 为 http://localhost:8080/eduAdminSys/stuClass/loadAll，如图 5-38 所示。

图5-38　查询所有班级API测试（一）

单击"Send"即可提交请求,然后在下面查看请求结果,如图5-39所示。

图5-39 查询所有班级API测试(二)

> **【做一做】**
>
> 请参照上面两个 API 的测试方法,自行使用 Postman 完成其他的 API 测试。

5.1.5 任务回顾

知识点总结

1. MVC:模型(Model)—视图(View)—控制器(Controller)。

2. Spring:Spring Core、Spring AOP、Spring ORM、Spring DAO、Spring Web、Spring Context 和 Spring Web MVC。

3. Spring MVC:DispatcherServlet、HandlerMapping、Controller、ModelAndView 和 ViewResolver。

4. Mybatis:XML 或注解作配置和定义映射关系、支持普通 SQL 查询、封装 JDBC 代码和参数的手工设置以及结果集的检索。

5. PowerDesigner 设计物理数据模型;数据库文件配置;Entity、Dao、Service、Controller 分层开发和 Postman 接口测试。

学习足迹

项目 5 任务一的学习足迹如图 5-40 所示。

项目5 REST方式WebService接口的开发与调用

图5-40 项目5任务一学习足迹

思考与练习

1．SSM 框架是_____、_____、_____三个开源框架的整合框架集。

2．Mybatis 对技术进行封装，简化数据库操作代码，其支持高级映射和动态 SQL，是一个优秀的_____框架。

3．最常用的关系型数据库有_____、SQLServer、DB2 和_____等。

5.2 任务二：教务管理系统 REST WebService 接口调用

【任务描述】

任务一中，我们已经一起开发好了基于 REST 的教务管理系统 WebService 接口，我们可以将这些已开发完毕的 WebService 服务接口集成到我们的企业服务总线上暴露出来，供本企业内部或者互联网上的其他访问者通过各种不同种类的应用程序去以统一的方式重复且高效率地调用 ESB 上提供出来的服务。REST Web 服务接口与 SOAP Web 服务接口的暴露和参数设置以及部署和调用测试还是有很大差异的。

这就是我们接下来要完成的任务：教务管理系统 REST WebService 接口调用。

5.2.1 在iESB设计器中创建教务管理系统Web服务工程项目

接下来，我们将任务一中开发测试完毕的教务管理系统的 REST API 注册到企业服务总线上，以供其他服务使用者调用。

要将服务部署到企业服务总线上，首先要在 iESB 设计器中创建 ESB 工程，详细步骤如下：

步骤1：双击"iESB-Designer.exe"文件，打开 iESB 设计器；

步骤2：选择"File"→"new"→"iESB Project"，如图 5-41 所示；

步骤3：在如图 5-42 所示弹出的"Project name"对话框中，输入项目名称 eduAdminSys。

数据共享与数据整合技术

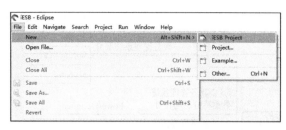

图5-41　新建iESB工程

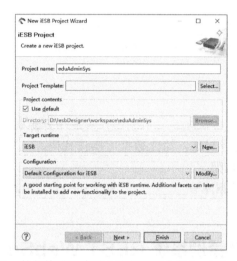

图5-42　教务管理系统Web服务项目命名为eduAdminSys

5.2.2　在iESB设计器中完成教务管理系统Web服务的暴露和参数设置

下面我们分别以教务管理系统的用户登录和查询所有班级这两个 REST API 为例，查看 REST Web 服务的暴露和参数设置方式，操作步骤如下。

1. 用户登录 REST Web 服务的暴露和参数设置

步骤 1：在我们刚建好的 eduAdminSys 项目目录下，找到 ESB Services，单击右键会出现一个"Add Service"菜单，如图 5-43 所示。

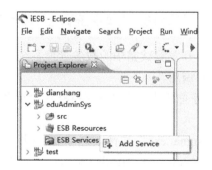

图5-43　添加用户登录REST Web服务（一）

步骤2：单击"Add Service"选项后，会弹出如图5-44所示的窗口，填入服务名称等信息，单击"OK"按钮完成新服务的创建。

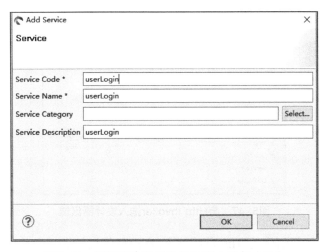

图5-44 添加用户登录REST Web服务（二）

步骤3：双击刚建好的"userLogin"服务，就会出现如图5-45所示的属性面板，单击"Expose Setting"按钮打开服务暴露设置面板。

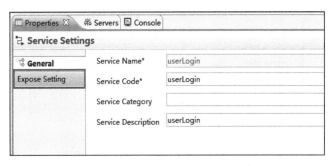

图5-45 userLogin Web服务属性面板

步骤4：在服务暴露设置面板中设置好服务的类型、路径等信息，"Service Type"选择Http方式，然后在"Service Path"的输入框中填写服务暴露出来以后的相对路径"/user/login"，在该服务部署到企业服务总线引擎后，管理控制台会自动将该服务的绝对访问地址拼装好，如图5-46所示。

图5-46 userLogin Web服务暴露设置

"Use Https"复选框选中后，该 Http 服务将采用 Https 进行访问。

步骤 5：新建 Http 节点，在画布左边的工具栏中选择"Http Invoker"，将其拖入画布的空白处，如图 5-47 所示。

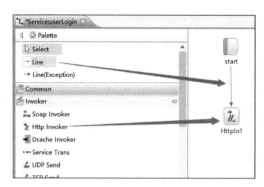

图5-47　将Http Invoker拖入设计器区域

步骤 6：单击选择新创建的"HttpIn1"节点，在出现的属性面板中单击"General"选项卡，接入服务编号（Partner Service Code）、接入服务名称（Partner Service Name）为必须输入，所属系统名称（Application Name）为可选输入，如图 5-48 所示。

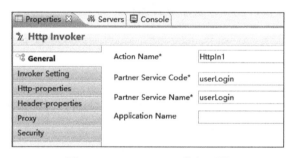

图5-48　Http Invoker常规设置

步骤 7：单击属性面板中的"Invoker Setting"选项卡，输入"EndpointUrl"（目标地址）和"method"（请求方法）等信息。在"目标地址"输入框中输入通过 Tomcat 发布出来的用户登录的 REST API 的 URL：http://localhost:8080/eduAdminSys/user/login，请求方法（method）通过下拉菜单选择 POST，如图 5-49 所示。

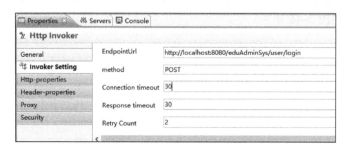

图5-49　Http Invoker端点属性设置

连接超时（Connection Timeout）是指请求的有效时间，默认为30s。响应超时（Response Timeout）是指响应需要的最长时间，默认是30s。重试次数（Retry Count）是指请求失败后重新请求的次数，默认为1次。超时时间可以设置为大于0的正整数，重试次数为1～5的正整数。

步骤8：单击属性面板中的"Header-properties"选项卡，然后单击"Add"按钮，在弹出的属性编辑框中设置好Http消息头的媒体格式类型，输入内容如下：

Name："Content-Type"，Value："application/x-www-form-urlencoded"，如图5-50所示。

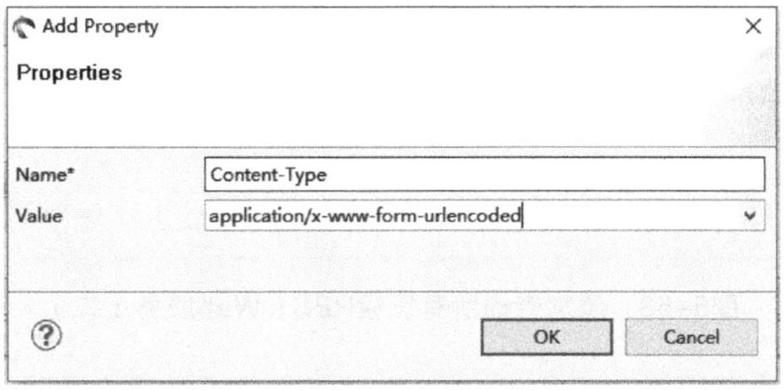

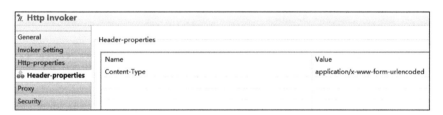

图5-50　Http消息头的媒体格式类型设置

步骤9：单击"OK"按钮，即可保存到"消息头属性"表格中，如图5-51所示。

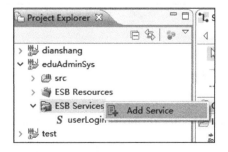

图5-51　保存好的Http消息头的媒体格式类型

到这里，用户登录REST Web服务的暴露和参数就已经设置完毕了。我们按"Ctrl+S"快捷键，可对刚才所做的一系列操作进行保存。

2. 查询所有班级REST Web服务的暴露和参数设置

步骤1：在eduAdminSys项目目录下，找到ESB Services，单击右键会出现一个"Add Service"菜单，如图5-52所示。

图5-52　添加查询所有班级REST Web服务（一）

步骤2：单击"Add Service"选项后，会弹出如图5-53所示的窗口，填入服务名称等信息，单击"OK"按钮完成新服务的创建。

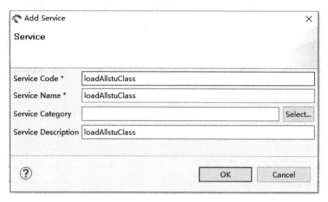

图5-53　添加查询所有班级REST Web服务（二）

步骤3：双击刚建好的"loadAllstuClass"服务，就会出现如图5-54所示的属性面板，单击"Expose Setting"按钮打开服务暴露设置面板。

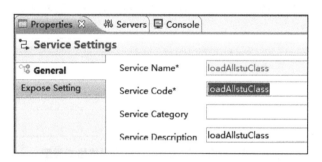

图5-54　loadAllstuClass Web服务属性面板

步骤4：在服务暴露设置面板中设置好服务的类型、路径等信息，"Service Type"选择Http方式，然后在"Service Path"的输入框中填写服务暴露出来以后的相对路径"/stuClass/loadAll"，在该服务部署到企业服务总线引擎后，管理控制台会自动将该服务的绝对访问地址拼装好，如图5-55所示。

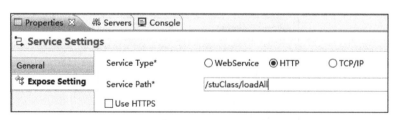

图5-55　loadAllstuClass Web服务暴露设置

"Use Https"复选框选中后，该Http服务将采用Https进行访问。

步骤5：新建Http节点，在画布左边的工具栏中选择"Http Invoker"，将其拖入画布的空白处，如图5-56所示。

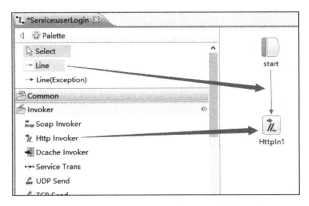

图5-56　将Http Invoker拖入设计器区域

步骤6：单击选择新创建的"HttpIn1"节点，在出现的属性面板中单击"General"选项卡，接入服务编号（Partner Service Code）、接入服务名称（Partner Service Name）为必须输入，所属系统名称（Application Name）为可选输入，如图5-57所示。

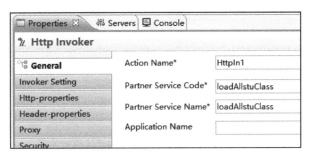

图5-57　Http Invoker常规设置

步骤7：单击属性面板中的"Invoker Setting"选项卡，输入"EndpointUrl"（目标地址）和"method"（请求方法）等信息。在"目标地址"输入框中输入通过Tomcat发布出来的查询所有班级的REST API的URL：http://localhost:8080/eduAdminSys/stuClass/loadAll，请求方法（method）通过下拉菜单选择GET，如图5-58所示。

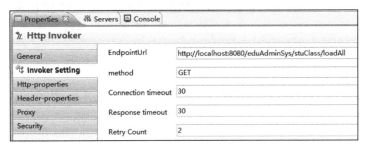

图5-58　Http Invoker端点属性设置

连接超时（Connection Timeout）是指请求的有效时间，默认为 30s。响应超时（Response Timeout）是指响应需要的最长时间，默认为 30s。重试次数（Retry Count）是指请求失败后重新请求的次数，默认为 1 次。超时时间可以设置为大于 0 的正整数，重试次数为 1～5 的正整数。

步骤 8：单击属性面板中的"Header-properties"选项卡，然后单击"Add"按钮，在弹出的属性编辑框中设置好 Http 消息头的媒体格式类型，输入内容如下：

Name："Content-Type"，Value："application/x-www-form-urlencoded"，如图 5-59 所示。

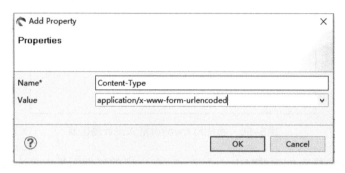

图5-59　Http消息头的媒体格式类型设置

步骤 9：单击"OK"按钮，即可保存到"消息头属性"表格中，如图 5-60 所示。

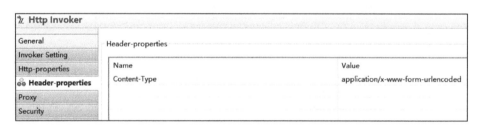

图5-60　保存好的Http消息头的媒体格式类型

到这里，查询所有班级 REST Web 服务的暴露和参数就已经设置完毕了。我们按"Ctrl+S"快捷键，可对刚才所做的一系列操作进行保存。

> 【做一做】
>
> 请参照上面的用户登录和查询所有班级这两个 REST API 的 Web 服务暴露和参数设置方法，自行使用 iESB 设计器完成其他已规划开发完成 API 的 Web 服务暴露和参数设置。

5.2.3　将教务管理系统Web服务部署到iESB中并进行服务调用测试

1. 部署 eduAdminSys 工程

先单击"Servers"选项卡，然后右键单击"iESB Server"，在弹出的选项卡中我们可

项目5 REST方式WebService接口的开发与调用

以看到"Add and Remove",单击即可打开资源添加和移除窗口,如图5-61所示。

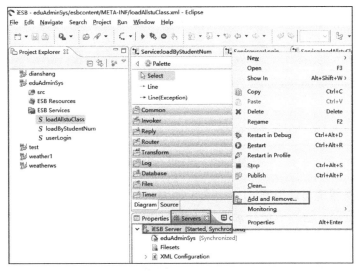

图5-61 将eduAdminSys工程添加到iESB Server中(一)

然后选中eduAdminSys工程,单击"Add"按钮,将eduAdminSys工程添加到iESB Server中,如图5-62所示。

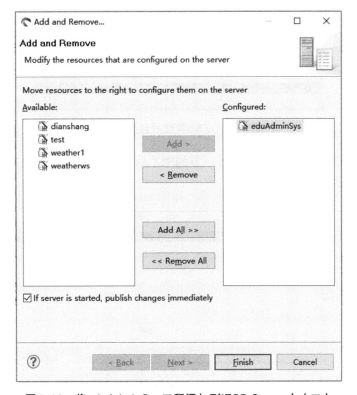

图5-62 将eduAdminSys工程添加到iESB Server中(二)

复选框选中的意思是，在 iESB 服务器启动的状态下，所发布的服务做出的改动会立即生效，无须重启服务来完成更新。

接下来我们单击"▶"按钮，启动 iESB 服务器，如图 5-63 所示。

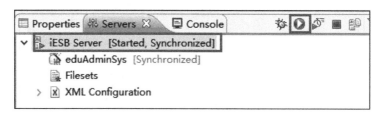

图5-63　启动iESB服务器

2. iESB 服务管理与调用测试

打开 IE 浏览器，输入后台登录地址，进入 iESB 管理平台，默认用户名及密码都是 esbadmin，登录界面如图 5-64 所示。

图5-64　iESB管理后台登录界面

选择"服务注册→工程管理"就可以看到刚才从 iESB 设计器中部署好的 eduAdminSys 服务，如图 5-65 所示。

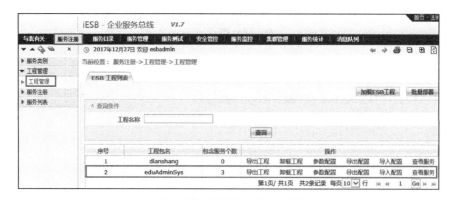

图5-65　iESB管理后台工程管理界面

单击"查看服务",我们可以看到对应的服务详情,如图 5-66 所示。

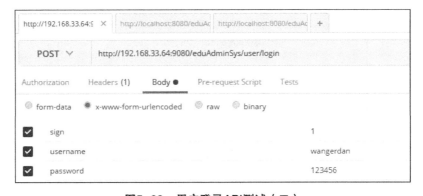

图5-66　iESB管理后台服务详情页面

在图 5-66 中,我们可以看到 iESB 平台上暴露的教务管理系统 WebService 接口地址。

接下来我们使用 Postman 对企业服务总线服务列表中的上述服务进行测试。这里我们选取 userLogin、loadAllstuClass 和 loadByStudentNum 三个服务为例进行测试,其他注册进来的服务请自行完成测试。

(1) 企业服务总线 userLogin Web 服务测试

打开 Postman,将图中标记的位置设置 Http 方法类型为 POST,API 的 URL 为 http://192.168.33.64:9080/eduAdminSys/user/login,如图 5-67 所示。

图5-67　用户登录API测试(一)

然后单击"Body",选择"x-www-form-urlencoded",在下方的"key"和"value"中分别添加前端传参 sign、username 和 password,如图 5-68 所示。

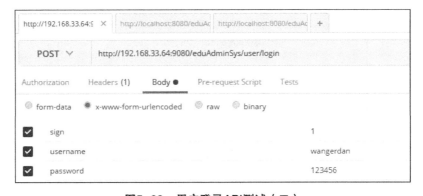

图5-68　用户登录API测试(二)

单击"Send"即可提交请求，然后在下面查看请求结果，如图5-69所示。

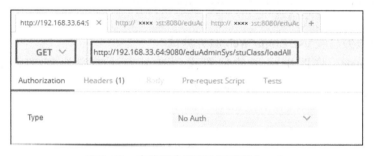

图5-69 用户登录API测试（三）

（2）企业服务总线loadAllstuClass Web服务测试

打开Postman，将图中标记的位置设置Http方法类型为GET，API的URL为http://192.168.33.64:9080/eduAdminSys/stuClass/loadAll，如图5-70所示。

图5-70 查询所有班级API测试（一）

单击"Send"即可提交请求，然后在下面查看请求结果，如图5-71所示。

图5-71 查询所有班级API测试（二）

（3）企业服务总线 loadByStudentNum Web 服务测试

打开 Postman，将图中标记的位置设置 Http 方法类型为 POST，API 的 URL 为 http://192.168.33.64:9080/eduAdminSys/student/loadByStudentNum，如图 5-72 所示。

图5-72　根据学号查询学生信息API测试（一）

然后单击"Body"，选择"x-www-form-urlencoded"，在下方的"key"和"value"中分别添加前端传参关键字 studentNum 及其值，如图 5-73 所示。

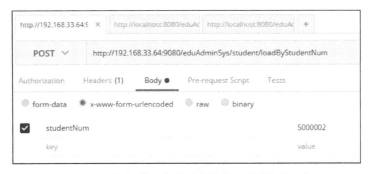

图5-73　根据学号查询学生信息API测试（二）

单击"Send"即可提交请求，然后在下面查看请求结果，如图 5-74 所示。

图5-74　根据学号查询学生信息API测试（三）

数据共享与数据整合技术

> 【做一做】
>
> 请参照上面几个服务的测试方法，自行使用 Postman 完成其他服务的测试。

单击"监控"按钮，将跳转到监控页面，我们可以监控到接口被请求的次数及请求是否成功，如图 5-75 所示。

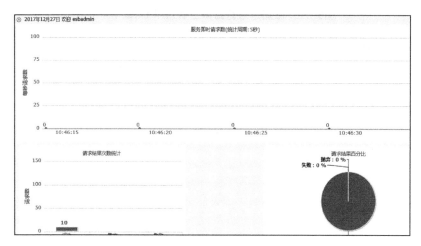

图5-75　iESB管理后台服务监控详情页

5.2.4 任务回顾

知识点总结

1. 创建教务管理系统 Web 服务工程项目：创建 ESB 工程、项目命名。

2. 教务管理系统 Web 服务的暴露和参数设置：服务类型设置、服务路径设置、目标地址设置、请求方法设置、超时和重试次数设置、Http 消息头的媒体格式类型设置。

3. 教务管理系统 Web 服务部署及调用测试：将 eduAdminSys 工程添加至 iESB Server 中、启动 iESB 服务器、使用 Postman 进行服务测试、服务监控。

学习足迹

项目 5 任务二的学习足迹如图 5-76 所示。

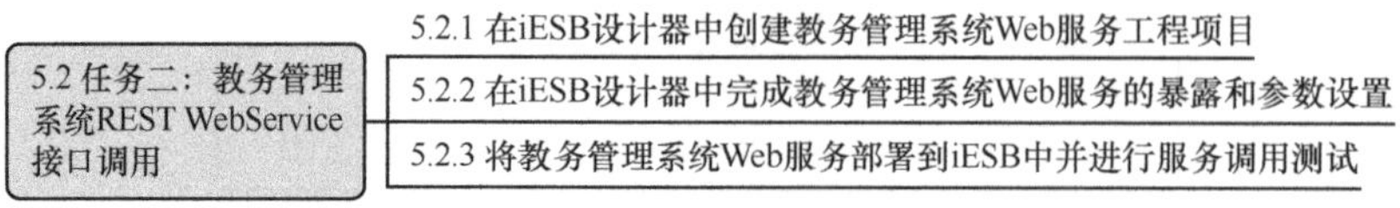

5.2 任务二：教务管理系统REST WebService接口调用	5.2.1 在iESB设计器中创建教务管理系统Web服务工程项目
	5.2.2 在iESB设计器中完成教务管理系统Web服务的暴露和参数设置
	5.2.3 将教务管理系统Web服务部署到iESB中并进行服务调用测试

图5-76　项目5任务二的学习足迹

思考与练习

1. 右键单击"iESB Server",在弹出的选项卡中我们可以看到_____,单击即可打开资源添加和移除窗口。

2. iESB 管理后台的默认用户名和密码分别是_____和_____。

3. 新建 Http 节点,需要在画布左边的工具栏中选择_____,并将其拖入画布的空白处。

5.3 项目总结

在本项目中,我们将视角集中在 REST 方式 WebService 接口上,通过模拟开发一个简单的教务管理系统,对 REST WebService 接口开发进行了深度的学习。然后我们一起将开发完毕的教务管理系统所提供出来的服务注册到企业服务总线上,并使用 Postman 工具进行了测试。

通过本项目的学习,我们提升了接口的开发能力和调用能力。

项目 5 技能图谱如图 5-77 所示。

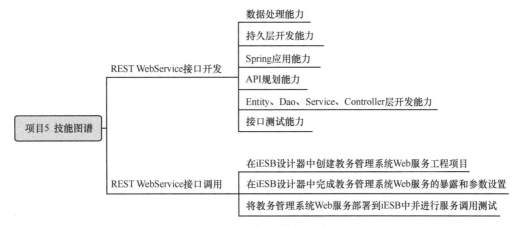

图5-77 项目5技能图谱

5.4 拓展训练

自主设计:对饭卡计费管理系统进行物理数据模型设计。

◆ 调研要求

选题:参考 5.1.2 小节的内容,使用 PowerDesigner 对饭卡计费管理系统进行物理数据模型设计。

- ◆ **格式要求**：采用 PPT 的形式展示。
- ◆ **考核方式**：采取课内发言方式，时间要求 3～5 分钟。
- ◆ **评估标准**：见表 5-21。

表5–21 拓展训练评估表

项目名称： 饭卡计费管理系统物理数据模型设计	项目承接人： 姓名：	日期：
项目要求	评分标准	得分情况
总体要求（100分） ① 字段名称合理，不能采用中文拼音； ② 合理使用数据类型，合理设置非空和主键自增； ③ 设计完成后导出数据库文件	基本要求须包含以下三个内容（50分）： ① 逻辑清晰，表达清楚（20分）； ② 文档格式规范（10分）； ③ PPT汇报展示言行举止大方得体，说话有感染力（20分）	
评价人	评价说明	备注
个人		
老师		

项目 6
基于 SOA 的多系统整合开发与应用

项目引入

在项目 5 中,我们一起学习了如何开发基于 REST 的 Web 服务以及 REST WebService 接口是如何部署到 iESB 平台上进行调用的,并使用 Postman 工具对开发好的接口和注册到 iESB 平台上的服务进行测试。那么这些通过 iESB 暴露出来的服务,在多系统的整合中是如何被调用的呢?不同的系统之间又是如何通过 iESB 进行数据共享的呢?这些都是本项目所关注的重点。接下来,我们将模拟开发一个简单的饭卡计费管理系统,来加深对数据共享与数据整合技术的理解。

知识图谱

项目 6 知识图谱如图 6-1 所示。

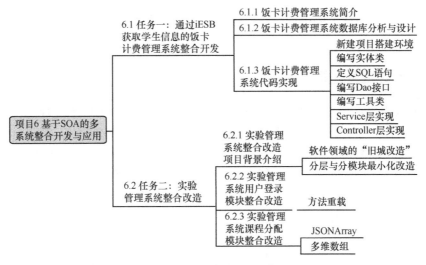

图6-1 项目6知识图谱

6.1 任务一：通过 iESB 获取学生信息的饭卡计费管理系统整合开发

【任务描述】

在项目 5 中，我们将开发完的教务管理系统的 API 注册到了 iESB 中并进行了测试，那么教务管理系统就成了这一系列服务的提供者，只要教务管理系统和 iESB 正常运行，这些服务就可以被服务使用者正确地调用。接下来，我们要开发的饭卡计费管理系统的角色就是服务的使用者，服务使用者只需要知道 Web 服务的接口即可，而不需要知道服务的具体实现逻辑。这样，通过企业服务总线中注册好的 WebService，两个系统就有机地整合起来了，如图 6-2 所示。

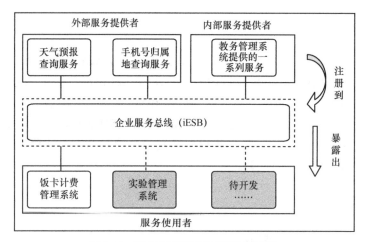

图6-2　饭卡计费管理系统整合开发

这就是我们接下来要完成的任务：通过 iESB 获取学生信息进行饭卡计费管理系统整合开发。

6.1.1 饭卡计费管理系统简介

饭卡可以用来在指定地点买饭、打菜等，适用于学校、工厂等的食堂，使用便捷，不仅给就餐者带来了方便，也使餐饮结算手段发生了改变，使餐饮管理现代化发展有了质的飞跃。现在很多大学都使用一卡通，一卡通既可以充当消费功能的卡片，如充当饭卡，也可以在校内充当身份证明。学校的饭卡计费管理系统可满足来自学生、学校等方面的需求。在校学生通过饭卡可以随时查询自己的消费时间、消费地点以及消费金额，并可在网上银行对自己的饭卡进行充值，修改自己饭卡的密码等相关信息。学校财务人员应对学生的信息进行查看确认，还要对系统数据库进行管理，其中包括管理密码、学生信息、员工信息。食堂员工则可以查询自己当天的营业额。学生可以根据本人学号和密码登录系统，查询本人消费情况和维护部分个人信息。一般情况下，学生只能查询和维护本人的消费情况和个人信息，而不能查询别人的信息。我们先来看一个简易的饭卡计费管理系统的需求分析图，如图 6-3 所示。

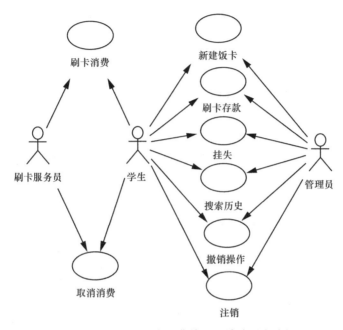

图6-3 简易的饭卡计费管理系统的需求分析

由此可见，饭卡计费管理系统的主要相关要素包括使用饭卡的人、饭卡管理者、饭卡本身携带的信息、饭卡的扣费前置终端、食堂员工等。在这些要素里面，使用饭卡的人的信息从哪里来，又是如何被饭卡计费管理系统所使用的是我们要关注的重点。在实际应用中，饭卡携带的学生信息大多数情况下都是来自学校教务处的教务管理系统数据库。在 5.2.3 小节，我们将开发好的教务管理系统中的 userLogin、loadAllstuClass 和 loadByStudentNum 等一系列接口注册到 iESB 上，作为 Web 服务提供出来给外部系统使用。那么，教务管理系统就是这一系列服务的提供者，饭卡计费管理系统就是服务的使用者。通过企业服务总线中注册好的 WebService，两个系统就有机地整合起来了。

看到这里，有的同学可能会有疑问，为什么不把 WebService 层去掉，直接访问目标数据库呢？是啊，表面上看，减少了中间节点，不仅能简化系统，还能减少开支。那么，我们在不考虑异系统的交互性、系统交互过程中的安全性、更多系统交互的复杂性的前提下，来试想一下把 WebService 这层去掉，情况会是怎么样呢？

显而易见，饭卡计费管理系统和教务管理系统的数据库层将紧密耦合。换句话来说，一旦教务管理系统的数据库需要进行相应的改动（这里的改动指表或是存储过程的变更或是数据库从 MySQL 换成 Oracle 或 SQL Server），那么饭卡计费管理系统就要相应地进行更新。

WebService 就是提取了系统之间稳定的业务行为，将接口形成一个中间层对外提供服务，这样就达到服务使用者和服务提供者的数据库松耦合的目的，使其他系统的实现依赖于 WebService 这样一个业务逻辑而不是数据库的具体实现，并对接口进行编程。

6.1.2 饭卡计费管理系统数据库分析与设计

基于 MySQL 开源、高效、可靠等特点，饭卡计费管理系统依然采用 MySQL 数据库。下面我们将介绍饭卡计费管理系统数据库的逻辑和物理结构设计。

1. 饭卡计费管理系统数据库的逻辑结构设计

（1）饭卡信息表

饭卡信息表用于存储饭卡的相关信息，如饭卡的标识、学生的学号、饭卡的余额、饭卡的激活状态等。学生与饭卡是一对一的关系，即一个学生只能拥有一张饭卡，一张饭卡也只能属于一个学生。因此饭卡信息表中的字段包含学生的学号（student_num），见表6-1。

表6-1　饭卡信息逻辑表

字段名	数据类型	说明	描述
card_id	int	主键，非空且唯一	饭卡编号，采用MySQL自增主键
student_num	varchar(20)	非空	学生学号
least	decimal(20,2)	非空	饭卡余额
State	int	非空	饭卡激活状态

decimal 数据类型最多可存储 38 个数字，所有数字都能够放到小数点的右边。decimal 数据类型存储了一个准确（精确）的数字表达法，不存储值的近似值。这里的 decimal（20,2）中的 20 是小数点左边和右边的数字个数之和（不包括小数点），2 代表小数点右边的小数位数或数字个数，decimal（20,2）可以存储 18 位整数、2 位小数的数字。

（2）管理员信息表

管理员信息表用于存储管理员的相关信息，如管理员的身份标识、用户名、密码等，具体见表6-2。

表6-2　管理员信息逻辑表

字段名	数据类型	说明	描述
admin_id	int	主键，非空且唯一	管理员编号，采用MySQL自增主键
admin_name	varchar(50)	非空	管理员用户名
password	varchar(20)	非空	管理员密码

（3）饭卡金额变动历史信息表

饭卡金额变动历史信息表用于存储饭卡中每一笔金额变动的历史相关信息，如每一笔变动的事件 ID、饭卡编号、消费金额、存入金额、饭卡余额等，具体见表 6-3。

表6-3 饭卡金额变动历史信息逻辑表

字段名	数据类型	说明	描述
id	Int	主键，非空且唯一	事件编号，采用MySQL自增主键
card_id	Int	非空	饭卡编号
expend	decimal(20,2)	非空	消费金额
instore	decimal(20,2)	非空	存入金额
least	decimal(20,2)	非空	饭卡余额

（4）学生信息表

学生信息表用于存储已办理了饭卡的学生的相关信息，如学生在饭卡系统的编号、学生学号、学生姓名、学生手机号、学生所在班级名称等，具体见表6-4。

表6-4 学生信息逻辑表

字段名	数据类型	说明	描述
student_id	int	主键，非空且唯一	学生编号，采用MySQL自增主键
student_num	varchar(20)	非空	学生学号
student_name	varchar(50)	非空	学生姓名
mobile_phone	varchar(11)	非空	学生手机号
class_name	varchar(50)	非空	学生所在班级名称

2. 饭卡计费管理系统数据库的物理结构设计

在逻辑结构设计中，数据库表的字段和数据类型均已确定，接下来我们就可以开始设计数据库的物理数据模型，并由此模型导出数据库文件。具体的操作步骤请参考项目5中的5.1.2小节中的内容。

> 【做一做】
>
> 请自行使用PowerDesigner设计物理数据模型，并导出生成的SQL文件。

接下来，我们将导出的数据库文件导入MySQL数据库中。

① 进入MySQL并新建一个名为mealcard的数据库（SQL语句为create database mealcard default charset utf8），使用mealcard（SQL语句为use mealcard）。

② 使用source命令将SQL文件导入mealcard数据库中（例如，sourceD:/mealcard.sql）。

导入后的结果如图6-4所示。

图6-4 mealcard数据库中的表

6.1.3 饭卡计费管理系统代码实现

1. 新建项目搭建环境

① 打开 Eclipse，新建 Web 项目如图 6-5 所示。

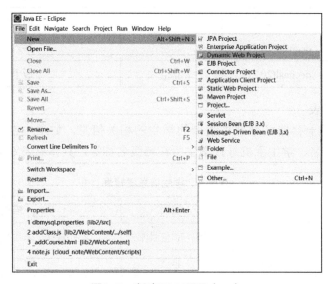

图6-5 新建Web项目（一）

② 填写项目名称，如图 6-6 所示。

图6-6 新建Web项目（二）

③ 单击"Next"按钮，直到出现如图 6-7 所示页面，然后勾选"Generate web.xml deployment descriptor"，最后单击"Finish"按钮，新建 Web 项目就完成了。

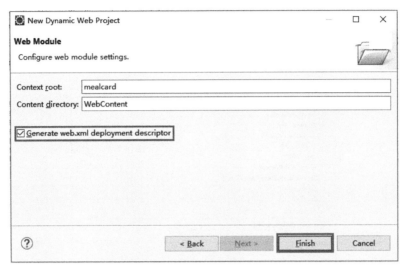

图6-7 新建Web项目（三）

④ 将用到的各框架相关依赖 Jar 包放在"WebContent"→"WEB-INF"→"lib"下，如图 6-8 所示。

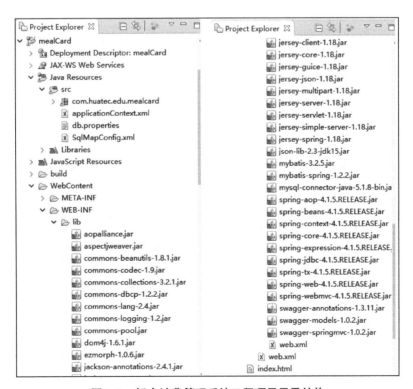

图6-8 饭卡计费管理系统工程项目目录结构

⑤ 在 src 下新建一个 db.properties，如图 6-9 所示。

图6-9　新建db.properties文件

写入数据库连接的配置，代码如下：

【代码 6-1】　db.properties 文件配置

```
1 driver=com.mysql.jdbc.Driver
2 url=jdbc:mysql://localhost:3306/mealcard?useUnicode=true&characterEncoding=UTF-8
3 user=root
4 pwd=123456
```

⑥ 配置 applicationContext.xml 文件，代码如下：

【代码 6-2】　applicationContext.xml 文件配置

```
 1 <?xml version="1.0" encoding="UTF-8"?>
 2 <beans
 3 xmlns="http://www.springframework.org/schema/beans"
 4 xmlns:xsi="http://www.w3.org/2001/XMLSchema-instance"
 5 xmlns:context="http://www.springframework.org/schema/context"
 6 xmlns:jdbc="http://www.springframework.org/schema/jdbc"
 7 xmlns:jee="http://www.springframework.org/schema/jee"
 8 xmlns:tx="http://www.springframework.org/schema/tx"
 9 xmlns:aop="http://www.springframework.org/schema/aop"
10 xmlns:mvc="http://www.springframework.org/schema/mvc"
11 xmlns:util="http://www.springframework.org/schema/util"
12 xmlns:jpa="http://www.springframework.org/schema/data/jpa"
13 xsi:schemaLocation="
14 http://www.springframework.org/schema/beans  http://www.springframework.org/schema/beans/spring-beans-3.2.xsd
```

```
15 http://www.springframework.org/schema/context http://www.springframework.org/schema/context/spring-context-3.2.xsd
16 http://www.springframework.org/schema/jdbc http://www.springframework.org/schema/jdbc/spring-jdbc-3.2.xsd
17 http://www.springframework.org/schema/jee http://www.springframework.org/schema/jee/spring-jee-3.2.xsd
18 http://www.springframework.org/schema/tx http://www.springframework.org/schema/tx/spring-tx-3.2.xsd
19 http://www.springframework.org/schema/data/jpa http://www.springframework.org/schema/data/jpa/spring-jpa-1.3.xsd
20 http://www.springframework.org/schema/aop http://www.springframework.org/schema/aop/spring-aop-3.2.xsd
21 http://www.springframework.org/schema/mvc http://www.springframework.org/schema/mvc/spring-mvc-3.2.xsd
22 http://www.springframework.org/schema/util http://www.springframework.org/schema/util/spring-util-3.2.xsd">
23
24 <!-- 开启组件扫描 -->
25 <context:component-scan base-package="com.huatec.edu.mealcard"/>
26 <!-- SpringMVC注解支持 -->
27 <mvc:annotation-driven/>
28
29 <!-- 配置视图解析器ViewResolver，负责将视图名解析成具体的视图技术，比如解析成html、jsp等 -->
30 <bean id="viewResolver"
31 class="org.springframework.web.servlet.view.InternalResourceViewResolver">
32 <!-- 前缀属性 -->
33 <property name="prefix" value="/"/>
34 <!-- 后缀属性 -->
35 <property name="suffix" value=".html"/>
36 </bean>
37
38 <!-- 配置数据库连接信息 -->
39 <util:properties id="jdbc" location="classpath:db.properties"/>
40 <bean id="dbcp" class="org.apache.commons.dbcp.BasicDataSource">
41 <property name="driverClassName" value="#{jdbc.driver}"/>
42 <property name="url" value="#{jdbc.url}"/>
43 <property name="username" value="#{jdbc.user}"/>
44 <property name="password" value="#{jdbc.pwd}"/>
45 </bean>
46
47 <!-- 配置SqlSessionFactoryBean -->
48 <!-- 可以定义一些属性来指定Mybatis框架的配置信息 -->
49 <bean id="ssf" class="org.mybatis.spring.SqlSessionFactoryBean">
50 <!-- 数据源，注入连接信息 -->
51 <property name="dataSource" ref="dbcp"/>
52 <!-- 用于指定sql定义文件的位置（加classpath从src下找）-->
53 <property name="mapperLocations"
54 value="classpath:com/huatec/edu/mealcard/sql/*.xml"/>
55 </bean>
56
57
58 <!-- 配置MapperScannerConfigurer -->
```

```
59 <!-- 按指定包扫描接口，批量生成接口实现对象，id 为接口名首字母小写 -->
60 <bean class="org.mybatis.spring.mapper.MapperScannerConfigurer">
61 <!-- 指定扫描 com.huatec.edu.eduAdminSys.dao 包下所有接口 -->
62 <property name="basePackage"
63 value="com.huatec.edu.mealcard.dao"/>
64 <!-- 注入 sqlSessionFactory(此句可不写,自动注入 sqlSessionFactory) -->
65 <property name="sqlSessionFactory" ref="ssf"/>
66 </bean>
67
68 </beans>
```

⑦ 创建包，包结构规划如图 6-10 所示。

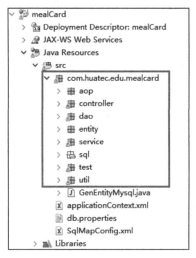

图6-10 饭卡计费管理系统包结构

2. 编写实体类

接下来，我们以饭卡表为例来写饭卡实体类，首先我们可以使用 desc 命令去数据库中查看饭卡表的结构，如图 6-11 所示。

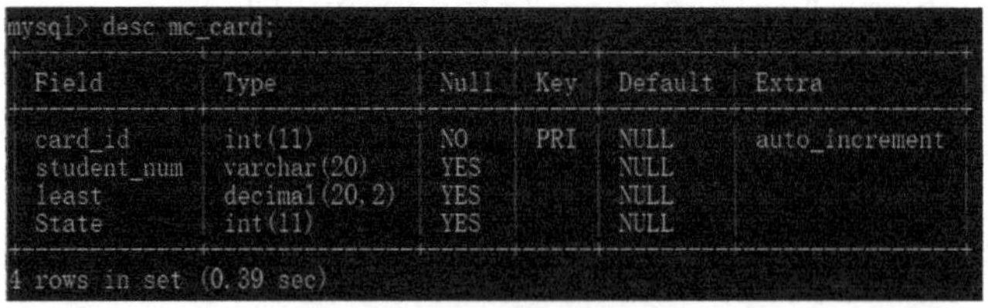

图6-11 饭卡表结构

在 com.huatec.edu.mealCard.entity 包下新建一个实体类 Card（文件名：Card.java），代码如下：

【代码 6-3】 Card 实体类

```
1 package com.huatec.edu.mealcard.entity;
2
```

```
 3 import java.io.Serializable;
 4
 5 public class Card implements Serializable {
 6 private static final long serialVersionUID = 1L;
 7 private Integer card_id;
 8 private String student_num;
 9 private double least;
10 private Integer State;
11 public void setCard_id(Integer card_id){
12 this.card_id=card_id;
13 }
14 public Integer getCard_id(){
15 return card_id;
16 }
17 public void setStudent_num(String student_num){
18 this.student_num=student_num;
19 }
20 public String getStudent_num(){
21 return student_num;
22 }
23 public void setLeast(double least){
24 this.least=least;
25 }
26 public double getLeast(){
27 return least;
28 }
29 public void setState(Integer State){
30 this.State=State;
31 }
32 public Integer getState(){
33 return State;
34 }
35 @Override
36 public String toString(){
37 return "Card [card_id=" +card_id+", student_num=" +student_num+", least=" +least+", State=" +"State"+"]";
38 }
39 }
40
```

用同样的方法,完成管理员实体类、学生实体类和历史实体类的创建,代码分别如下:

【代码 6-4】 管理员实体类

```
 1 package com.huatec.edu.mealcard.entity;
 2
 3 import java.io.Serializable;
 4     /**
 5      * admin 实体类。
 6      */
 7
 8 public class Admin implements Serializable {
 9 private static final long serialVersionUID = 1L;
10 private Integer admin_id;
11 private String admin_name;
```

```
12 private String password;
13 public void setAdmin_id(Integer admin_id){
14 this.admin_id=admin_id;
15 }
16 public Integer getAdmin_id(){
17 return admin_id;
18 }
19 public void setAdmin_name(String admin_name){
20 this.admin_name=admin_name;
21 }
22 public String getAdmin_name(){
23 return admin_name;
24 }
25 public void setPassword(String password){
26 this.password=password;
27 }
28 public String getPassword(){
29 return password;
30 }
31 @Override
32 public String toString(){
33 return "Admin [admin_id=" +admin_id+", admin_name=" +admin_name+", password=" +"password"+"]";
34 }
35 }
36
```

【代码6-5】 学生实体类

```
1  package com.huatec.edu.mealcard.entity;
2
3  import java.io.Serializable;
4     /**
5      * student 实体类。
6      */
7  public class Student implements Serializable {
8  private static final long serialVersionUID = 1L;
9  private Integer student_id;
10 private String student_num;
11 private String student_name;
12 private String mobile_phone;
13 private String class_name;
14 public void setStudent_id(Integer student_id){
15 this.student_id=student_id;
16 }
17 public Integer getStudent_id(){
18 return student_id;
19 }
20 public void setStudent_num(String student_num){
21 this.student_num=student_num;
22 }
23 public String getStudent_num(){
24 return student_num;
```

```
25 }
26 public void setStudent_name(String student_name){
27 this.student_name=student_name;
28 }
29 public String getStudent_name(){
30 return student_name;
31 }
32 public void setMobile_phone(String mobile_phone){
33 this.mobile_phone=mobile_phone;
34 }
35 public String getMobile_phone(){
36 return mobile_phone;
37 }
38 public void setClass_name(String class_name){
39 this.class_name=class_name;
40 }
41 public String getClass_name(){
42 return class_name;
43 }
44 @Override
45 public String toString(){
46 return "Student [student_id=" +student_id+", student_num= "+student_num+", student_name=" +student_name+", mobile_phone= "+mobile_phone+", class_name=" +"class_name"+"]";
47 }
48 }
49
```

【代码6-6】 历史实体类

```
1 package com.huatec.edu.mealcard.entity;
2
3 import java.io.Serializable;
4   /**
5    * history 实体类。
6    */
7 public class History implements Serializable {
8 private static final long serialVersionUID = 1L;
9 private Integer id;
10 private Integer card_id;
11 private double expend;
12 private double instore;
13 private double least;
14 public void setId(Integer id){
15 this.id=id;
16 }
17 public Integer getId(){
18 return id;
19 }
20 public void setCard_id(Integer card_id){
21 this.card_id=card_id;
22 }
23 public Integer getCard_id(){
```

```
24 return card_id;
25 }
26 public void setExpend(double expend){
27 this.expend=expend;
28 }
29 public double getExpend(){
30 return expend;
31 }
32 public void setInstore(double instore){
33 this.instore=instore;
34 }
35 public double getInstore(){
36 return instore;
37 }
38 public void setLeast(double least){
39 this.least=least;
40 }
41 public double getLeast(){
42 return least;
43 }
44 @Override
45 public String toString(){
46 return "History [id=" +id+", card_id=" +card_id+", expend=" +expend+", instore=" +instore+", least=" +"least"+"]";
47 }
48 }
49
```

完成后的 entity 代码目录如图 6-12 所示。

图6-12　entity代码目录

3. 定义 SQL 语句

在 com.huatec.edu.mealCard.sql 包下新建"饭卡"的映射文件 CardSqlMap.xml，然后在 CardSqlMap.xml 中定义 SQL 语句，代码如下：

【代码 6-7】 CardSqlMap.xml 文件配置

```
1 <?xml version="1.0" encoding="UTF-8"?>
2 <!DOCTYPE mapper PUBLIC "-//ibatis.apache.org//DTD Mapper 3.0//EN" "http://ibatis.apache.org/dtd/ibatis-3-mapper.dtd">
```

```xml
3
4 <mapper namespace="com.huatec.edu.mealcard.dao.CardDao">
5 <cache eviction="LRU" flushInterval="30000" size="512" readOnly="true"/>
6 <insert id="save" parameterType="com.huatec.edu.mealcard.entity.Card" useGeneratedKeys="true" keyProperty="card_id">insert into mc_card(card_id,student_num,least,State)values(#{card_id},#{student_num},#{least},#{State})</insert>
7 <delete id="deleteById" parameterType="int">delete from mc_card where card_id=#{card_id}</delete>
8 <update id="dynamicUpdate" parameterType="com.huatec.edu.mealcard.entity.Card">update mc_card
9 <set>
10 <if test="card_id!=null">card_id=#{card_id},</if>
11 <if test="student_num!=null">student_num=#{student_num},</if>
12 <if test="least!=null">least=#{least},</if>
13 <if test="State!=null">State=#{State},</if>
14 </set> where card_id=#{card_id}
15 </update>
16 <select id="findAll" resultType="com.huatec.edu.mealcard.entity.Card">select * from mc_card</select>
17 <select id="findById" parameterType="int" resultType="com.huatec.edu.mealcard.entity.Card">select * from mc_card where card_id=#{card_id}</select>
18 <select id="findByStudentNum" parameterType="String" resultType="com.huatec.edu.mealcard.entity.Card">select * from mc_card where student_num=#{student_num}</select>
19 <select id="dynamicSelect" parameterType="com.huatec.edu.mealcard.entity.Card" resultType="com.huatec.edu.mealcard.entity.Card">select * from mc_card
20 <where>
21 <if test="card_id!=null">card_id=#{card_id},</if>
22 <if test="student_num!=null">and student_num=#{student_num},</if>
23 <if test="least!=null">and least=#{least},</if>
24 <if test="State!=null">and State=#{State},</if>
25 </where>
26 </select>
27 </mapper>
```

用同样的方法，完成 AdminSqlMap.xml、StudentSqlMap.xml 和 HistorySqlMap.xml 的创建，代码分别如下：

【代码6-8】 AdminSqlMap.xml 文件配置

```xml
1 <?xml version="1.0" encoding="UTF-8"?>
2 <!DOCTYPE mapper PUBLIC "-//ibatis.apache.org//DTD Mapper 3.0//EN" "http://ibatis.apache.org/dtd/ibatis-3-mapper.dtd">
3
4 <mapper namespace="com.huatec.edu.mealcard.dao.AdminDao">
5 <cache eviction="LRU" flushInterval="30000" size="512" readOnly="true"/>
6 <insert id="save" parameterType="com.huatec.edu.mealcard.entity.Admin" useGeneratedKeys="true" keyProperty="admin_id">insert into mc_admin(admin_id,admin_name,password)values(#{admin_id},#{admin_name},#{password})</insert>
```

```
  7 <delete id="deleteById" parameterType="int">delete from mc_
admin where admin_id=#{admin_id}</delete>
  8 <update id="dynamicUpdate" parameterType="com.huatec.edu.
mealcard.entity.Admin">update mc_admin
  9 <set>
 10 <if test="admin_id!=null">admin_id=#{admin_id},</if>
 11 <if test="admin_name!=null">admin_name=#{admin_name},</if>
 12 <if test="password!=null">password=#{password},</if>
 13 </set> where admin_id=#{admin_id}
 14 </update>
 15 <select id="findAll" resultType="com.huatec.edu.mealcard.entity.
Admin">select * from mc_admin</select>
 16 <select id="findById" parameterType="int" resultType="com.huatec.
edu.mealcard.entity.Admin">select * from mc_admin where admin_
id=#{admin_id}</select>
 17 <select id="dynamicSelect" parameterType="com.huatec.edu.mealcard.
entity.Admin" resultType="com.huatec.edu.mealcard.entity.
Admin">select * from mc_admin
 18 <where>
 19 <if test="admin_id!=null">admin_id=#{admin_id},</if>
 20 <if test="admin_name!=null">and admin_name=#{admin_name},</if>
 21 <if test="password!=null">and password=#{password},</if>
 22 </where>
 23 </select>
 24 </mapper>
```

【代码 6-9】 StudentSqlMap.xml 文件配置

```
  1 <?xml version="1.0" encoding="UTF-8"?>
  2 <!DOCTYPE mapper PUBLIC "-//ibatis.apache.org//DTD Mapper 3.0//
EN" "http://ibatis.apache.org/dtd/ibatis-3-mapper.dtd">
  3
  4 <mapper namespace="com.huatec.edu.mealcard.dao.StudentDao">
  5 <cache eviction="LRU" flushInterval="30000" size="512"
readOnly="true"/>
  6 <insert id="save" parameterType="com.huatec.edu.mealcard.entity.
Student" useGeneratedKeys="true" keyProperty="student_id">insert into
 mc_student(student_id,student_num,student_name,mobile_phone,
class_name)values(#{student_id},#{student_num},#{student_
name},#{mobile_phone},#{class_name})</insert>
  7 <delete id="deleteById" parameterType="int">delete from mc_
student where student_id=#{student_id}</delete>
  8 <update id="dynamicUpdate" parameterType="com.huatec.edu.
mealcard.entity.Student">update mc_student
  9 <set>
 10 <if test="student_id!=null">student_id=#{student_id},</if>
 11 <if test="student_num!=null">student_num=#{student_num},</if>
 12 <if test="student_name!=null">student_name=#{student_name},</if>
 13 <if test="mobile_phone!=null">mobile_phone=#{mobile_phone},</if>
 14 <if test="class_name!=null">class_name=#{class_name},</if>
 15 </set> where student_id=#{student_id}
 16 </update>
 17 <select id="findAll" resultType="com.huatec.edu.mealcard.entity.
Student">select * from mc_student</select>
 18 <select id="findById" parameterType="int" resultType="com.huatec.
```

```xml
edu.mealcard.entity.Student">select * from mc_student where student_id=#{student_id}</select>
19    <select id="findByNum" parameterType="String" resultType="com.huatec.edu.mealcard.entity.Student">select * from mc_student where student_num=#{student_num}</select>
20    <select id="dynamicSelect" parameterType="com.huatec.edu.mealcard.entity.Student" resultType="com.huatec.edu.mealcard.entity.Student">select * from mc_student
21      <where>
22        <if test="student_id!=null">student_id=#{student_id},</if>
23        <if test="student_num!=null">and student_num=#{student_num},</if>
24        <if test="student_name!=null">and student_name=#{student_name},</if>
25        <if test="mobile_phone!=null">and mobile_phone=#{mobile_phone},</if>
26        <if test="class_name!=null">and class_name=#{class_name},</if>
27      </where>
28    </select>
29 </mapper>
```

【代码 6-10】 HistorySqlMap.xml 文件配置

```xml
1  <?xml version="1.0" encoding="UTF-8"?>
2  <!DOCTYPE mapper PUBLIC "-//ibatis.apache.org//DTD Mapper 3.0//EN" "http://ibatis.apache.org/dtd/ibatis-3-mapper.dtd">
3
4  <mapper namespace="com.huatec.edu.mealcard.dao.HistoryDao">
5    <cache eviction="LRU" flushInterval="30000" size="512" readOnly="true"/>
6    <insert id="save" parameterType="com.huatec.edu.mealcard.entity.History" useGeneratedKeys="true" keyProperty="id">insert into mc_history(id,card_id,expend,instore,least)values(#{id},#{card_id},#{expend},#{instore},#{least})</insert>
7    <delete id="deleteById" parameterType="int">delete from mc_history where id=#{id}</delete>
8    <update id="dynamicUpdate" parameterType="com.huatec.edu.mealcard.entity.History">update mc_history
9      <set>
10       <if test="id!=null">id=#{id},</if>
11       <if test="card_id!=null">card_id=#{card_id},</if>
12       <if test="expend!=null">expend=#{expend},</if>
13       <if test="instore!=null">instore=#{instore},</if>
14       <if test="least!=null">least=#{least},</if>
15     </set> where id=#{id}
16   </update>
17   <select id="findAll" resultType="com.huatec.edu.mealcard.entity.History">select * from mc_history</select>
18   <select id="findById" parameterType="int" resultType="com.huatec.edu.mealcard.entity.History">select * from mc_history where id=#{id}</select>
19   <select id="dynamicSelect" parameterType="com.huatec.edu.mealcard.entity.History" resultType="com.huatec.edu.mealcard.entity.History">select * from mc_history
20     <where>
21       <if test="id!=null">id=#{id},</if>
```

```
22<if test="card_id!=null">and card_id=#{card_id},</if>
23<if test="expend!=null">and expend=#{expend},</if>
24<if test="instore!=null">and instore=#{instore},</if>
25<if test="least!=null">and least=#{least},</if>
26</where>
27</select>
28</mapper>
```

完成后的 SQL 代码目录如图 6-13 所示。

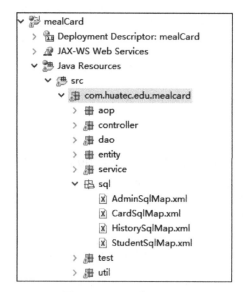

图6-13　SQL代码目录

4. 编写 Dao 接口

在 com.huatec.edu.mealCard.dao 包下新建一个接口并命名为 CardDao，代码如下：

【代码 6-11】 CardDao.java 代码

```
1  package com.huatec.edu.mealcard.dao;
2
3  import java.util.List;
4  import com.huatec.edu.mealcard.entity.Card;
5     /**
6      * cardDao 接口。
7      */
8
9  public interface CardDao{
10 public int save(Card card);
11 public Card findById(int card_id);
12 public List<Card> findAll();
13 public List<Card> dynamicSelect(Card card);
14 public int dynamicUpdate(Card card);
15 public int deleteById(int priId);
16 // 卡不能重复
17 public Card findByStudentNum(String student_num);
18 }
```

用同样的方法，完成 AdminDao.java、StudentDao.java 和 HistoryDao.java 的创建，代码分别如下：

【代码 6-12】 AdminDao.java 代码

```
1  package com.huatec.edu.mealcard.dao;
2
3  import java.util.List;
4  import com.huatec.edu.mealcard.entity.Admin;
5    /**
6     * adminDao 接口。
7     */
8  public interface AdminDao{
9  public int save(Admin admin);
10 public Admin findById(int admin_id);
11 public List<Admin> findAll();
12 public List<Admin> dynamicSelect(Admin admin);
13 public int dynamicUpdate(Admin admin);
14 public int deleteById(int priId);
15 }
```

【代码 6-13】 StudentDao.java 代码

```
1  package com.huatec.edu.mealcard.dao;
2
3  import java.util.List;
4
5  import com.huatec.edu.mealcard.entity.Card;
6  import com.huatec.edu.mealcard.entity.Student;
7    /**
8     * studentDao 接口。
9     */
10 public interface StudentDao{
11 public int save(Student student);
12 public Student findById(int student_id);
13 public  Student findByNum(String student_num);
14 public List<Student> findAll();
15 public List<Student> dynamicSelect(Student student);
16 public int dynamicUpdate(Student student);
17 public int deleteById(int priId);
18 }
```

【代码 6-14】 HistoryDao.java 代码

```
1  package com.huatec.edu.mealcard.dao;
2
3  import java.util.List;
4  import com.huatec.edu.mealcard.entity.History;
5    /**
6     * historyDao 接口。
7     */
8  public interface HistoryDao{
9  public int save(History history);
10 public History findById(int id);
11 public List<History> findAll();
12 public List<History> dynamicSelect(History history);
13 public int dynamicUpdate(History history);
```

```
14 public int deleteById(int priId);
15 }
```

完成后的 Dao 代码目录如图 6-14 所示。

图6-14　Dao代码目录

5. 编写工具类

在 com.huatec.edu.mealCard.util 包下新建一个 Result 类，文件命名为 Result.java，代码如下：

【代码6-15】 Result.java 代码

```
1  package com.huatec.edu.mealcard.util;
2
3  import java.io.Serializable;
4
5  public class Result implements Serializable {
6  private int status;//状态,成功:0,失败:1
7  private String msg;//消息
8  private Object data;//数据
9  //get、set 方法
10 public int getStatus() {
11 return status;
12 }
13 public void setStatus(int status) {
14 this.status = status;
15 }
16 public String getMsg() {
17 return msg;
18 }
19 public void setMsg(String msg) {
20 this.msg = msg;
21 }
22 public Object getData() {
23 return data;
24 }
25 public void setData(Object data) {
26 this.data = data;
27 }
```

```
28 //toString方法
29 public String toString() {
30 return "Result [status=" + status + ", msg=" + msg + ", data=
" + data + "]";
31 }
32 }
```

完成后的 util 代码目录如图 6-15 所示。

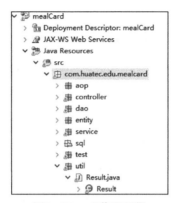

图6-15　util代码目录

6. Service 层实现

Service 层主要功能是处理业务逻辑并调用 Dao 层接口操作数据库，实现 Service 层首先需要在 com.huatec.edu. mealCard 包下新建一个包 service，然后将 Service 层的代码写在此包中。这里我们以"新办饭卡"为例，讲一下"新办饭卡"的业务逻辑。"新办饭卡"的业务逻辑图如图 6-16 所示。

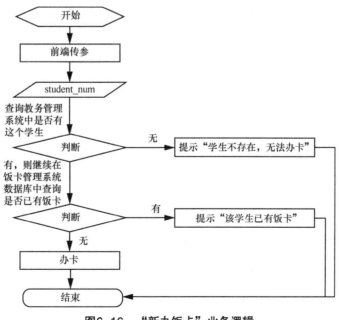

图6-16　"新办饭卡"业务逻辑

接下来，我们按照业务逻辑来编写 Service 接口和实现类，在 com.huatec.edu.mealCard.service 包下新建一个接口 CardService，代码如下：

【代码 6-16】 CardService.java 代码

```
1  package com.huatec.edu.mealcard.service;
2
3  import com.huatec.edu.mealcard.entity.Card;
4  import com.huatec.edu.mealcard.util.Result;
5
6  public interface CardService {
7  // 办卡，通过学生学号，查询是否有这个学生。若有，则办卡；若没有，则返回错误提示信息
8  public Result addCard(String student_num);
9  }
```

在 com.huatec.edu.mealCard.service 包下新建一个类 CardServiceImpl，并让其实现 CardService 接口，代码如下：

【代码 6-17】 CardServiceImpl.java 代码

```
1  package com.huatec.edu.mealcard.service;
2
3  import javax.annotation.Resource;
4  import javax.ws.rs.core.MultivaluedMap;
5
6  import org.springframework.stereotype.Service;
7
8  import com.huatec.edu.mealcard.dao.CardDao;
9  import com.huatec.edu.mealcard.dao.StudentDao;
10 import com.huatec.edu.mealcard.entity.Card;
11 import com.huatec.edu.mealcard.entity.Student;
12 import com.huatec.edu.mealcard.util.Result;
13 import com.sun.jersey.api.client.Client;
14 import com.sun.jersey.api.client.ClientResponse;
15 import com.sun.jersey.api.client.WebResource;
16 import com.sun.jersey.core.util.MultivaluedMapImpl;
17
18 import net.sf.json.JSONObject;
19
20
21 @Service
22 public class CardServiceImpl implements CardService {
23 // 注入 MemberDao
24 @Resource
25 private CardDao cardDao;
26 @Resource
27 private StudentDao studentDao;
28
29 @Override
30 // 办卡，通过学生学号，查询是否有这个学生。若有，则办卡；若没有，则返回错误提示信息
31 //http://localhost:8080/eduAdminSys/student/loadByStudentNum,传参数
32 public Result addCard(String student_num) {
33 Result result=new Result();
```

```
34 Card card = new Card();
35 // 构建jersey客户端
36 Client client=Client.create();
37 WebResource  webResource=client.resource("http://
192.168.1.239:9080/eduAdminSys/student/loadByStudentNum");
38 MultivaluedMap formData = new MultivaluedMapImpl();
39 formData.add("studentNum", student_num);
40 System.out.println(formData);
41 ClientResponse response = webResource.type("application/x-www-form-urlencoded")
42                                         .post(ClientResponse.class,formData);
43    if(response.getStatus()==200){
44            String str = response.getEntity(String.class);
45            System.out.println(str);
46            JSONObject jsonObject = JSONObject.fromObject(str);
47            int status =  Integer.parseInt(jsonObject.getString("status"));
48            String msg= jsonObject.getString("msg");
49           /* System.out.println(msg);*/
50            String data = jsonObject.getString("data");
51
52            JSONObject student1 = JSONObject.fromObject(data);
53            System.out.println("输出返回的学生 "+student1);
54
55            String   studentName = student1.getString("student_name");
56            System.out.println("输出返回的学生 "+studentName);
57
58            if(status == 1){  // 错误
59               result.setStatus(1);
60    result.setMsg("此学生不存在，无法办卡");
61    return result;
62                  }else{
63 //1 个学生只有1 张饭卡
64
65 Card   card1 =cardDao.findByStudentNum(student_num);
66
67 if(card1==null){
68 card1.setStudent_num(student_num);
69 card1.setState(1);
70 card1.setLeast(100);
71 cardDao.save(card1);// 存卡
72 result.setStatus(0);
73 result.setMsg("办卡成功");
74 result.setData(card1);
75 return result;
76 }else{
77 result.setStatus(1);
78 result.setMsg("该学生已有饭卡");
79 result.setData(card1);
80 return result;
81 }
82                 }
```

```
 83         }
 84
 85 // 调用自己项目的Dao去完成该业务逻辑
 86
 87 /*Student   student = studentDao.findByNum(student_num);
 88 if(student==null){
 89 result.setStatus(1);
 90 result.setMsg("此学生不存在，无法办卡");
 91 return result;
 92 }else{
 93 card.setStudent_num(student_num);
 94 card.setState(1);
 95 card.setLeast(100);
 96 cardDao.save(card);
 97
 98 result.setStatus(0);
 99 result.setMsg("办卡成功");
100     result.setData(card);
101     return result;
102 }*/
103
104      return result;
105
106     }
107     }
```

我们在查询教务管理系统中是否有该学生时，是通过Jersey客户端API调用企业服务总线里面已经注册好的REST风格的Web服务的。

要开始使用Jersey客户端API，首先我们通过下述语句创建一个引入jersey包里面的com.sun.jersey.api.client.Client类的实例。

```
import com.sun.jersey.api.client.Client;
Client client = Client.create();
```

Client类是创建一个RESTFUL WebService客户端的主要配置点。我们可以使用它来配置不同的客户端的属性和功能，并且指出使用哪个资源提供者。创建一个Client类的实例是一个成本较高的操作，所以尽量避免创建一些不需要的客户端实例。比较好的方式是尽可能地复用已经存在的实例。

当创建完一个Client类的实例后，我们可以开始使用它。在发出请求前，我们需要创建一个WebResource对象来封装客户端所需要的Web资源。

```
import com.sun.jersey.api.client.WebResource;
WebResource  webResource=client.resource("http://192.168.1.239:9080/eduAdminSys/student/loadByStudentNum");
```

通过使用WebResource对象来创建要发送到Web资源的请求，以及处理从Web资源返回的响应。例如，我们可以使用WebResource对象来发送Http get、put、post以及delete请求。这里http://192.168.1.239:9080/eduAdminSys/student/loadByStudentNum是项目5中的5.2.3小节中iESB上已注册好的提供的服务URL。

使用WebResource类的post()方法来发送一个Http post请求到指定的Web资源，这里发送了一个带有查询参数以及进行了URL编码的表单数据的post请求：

项目6 基于SOA的多系统整合开发与应用

【代码 6-18】 ClientResponse 对象的应用

```
1 import com.sun.jersey.api.client.ClientResponse;
2 MultivaluedMap formData = new MultivaluedMapImpl();
3 formData.add("studentNum", student_num);
4 ClientResponse response = webResource.type("application/x-www-form-urlencoded").post(ClientResponse.class, formData);
```

ClientResponse 对象代表了一个客户端接收到的 Http 响应，我们可以用 getStatus 获取对应请求的 Http 状态码。

至此，"新办饭卡"的 Service 接口和实现类就完成了。

7. Controller 层实现

Controller 层负责调用 Service 层并形成 API 以供前端页面调用，实现 Controller 层首先需要在 com.huatec.edu.mealCard 包下新建一个包 controller，然后将 Controller 层的代码写在此包中。首先我们还是对 mealCard 项目下的 web.xml 进行配置，代码如下：

【代码 6-19】 web.xml 文件配置

```
1 <?xml version="1.0" encoding="UTF-8"?>
2 <web-app xmlns:xsi="http://www.w3.org/2001/XMLSchema-instance"
 xmlns="http://java.sun.com/xml/ns/javaee" xsi:schemaLocation=
"http://java.sun.com/xml/ns/javaee http://java.sun.com/xml/ns/javaee/
web-app_3_0.xsd" id="WebApp_ID" version="3.0">
3 <display-name>eduAdminSys</display-name>
4 <welcome-file-list>
5 <welcome-file>index.html</welcome-file>
6 <welcome-file>index.htm</welcome-file>
7 <welcome-file>index.jsp</welcome-file>
8 <welcome-file>default.html</welcome-file>
9 <welcome-file>default.htm</welcome-file>
10 <welcome-file>default.jsp</welcome-file>
11 </welcome-file-list>
12
13 <!-- servlet 容器启动之后，会立即创建 DispatcherServlet 实例,
14 接下来会调用该实例的 init 方法，此方法会依据 init-param 指定位置的配置文件
启动 spring 容器 -->
15 <servlet>
16 <servlet-name>action</servlet-name>
17 <servlet-class>org.springframework.web.servlet.DispatcherServlet</servlet-class>
18 <init-param>
19 <param-name>contextConfigLocation</param-name>
20 <param-value>classpath:applicationContext.xml</param-value>
21 </init-param>
22 <load-on-startup>1</load-on-startup>
23 </servlet>
24
25 <!-- 允许访问以 html、css、js 为结尾的静态资源 -->
26 <servlet-mapping>
27 <servlet-name>default</servlet-name>
28 <url-pattern>*.html</url-pattern>
29 </servlet-mapping>
```

```xml
30 <servlet-mapping>
31 <servlet-name>default</servlet-name>
32 <url-pattern>*.css</url-pattern>
33 </servlet-mapping>
34 <servlet-mapping>
35 <servlet-name>default</servlet-name>
36 <url-pattern>*.js</url-pattern>
37 </servlet-mapping>
38 <!-- 可实现 RESTful API，但是会拦截静态文件，
39 所以上面需要使用 defaultServlet 来处理静态文件 -->
40 <servlet-mapping>
41 <servlet-name>action</servlet-name>
42 <url-pattern>/</url-pattern>
43 </servlet-mapping>
44
45     <!-- 支持 GET、POST、PUT 与 DELETE 请求，解决 HTTP PUT 请求 Spring 无法获取请求参数的问题（ajax）
46 <form action="..." method="post">
47 <input type=»hidden» name="_method" value="put" /> -->
48 <filter>
49 <filter-name>HiddenHttpMethodFilter</filter-name>
50 <filter-class>org.springframework.web.filter.HiddenHttpMethodFilter</filter-class>
51 </filter>
52 <filter-mapping>
53 <filter-name>HiddenHttpMethodFilter</filter-name>
54 <servlet-name>action</servlet-name>
55 </filter-mapping>
56 <!-- HttpPutFormContentFilter 过滤器的作用就是获取 put 表单的值，
57 并将之传递到 Controller 中标注了 method 为 RequestMethod.put 的方法中
58 该过滤器只能接受 enctype 值为 application/x-www-form-urlencoded 的表单
59 <form action="" method="put" enctype="application/x-www-form-urlencoded">    -->
60 <filter>
61 <filter-name>HttpMethodFilter</filter-name>
62 <filter-class>org.springframework.web.filter.HttpPutFormContentFilter</filter-class>
63 </filter>
64 <filter-mapping>
65 <filter-name>HttpMethodFilter</filter-name>
66 <url-pattern>/*</url-pattern>
67 </filter-mapping>
68 <!-- 解决中文乱码问题 -->
69 <filter>
70 <filter-name>Set Character Encoding</filter-name>
71 <filter-class>org.springframework.web.filter.CharacterEncodingFilter</filter-class>
72 <init-param>
73 <param-name>encoding</param-name>
74 <param-value>UTF-8</param-value>
75 </init-param>
76 </filter>
77
78 <filter-mapping>
```

项目6 基于SOA的多系统整合开发与应用

```
79<filter-name>Set Character Encoding</filter-name>
80<url-pattern>/*</url-pattern>
81</filter-mapping>
82
83<!-- 前端调用接口时：跨域访问 restful 接口问题解决 -->
84<filter>
85<filter-name>cors</filter-name>
86<filter-class>com.huatec.edu.mealcard.aop.SimpleCORSFilter</filter-class>
87</filter>
88<filter-mapping>
89<filter-name>cors</filter-name>
90<url-pattern>/*</url-pattern>
91</filter-mapping>
92
93</web-app>
```

饭卡计费管理系统的新增饭卡模块 Demo 的 API 规划见表 6-5。

表6-5 饭卡计费管理系统的API规划

功能	前端传参	HTTP方法类型	API设计
新增饭卡	student_num	POST	/card

在 com.huatec.edu.mealCard.controller 包下新建一个 CardController 类，代码如下：

【代码6-20】 新增饭卡 CardController.java 代码

```java
1  package com.huatec.edu.mealcard.controller;
2
3  import java.io.UnsupportedEncodingException;
4  import java.net.URLDecoder;
5
6  import javax.annotation.Resource;
7
8  import org.springframework.stereotype.Controller;
9  import org.springframework.web.bind.annotation.PathVariable;
10 import org.springframework.web.bind.annotation.RequestMapping;
11 import org.springframework.web.bind.annotation.RequestMethod;
12 import org.springframework.web.bind.annotation.RequestParam;
13 import org.springframework.web.bind.annotation.ResponseBody;
14
15 import com.huatec.edu.mealcard.service.CardService;
16 import com.huatec.edu.mealcard.util.Result;
17
18 @Controller
19 @RequestMapping("/card")
20 public class CardController {
21 //注入 Service
22 @Resource
23 private CardService cardService;
24
25 //增加饭卡
```

```
26 @RequestMapping(method=RequestMethod.POST)
27 @ResponseBody
28 public Result addCard(String student_num){
29 Result result=cardService.addCard(student_num);
30 return result;
31 }
32 }
```

至此，饭卡计费管理系统的新增饭卡模块Demo就完成了。新增饭卡API测试截图如图6-17所示。

图6-17 新增饭卡API测试

【知识拓展】

跨域问题的解决办法

什么是跨域？

跨域，指的是浏览器不能执行其他网站的脚本。它是由浏览器的同源策略造成的，是浏览器施加的安全限制。所谓同源是指域名、协议、端口均必须相同。

浏览器执行javascript脚本时，会检查这个脚本属于哪个页面，如果不是同源页面，就不会被执行。

那么怎么解决这个问题呢？解决的方式有很多，跨域通信手段有：jsonp、document.domain、window.name、hash传值、possMessage、Access-Control-Allow-Origin等，方法看起来很多，但是其应用场景都有一定要求，按需使用。

项目6 基于SOA的多系统整合开发与应用

这里，我们一起来了解一下常用的后台解决跨域问题的方案，名称是CORS（跨域资源共享 Cross-Origin Resource Sharing），服务器端对于CORS的支持，主要就是通过设置 Access-Control-Allow-Origin 来进行的。如果浏览器检测到相应的设置，就可以允许 Ajax 进行跨域的访问，该设置只被现代浏览器所支持。

解决的步骤如下。

第一步，在 com.huatec.edu.mealcard.aop 包下添加一个 SimpleCORSFilter，设置 header 的 Access-Control-Allow-Origin，SimpleCORSFilter.java 的代码如下：

【代码 6-21】 SimpleCORSFilter.java 代码

```
1  package com.huatec.edu.mealcard.aop;
2
3  import java.io.IOException;
4  import javax.servlet.Filter;
5  import javax.servlet.FilterChain;
6  import javax.servlet.FilterConfig;
7  import javax.servlet.ServletException;
8  import javax.servlet.ServletRequest;
9  import javax.servlet.ServletResponse;
10 import javax.servlet.http.HttpServletRequest;
11 import javax.servlet.http.HttpServletResponse;
12 import org.springframework.stereotype.Component;
13 /**
14  * @ Created by liwenqiang on 2017/5/17 0017 at 上午 10:11 for hiot
15  * @ Description: 允许任何站点对该资源进行跨域请求
16  */
17 @Component
18 public class SimpleCORSFilter implements Filter {
19     public void doFilter(ServletRequest req, ServletResponse res, FilterChain chain) throws IOException, ServletException {
20         HttpServletResponse response = (HttpServletResponse) res;
21         HttpServletRequest request = (HttpServletRequest) req;
22         response.setHeader("Access-Control-Allow-Origin", "*");// 所有请求
23         response.setHeader("Access-Control-Allow-Origin", request.getHeader("Origin"));//cookie 共享用这个配置
24         response.setHeader("Access-Control-Allow-Methods", "POST, GET, OPTIONS, DELETE");
25         response.setHeader("Access-Control-Max-Age", "3600");
26         // 请求时 header 添加信息需要在下面放入 Key，项目请求时 header 需要加入 Authorization: token 值，需要在下面将 Authorization 加进去。
27         response.setHeader("Access-Control-Allow-Headers", "Origin, No-Cache, X-Requested-With, If-Modified-Since, Pragma, Last-Modified, Cache-Control, Expires, Content-Type, X-E4M-With,userId,token,Authorization");
28         response.setHeader("Access-Control-Allow-Credentials", "true");//cookie 共享
```

```
29            response.setHeader("XDomainRequestAllowed","1");
30            chain.doFilter(req, res);
31        }
32        public void init(FilterConfig filterConfig) {}
33        public void destroy() {}
34 }
```

第二步,在 "WebContent" → "Web-INF" → "web.xml" 中增加过滤器,代码如下:

【代码 6-22】 在 web.xml 中增加过滤器

```
1 <!-- 前端调用接口时,跨域访问 restful 接口问题解决 -->
2 <filter>
3 <filter-name>cors</filter-name>
4 <filter-class>com.huatec.edu.mealcard.aop.SimpleCORSFilter</filter-class>
5 </filter>
6 <filter-mapping>
7 <filter-name>cors</filter-name>
8 <url-pattern>/*</url-pattern>
9 </filter-mapping>
```

然后在 Eclipse 中清除一下缓存,重启 Tomcat 就可以跨域访问了。

【做一做】

请自行完成管理员、饭卡金额变动历史、学生信息等其他模块的 Controller 层和 Service 层的设计与实现。

6.1.4 任务回顾

知识点总结

1. Jersey 客户端 API:com.sun.jersey.api.client.Client、com.sun.jersey.api.client.ClientResponse、com.sun.jersey.api.client.WebResource。

2. WebResource 对象:资源提供者、查询参数。

3. ClientResponse 对象:Http 响应、Http 状态码。

4. 跨域问题:同源、跨域资源共享、Access-Control-Allow-Origin。

学习足迹

项目 6 任务一的学习足迹如图 6-18 所示。

项目6 基于SOA的多系统整合开发与应用

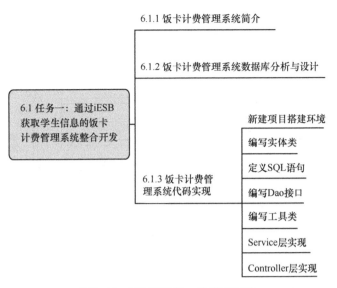

图6-18 项目6任务一的学习足迹

思考与练习

1. decimal（20,2）可以存储_____位整数_____位小数的数字。

2. 当创建完一个 Client 类的实例后，我们就可以开始使用它。在发出请求前，我们需要创建一个_____来封装客户端所需要的 Web 资源。

3. 跨域，指的是浏览器不能执行其他网站的脚本。它是由浏览器的同源策略造成的，是浏览器施加的安全限制。所谓同源是指_____、_____、_____均必须相同。

6.2 任务二：实验管理系统整合改造

【任务描述】

在任务一中，我们通过模拟开发简单的饭卡计费管理系统任务，明白了新开发的饭卡计费管理系统是如何通过企业服务总线中已注册好的 WebService 与教务管理系统有机整合起来的。但是在现实中，我们遇到的实际问题更多是对既有系统的更新改造，那么如何利用数据共享与整合技术将企业中既有的应用系统与新建成的应用系统通过企业服务总线有机整合起来呢？接下来，我们将通过引入实验管理系统"旧城改造"这个场景，来进行更深入的讲解。

图 6-19 所示就是我们接下来要完成的任务：实验管理系统整合改造。

数据共享与数据整合技术

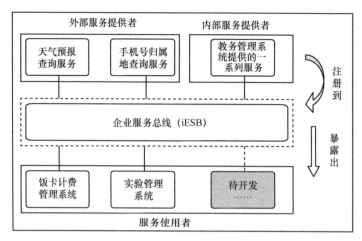

图6-19 实验管理系统整合改造

6.2.1 实验管理系统整合改造项目背景介绍

最近几年，我们国家很多地方实施了大规模的旧城改造项目，有步骤、有计划地改造和更新了城市中的老旧建筑，实现了宝贵土地资源的优化配置，极大地改善了城市面貌，改善了老百姓的生活环境。旧城改造是改善城市环境、提高城市品位、造福人民的一项重大举措，对于拓展城市发展空间、提高城市综合竞争力、推进城市经济社会发展都具有十分重要的意义。

在我们信息通信、软件开发技术领域，同样也存在着大量需要进行"旧城改造"的场景。很多大型企业、校园、政府机构存在着多个业务系统，各业务系统负责的功能职责存在着重叠，这些系统采用不同时代的编程语言、编程框架、通信协议、消息格式和存储方案。在紧密耦合的旧的架构下，当某一个系统发生大的功能版本更新时，其与其他软件系统的数据共享往往成为难题，想要保护既有的投资成为了一件很困难的事情。

SOA 为解决这个问题提供了一个很好的思路。通过 SOA 技术的应用，企业不必再担心不同的应用系统、异构数据库间的集成问题，可以分步推进企业信息化建设，在此进程中逐步提高企业自身的信息技术水平，进而增加对企业信息化建设的操控能力，选择优秀的产品和资质信誉好的集成商不断推进企业信息化建设，避免一次性大量投资给企业带来的损失。另外，利用信息整合技术，企业可以将已经建成的应用系统与新建成的应用系统集成到统一的企业信息平台，不必因其软件技术落后而淘汰它们，不必因更换应用软件而再进行人员培训，保护了原有的投资。

接下来，我们模拟了一个学校中常见的"旧城改造"场景。

学校原有的实验管理系统、教务管理系统和饭卡管理系统都是各自独立的，数据存储在各自的数据库中。现在希望学生、班级、教师的相关信息，都通过企业服务总线统一地从教务管理系统中获取，以保证数据的一致性。新开发的教务管理系统所提供的相关服务，我们已经在项目 5 的任务二中注册到 iESB 上。实验管理系统则是利旧，为了保护已有的投资，我们不希望再重新开发一套实验管理系统。如何最小化、最低成本地改造原有的实验管理系统,是我们要考虑的问题。对 Controller 层做最少的变动,这样前端的改动也最少。从 Service 层着手进行改造,将原有的业务逻辑中用到的 API 修改为 iESB 上已注册好的对应服务的 API 是一个合理的选择。即使将来提供服务的教务管理系统进行了版本更新,甚至是发生接口的变动,也不需要再对实验管理系统或者其他服务使用者(比如饭卡计费管理系统)的代码进行修改,只需要在 iESB 上修改对应的服务参数即可。对于 Dao 层、Entity 层、SQL 映射等其他各层,除非迫不得已,否则尽量不去做更多的改动。

6.2.2 实验管理系统用户登录模块整合改造

我们以用户登录模块为例,一起来思考一下如何进行旧的实验管理系统登录功能的最小化整合改造。我们先看一下原有的用户登录模块 Controller 层和 Service 层是怎么实现的,代码分别如下:

【代码 6-23】 原有的用户登录 UserController.java 代码

```
1  package com.hs.sygl.controller;
2
3  import javax.annotation.Resource;
4
5  import org.springframework.stereotype.Controller;
6  import org.springframework.web.bind.annotation.PathVariable;
7  import org.springframework.web.bind.annotation.RequestMapping;
8  import org.springframework.web.bind.annotation.ResponseBody;
9
10 import com.hs.sygl.service.UserJoinService;
11 import com.hs.sygl.service.UserService;
12 import com.hs.sygl.util.Result;
13
14
15 @Controller
16 @RequestMapping("/user")
17 public class UserController {
18 @Resource
19 private UserService userService;
20 @Resource
21 private UserJoinService userJoinService;
22
23 @RequestMapping("/login")
24 @ResponseBody
25 public Result check(String username,String password){
26 Result result=userService.checkLogin(username, password);
27 System.out.println(username);
28 return result;
29 }
30
31 @RequestMapping("/register")
32 @ResponseBody
33 public Result regist(String username,String password,int role,String email,String stuNum,String className){
34 Result result=userService.registUser(username, password, role, email, stuNum,className);
```

```java
35    return result;
36 }
37
38 @RequestMapping("/update")
39 @ResponseBody
40 public Result updateUser(int userId,String username,String password){
41    Result result=userService.updateUser(userId, username, password);
42    return result;
43 }
44
45 @RequestMapping("/mobile_register")
46 @ResponseBody
47 public Result registerMobile(String username, String password, int role, String email){
48    Result result=userService.registUserMobile(username, password, role, email);
49    return result;
50 }
51
52 @RequestMapping("/resetPwd")
53 @ResponseBody
54 public Result resetPwd(String email){
55    Result result=userService.resetPwd(email);
56    return result;
57 }
58
59 // 添加通过 userId 得到 user 对象
60 @RequestMapping("/get")
61 @ResponseBody
62 public Result get(int userId){
63    Result result=userService.getUser(userId);
64    return result;
65 }
66
67 @RequestMapping("/loadStuByClassId")
68 @ResponseBody
69 public Result loadStuByClassId(int classId){
70    Result result=userService.loadStusByClassId(classId);
71    return result;
72 }
73
74 @RequestMapping("/completeInfo")
75 @ResponseBody
76 public Result completeInfo(int userId,String stuNum, int classId){
77    Result result=userService.completeUser(userId, stuNum, classId);
78    return result;
79 }
80
81 @RequestMapping("/updatePassword")
82 @ResponseBody
83 public Result updatePassword(int userId,String password,String newPassword){
```

```
 84 Result result=userService.UpdatePwdById(userId, password, newPassword);
 85 return result;
 86 }
 87
 88 @RequestMapping("/updateUsername")
 89 @ResponseBody
 90 public Result updateUserName(int userId,String username){
 91 Result result=userService.updateUserNameById(userId, username);
 92 return result;
 93 }
 94
 95 @RequestMapping("/updateEmail")
 96 @ResponseBody
 97 public Result updateEmail(int userId,String email){
 98 Result result=userService.updateEmailById(userId, email);
 99 return result;
100 }
101
102 @RequestMapping("/load")
103 @ResponseBody
104 public Result load(int userId){
105 Result result=userJoinService.loadById(userId);
106 return result;
107 }
108
109 }
```

【代码6-24】 原有的用户登录 UserService.java 代码

```
 1 package com.hs.sygl.service;
 2
 3 import com.hs.sygl.util.Result;
 4
 5 public interface UserService {
 6 //检查登录
 7 public Result checkLogin(String username,String password);
 8 //注册用户
 9 public Result registUser(String username,String password,int role,String email,String stuNum,String className);
10 //修改用户信息
11 public Result updateUser(int userId,String username,String password);
12 //移动端注册用户
13 public Result registUserMobile(String username,String password,int role,String email);
14 //重置密码
15 public Result resetPwd(String email);
16 //添加通过 userId 得到 user 对象
17 public Result getUser(int userId);
18 //根据班级 id 加载学生
19 public Result loadStusByClassId(int classId);
20 //完善学员信息
21 public Result completeUser(int userId,String stuNum,int classId);
```

```
22 // 修改密码
23 public Result UpdatePwdById(int userId,String password,String newPassword);
24 // 修改用户名
25 public Result updateUserNameById(int userId,String userName);
26 // 修改邮箱
27 public Result updateEmailById(int userId,String email);
28 }
```

【代码 6-25】 原有的用户登录 UserServiceImpl.java 代码

```
1  package com.hs.sygl.service;
2
3  import java.util.List;
4  import java.util.Random;
5
6  import javax.annotation.Resource;
7
8  import org.apache.log4j.Logger;
9  import org.springframework.stereotype.Service;
10 import org.springframework.transaction.annotation.Transactional;
11
12 import com.hs.sygl.dao.StuclassDao;
13 import com.hs.sygl.dao.UserDao;
14 import com.hs.sygl.entity.Stuclass;
15 import com.hs.sygl.entity.User;
16 import com.hs.sygl.util.MailUtil;
17 import com.hs.sygl.util.Result;
18 import com.hs.sygl.util.SyglUtil;
19
20 @Service
21 @Transactional
22 public class UserServiceImpl implements UserService {
23 @Resource
24 private UserDao userDao;
25 @Resource
26 private StuclassDao stuclassDao;
27
28 protected final Logger logger = Logger.getLogger(getClass());
29
30 public Result checkLogin(String username, String password) {
31 Result result=new Result();
32 User user=userDao.findByName(username);
33 String md5_pwd=SyglUtil.md5(password);
34 if(user==null){
35 result.setStatus(1);
36 result.setMsg("用户不存在");
37 return result;
38 }
39 if(!md5_pwd.equals(user.getPassword())){
40 result.setStatus(2);
41 result.setMsg("密码错误");
42 return result;
43 }
44 result.setStatus(0);
```

```java
45 result.setMsg("用户名和密码正确");
46 result.setData(user);
47 return result;
48 }
49
50 public Result registUser(String username, String password, int role,String email,String stuNum,String className) {
51 Result result=new Result();
52 User checkUser=userDao.findByName(username);
53 if(checkUser!=null){
54 result.setStatus(1);
55 result.setMsg("用户名已存在");
56 return result;
57 }
58 if(!"".equals(stuNum)){
59 User checkUser2=userDao.findByStuNum(stuNum);
60 if(checkUser2!=null){
61 result.setStatus(2);
62 result.setMsg("学号已存在");
63 return result;
64 }
65 }
66 if(!"".equals(email)){
67 User checkUser3=userDao.findByEmail(email);
68 if(checkUser3!=null){
69 result.setStatus(3);
70 result.setMsg("邮箱已存在");
71 return result;
72 }
73 }
74
75 //role    0：教师    1：学生
76 // 如果是老师，学号为空，班级号为0
77 User user=new User();
78 user.setUser_id(null);
79 user.setUser_name(username);
80 String md5_pwd=SyglUtil.md5(password);
81 user.setPassword(md5_pwd);
82 user.setRole(role);
83 user.setEmail(email);
84 user.setStuNum(stuNum);
85 int classId;
86 if("".equals(className)){
87 classId=0;
88 }else{
89 Stuclass stuclass=stuclassDao.findByName(className);
90 classId=stuclass.getClass_id();
91 }
92 user.setClass_id(classId);
93 userDao.save(user);
94 result.setStatus(0);
95 result.setMsg("注册成功");
96 return result;
97 }
```

```
 98
 99 public Result updateUser(int userId, String username, String password) {
100  Result result=new Result();
101  User user=new User();
102  user.setUser_id(userId);
103  user.setUser_name(username);
104  String md5_pwd=SyglUtil.md5(password);
105  user.setPassword(md5_pwd);
106  userDao.updateById(user);
107  result.setStatus(0);
108  result.setMsg("修改用户信息成功");
109  return result;
110 }
111
112  public Result registUserMobile(String username, String password, int role, String email) {
113  Result result=new Result();
114  User checkUser=userDao.findByName(username);
115  if(checkUser!=null){
116  result.setStatus(1);
117  result.setMsg("用户名已存在");
118  return result;
119  }
120  if(!"".equals(email)){
121  User checkUser3=userDao.findByEmail(email);
122  if(checkUser3!=null){
123  result.setStatus(3);
124  result.setMsg("邮箱已存在");
125  return result;
126  }
127  }
128  User user=new User();
129  user.setUser_id(null);
130  user.setUser_name(username);
131  String md5_pwd=SyglUtil.md5(password);
132  user.setPassword(md5_pwd);
133  user.setEmail(email);
134  user.setStuNum("");
135  user.setClass_id(0);
136  user.setRole(role);
137  userDao.save(user);
138  result.setStatus(0);
139  result.setMsg("注册成功");
140  result.setData(user);
141  return result;
142  }
143
144  public Result resetPwd(String email) {
145  Result result=new Result();
146  User checkUser=userDao.findByEmail(email);
147  if(checkUser==null){
148  result.setStatus(1);
149  result.setMsg("没有此用户,请检查邮箱是否正确");
```

```
150 return result;
151 }
152 int userId=checkUser.getUser_id();
153 int newPwd=new Random().nextInt(999999);
154 System.out.println("newPwd"+newPwd);
155 String pwd=Integer.toString(newPwd);
156 String md5_pwd=SyglUtil.md5(pwd);
157 User user=new User();
158 user.setUser_id(userId);
159 user.setPassword(md5_pwd);
160 userDao.updatePwdById(user);
161 result.setStatus(0);
162 result.setMsg("重置密码成功");
163 result.setData(user);
164 MailUtil.sendEmail(pwd, email);
165 return result;
166 }
167
168 // 添加通过 userId 得到 user 对象
169 public Result getUser(int userId) {
170 Result result=new Result();
171 User user=userDao.findById(userId);
172 result.setData(user);
173 return result;
174 }
175
176 public Result loadStusByClassId(int classId) {
177 Result result=new Result();
178 if(0==classId){
179 result.setStatus(1);
180 result.setMsg("请提供正确的班级 Id");
181 return result;
182 }
183 List<User> users=userDao.findByClassId(classId);
184 result.setStatus(0);
185 result.setMsg("加载学生列表成功");
186 result.setData(users);
187 return result;
188 }
189
190 public Result completeUser(int userId,String stuNum, int classId) {
191 Result result=new Result();
192 User checkUser=userDao.findById(userId);
193 int role=checkUser.getRole();
194 if(role==0){
195 result.setStatus(1);
196 result.setMsg("身份为教师,不需要完善学员基本信息");
197 return result;
198 }
199 User user=new User();
200 user.setUser_id(userId);
201 user.setStuNum(stuNum);
202 user.setClass_id(classId);
```

```
203     userDao.dynamicUpdate(user);
204     result.setStatus(0);
205     result.setMsg("完善学生基本信息成功");
206     return result;
207 }
208
209 public Result UpdatePwdById(int userId, String password, String newPassword) {
210     Result result=new Result();
211     User checkUser=userDao.findById(userId);
212     if(checkUser==null){
213         result.setStatus(1);
214         result.setMsg("不存在此用户");
215         return result;
216     }
217     String pwd=SyglUtil.md5(password);
218     String checkpwd=checkUser.getPassword();
219     if(!pwd.equals(checkpwd)){
220         result.setStatus(2);
221         result.setMsg("输入的原密码有误");
222         return result;
223     }
224     User user=new User();
225     user.setUser_id(userId);
226     user.setPassword(SyglUtil.md5(newPassword));
227     userDao.dynamicUpdate(user);
228     result.setStatus(0);
229     result.setMsg("更新密码成功");
230     return result;
231 }
232
233 public Result updateUserNameById(int userId, String userName) {
234     Result result=new Result();
235     User checkUser=userDao.findByName(userName);
236     if(checkUser!=null){
237         result.setStatus(1);
238         result.setMsg("此用户名已经被使用");
239         return result;
240     }
241     User user=new User();
242     user.setUser_id(userId);
243     user.setUser_name(userName);
244     userDao.dynamicUpdate(user);
245     result.setStatus(0);
246     result.setMsg("更新用户名成功");
247     return result;
248 }
249
250 public Result updateEmailById(int userId, String email) {
251     Result result=new Result();
252     User checkUser=userDao.findByEmail(email);
253     if(checkUser!=null){
254         result.setStatus(1);
255         result.setMsg("此邮箱已经被使用");
```

```
256 		return result;
257 	}
258 	User user=new User();
259 	user.setUser_id(userId);
260 	user.setEmail(email);
261 	userDao.dynamicUpdate(user);
262 	result.setStatus(0);
263 	result.setMsg(" 更新邮箱成功 ");
264 	return result;
265 }
266
267 }
```

可以看出，原有的登录 API 为 /user/login，通过调用 Service 层的 checkLogin 方法来实现业务逻辑，所传参数有两个，分别是 username 和 password。

考虑到改造完成后的系统运行初期，是新旧登录方法的过渡期，我们决定在保留原有登录 API 的同时，增加新的登录 API。表 6-6 是新增的登录 API 的规划。

表6-6 实验管理系统登录模块的新增API规划

功能	前端传参	API设计	调用教务管理系统的API	原有Service层变动
登录	sign、username、password	/user/userlogin	/user/login	新增checkLogin(int sign,、String username、String password)

接下来我们按照表 6-6 中的规划，完成新增加的登录 API。首先在【代码 6-23】中 /login 那段代码的下面增加 /userlogin，代码如下：

【代码 6-26】 改造后的用户登录 UserController.java 代码

```
1 @RequestMapping("/userlogin")   // 新的 API，登录时选择教师或者学生身份登录。 sign=0，表示教师；sign=1，表示学生。
2 @ResponseBody
3 public Result check(int sign,String username,String password){
4 Result result=userService.checkLogin(sign,username, password);
5 System.out.println(username);
6 return result;
7 }
```

然后在【代码 6-24】中 checkLogin 方法下面增加一个不同参数的 checkLogin 方法，这里用到了方法重载，就是在类中可以创建多个方法，它们可以有相同的名字，但必须具有不同的参数，或者是参数的个数不同，或者是参数的类型不同。调用方法时，通过传递给它们的不同个数和类型的参数来决定具体使用哪种方法，代码如下：

【代码 6-27】 checkLogin 的方法重载示例

```
public Result checkLogin(int sign,String username,String password);
```

接着完成新增的 checkLogin 的具体业务逻辑，代码如下：

【代码 6-28】 改造后的用户登录 UserService.java 代码

```
1 @Override
2 // 用户登录代码重构，用于与教务管理系统整合，sign=0，表示教师；sign=1，表
```

示学生。
```
 3 //调用已注册到 iESB 上的教务管理系统的 API: http://localhost:9080/eduAdminSys/user/login
 4 public Result checkLogin(int sign, String username, String password) {
 5 Result result=new Result();
 6 //构建 jersey 客户端
 7 Client client=Client.create();
 8
 9 //创建 WebResponse 对象
10 /*    WebResource webResource=client.resource("http://localhost:8080/eduAdminSys/user/login/"+sign);*/
11 WebResource webResource=client.resource("http://192.168.1.239:9080/eduAdminSys/user/login");
12 MultivaluedMap formData = new MultivaluedMapImpl();
13 String sign1 = Integer.toString(sign);//MultivaluedMap 只能接受 String 类型,所以将 sign 由 int 转化为 String
14 formData.add("sign",sign1);
15 formData.add("username",username);
16 formData.add("password",password);
17
18 //传值过去,并获取到 response
19 ClientResponse response = webResource.type("application/x-www-form-urlencoded").post(ClientResponse.class, formData);
20  if(response.getStatus()==200){
21     String str = response.getEntity(String.class);
22     System.out.println(str);
23     JSONObject jsonObject= JSONObject.fromObject(str);
24     int status = Integer.parseInt(jsonObject.getString ("status"));
25     String msg= jsonObject.getString("msg");
26        String data = jsonObject.getString("data");
27 /*       JSONObject jsonObject1= JSONObject.fromObject(data);
28        System.out.println(jsonObject1);*/
29    if(status == 0){
30 result.setStatus(0);
31 result.setMsg(msg+"用户登录成功");
32 result.setData(data);
33  return result;
34
35    }else{
36
37 result.setStatus(1);
38 result.setMsg(msg+"用户登录失败");
39  return result;
40     }
41
42  }
43
44  return result;
45 }
```

我们依然是通过 Jersey 客户端 API 调用企业服务总线里面已经注册好的 REST 风格的 Web 服务,这里 http://192.168.1.239:9080/eduAdminSys/user/login 是项目 5 的 5.2.3 小节中 iESB 上已注册好的提供出来的服务 URL,在 6.1.3 小节我们已经详细了解过具体的用法,这里就不再赘述了。需要注意的是,MultivaluedMap 只能接受 String 类型,所以,我们需要先将 sign 由 int 转化为 String,代码如下:

【代码 6-29】 sign 由 int 转化为 String

```
String sign1 = Integer.toString(sign);
```

到这里,登录模块后端的改造就已经完成了,改造完成后的代码分别如下:

【代码 6-30】 改造后的用户登录 UserController.java 代码

```
1  package com.hs.sygl.controller;
2
3  import javax.annotation.Resource;
4
5  import org.springframework.stereotype.Controller;
6  import org.springframework.web.bind.annotation.PathVariable;
7  import org.springframework.web.bind.annotation.RequestMapping;
8  import org.springframework.web.bind.annotation.ResponseBody;
9
10 import com.hs.sygl.service.UserJoinService;
11 import com.hs.sygl.service.UserService;
12 import com.hs.sygl.util.Result;
13
14
15 @Controller
16 @RequestMapping("/user")
17 public class UserController {
18 @Resource
19 private UserService userService;
20 @Resource
21 private UserJoinService userJoinService;
22
23 @RequestMapping("/login")
24 @ResponseBody
25 public Result check(String username,String password){
26 Result result=userService.checkLogin(username, password);
27 System.out.println(username);
28 return result;
29 }
30
31 @RequestMapping("/userlogin")  // 新的 API,登录时选择教师或者学生身份登录。 sign=0,表示教师; sign=1,表示学生
32 @ResponseBody
33 public Result check(int sign,String username,String password){
34 Result result=userService.checkLogin(sign,username, password);
35 System.out.println(username);
36 return result;
37 }
38
39 @RequestMapping("/register")
40 @ResponseBody
41 public Result regist(String username,String password,int role,String email,String stuNum,String className){
42 Result result=userService.registUser(username, password, role, email, stuNum,className);
```

```
43 return result;
44 }
45
46 @RequestMapping("/update")
47 @ResponseBody
48 public Result updateUser(int userId,String username,String password){
49 Result result=userService.updateUser(userId, username, password);
50 return result;
51 }
52
53 @RequestMapping("/mobile_register")
54 @ResponseBody
55 public Result registerMobile(String username, String password, int role, String email){
56 Result result=userService.registUserMobile(username, password, role, email);
57 return result;
58 }
59
60 @RequestMapping("/resetPwd")
61 @ResponseBody
62 public Result resetPwd(String email){
63 Result result=userService.resetPwd(email);
64 return result;
65 }
66
67 // 添加通过 userId 得到 user 对象
68 @RequestMapping("/get")
69 @ResponseBody
70 public Result get(int userId){
71 Result result=userService.getUser(userId);
72 return result;
73 }
74
75 @RequestMapping("/loadStuByClassId")
76 @ResponseBody
77 public Result loadStuByClassId(int classId){
78 Result result=userService.loadStusByClassId(classId);
79 return result;
80 }
81
82 @RequestMapping("/completeInfo")
83 @ResponseBody
84 public Result completeInfo(int userId,String stuNum, int classId){
85 Result result=userService.completeUser(userId, stuNum, classId);
86 return result;
87 }
88
89 @RequestMapping("/updatePassword")
90 @ResponseBody
```

```
 91 public Result updatePassword(int userId,String password,String newPassword){
 92 Result result=userService.UpdatePwdById(userId, password, newPassword);
 93 return result;
 94 }
 95
 96 @RequestMapping("/updateUsername")
 97 @ResponseBody
 98 public Result updateUserName(int userId,String username){
 99 Result result=userService.updateUserNameById(userId, username);
100 return result;
101 }
102
103 @RequestMapping("/updateEmail")
104 @ResponseBody
105 public Result updateEmail(int userId,String email){
106 Result result=userService.updateEmailById(userId, email);
107 return result;
108 }
109
110 @RequestMapping("/load")
111 @ResponseBody
112 public Result load(int userId){
113 Result result=userJoinService.loadById(userId);
114 return result;
115 }
116
117 }
```

【代码6-31】 改造后的用户登录 UserService.java 代码

```
 1 package com.hs.sygl.service;
 2
 3 import com.hs.sygl.util.Result;
 4
 5 public interface UserService {
 6 // 检查登录
 7 public Result checkLogin(String username,String password);
 8 public Result checkLogin(int sign,String username,String password);
 9 // 注册用户
10 public Result registUser(String username,String password,int role,String email,String stuNum,String className);
11 // 修改用户信息
12 public Result updateUser(int userId,String username,String password);
13 // 移动端注册用户
14 public Result registUserMobile(String username,String password,int role,String email);
15 // 重置密码
16 public Result resetPwd(String email);
17 // 添加通过 userId 得到 user 对象
18 public Result getUser(int userId);
19 // 根据班级 id 加载学生
```

```
20 public Result loadStusByClassId(int classId);
21 //完善学员信息
22 public Result completeUser(int userId,String stuNum,int classId);
23 //修改密码
24 public Result UpdatePwdById(int userId,String password,String newPassword);
25 //修改用户名
26 public Result updateUserNameById(int userId,String userName);
27 //修改邮箱
28 public Result updateEmailById(int userId,String email);
29 }
```

【代码6-32】 改造后的用户登录 UserServiceImpl.java 代码

```
1  package com.hs.sygl.service;
2
3  import java.util.List;
4  import java.util.Random;
5
6  import javax.annotation.Resource;
7  import javax.ws.rs.core.MultivaluedMap;
8
9  import org.apache.ibatis.reflection.SystemMetaObject;
10 import org.apache.log4j.Logger;
11 import org.springframework.stereotype.Service;
12 import org.springframework.transaction.annotation.Transactional;
13
14 import com.hs.sygl.dao.StuclassDao;
15 import com.hs.sygl.dao.UserDao;
16 import com.hs.sygl.entity.Stuclass;
17 import com.hs.sygl.entity.User;
18 import com.hs.sygl.util.MailUtil;
19 import com.hs.sygl.util.ResponseUtil;
20 import com.hs.sygl.util.Result;
21 import com.hs.sygl.util.SyglUtil;
22 import com.sun.jersey.api.client.Client;
23 import com.sun.jersey.api.client.ClientResponse;
24 import com.sun.jersey.api.client.WebResource;
25 import com.sun.jersey.core.util.MultivaluedMapImpl;
26
27 import net.sf.json.JSONObject;
28
29 @Service
30 @Transactional
31 public class UserServiceImpl implements UserService {
32 @Resource
33 private UserDao userDao;
34 @Resource
35 private StuclassDao stuclassDao;
36
37 protected final Logger logger = Logger.getLogger(getClass());
38
39 public Result checkLogin(String username, String password) {
40 Result result=new Result();
```

```
41 User user=userDao.findByName(username);
42 String md5_pwd=SyglUtil.md5(password);
43 if(user==null){
44 result.setStatus(1);
45 result.setMsg("用户不存在");
46 return result;
47 }
48 if(!md5_pwd.equals(user.getPassword())){
49 result.setStatus(2);
50 result.setMsg("密码错误");
51 return result;
52 }
53 result.setStatus(0);
54 result.setMsg("用户名和密码正确");
55 result.setData(user);
56 return result;
57 }
58
59 @Override
60 // 用户登录代码重构,用于与教务管理系统整合,sign=0,表示教师;sign=1,表示学生
61 // 调用已注册到iESB上的教务管理系统的API:http://localhost:9080/eduAdminSys/user/login
62 public Result checkLogin(int sign, String username, String password) {
63 Result result=new Result();
64 // 构建jersey客户端
65 Client client=Client.create();
66
67 // 创建 WebResponse 对象
68 /* WebResource webResource=client.resource("http://localhost:8080/eduAdminSys/user/login/"+sign);*/
69 WebResource webResource=client.resource("http://192.168.1.239:9080/eduAdminSys/user/login");
70 MultivaluedMap formData = new MultivaluedMapImpl();
71 String sign1 = Integer.toString(sign);//MultivaluedMap 只能接受String类型,所以将sign由int转化为String
72 formData.add("sign",sign1);
73 formData.add("username",username);
74 formData.add("password",password);
75
76 // 传值过去,并获取到response
77 ClientResponse response = webResource.type("application/x-www-form-urlencoded").post(ClientResponse.class, formData);
78 if(response.getStatus()==200){
79     String str = response.getEntity(String.class);
80     System.out.println(str);
81     JSONObject jsonObject= JSONObject.fromObject(str);
82     int status = Integer.parseInt(jsonObject.getString("status"));
83     String msg= jsonObject.getString("msg");
84     String data = jsonObject.getString("data");
85 /*        JSONObject jsonObject1= JSONObject.fromObject(data);
86         System.out.println(jsonObject1);*/
87     if(status == 0){
88 result.setStatus(0);
```

```
89 result.setMsg(msg+"用户登录成功");
90 result.setData(data);
91   return result;
92
93     }else{
94
95 result.setStatus(1);
96 result.setMsg(msg+"用户登录失败");
97   return result;
98     }
99
100   }
101
102   return result;
103 }
104
105   public Result registUser(String username, String password,
int role,String email,String stuNum,String className) {
106 Result result=new Result();
107 User checkUser=userDao.findByName(username);
108 if(checkUser!=null){
109 result.setStatus(1);
110 result.setMsg("用户名已存在");
111 return result;
112 }
113 if(!"".equals(stuNum)){
114 User checkUser2=userDao.findByStuNum(stuNum);
115 if(checkUser2!=null){
116 result.setStatus(2);
117 result.setMsg("学号已存在");
118 return result;
119 }
120 }
121 if(!"".equals(email)){
122 User checkUser3=userDao.findByEmail(email);
123 if(checkUser3!=null){
124 result.setStatus(3);
125 result.setMsg("邮箱已存在");
126 return result;
127 }
128 }
129
130 //role    0：教师    1：学生
131 // 如果是老师，学号为空，班级号为0
132 User user=new User();
133 user.setUser_id(null);
134 user.setUser_name(username);
135 String md5_pwd=SyglUtil.md5(password);
136 user.setPassword(md5_pwd);
137 user.setRole(role);
138 user.setEmail(email);
139 user.setStuNum(stuNum);
140 int classId;
141 if("".equals(className)){
```

```
142 classId=0;
143 }else{
144 Stuclass stuclass=stuclassDao.findByName(className);
145 classId=stuclass.getClass_id();
146 }
147 user.setClass_id(classId);
148 userDao.save(user);
149 result.setStatus(0);
150 result.setMsg("注册成功");
151 return result;
152 }
153
154 public Result updateUser(int userId, String username, String password) {
155 Result result=new Result();
156 User user=new User();
157 user.setUser_id(userId);
158 user.setUser_name(username);
159 String md5_pwd=SyglUtil.md5(password);
160 user.setPassword(md5_pwd);
161 userDao.updateById(user);
162 result.setStatus(0);
163 result.setMsg("修改用户信息成功");
164 return result;
165 }
166
167 public Result registUserMobile(String username, String password, int role, String email) {
168 Result result=new Result();
169 User checkUser=userDao.findByName(username);
170 if(checkUser!=null){
171 result.setStatus(1);
172 result.setMsg("用户名已存在");
173 return result;
174 }
175 if(!"".equals(email)){
176 User checkUser3=userDao.findByEmail(email);
177 if(checkUser3!=null){
178 result.setStatus(3);
179 result.setMsg("邮箱已存在");
180 return result;
181 }
182 }
183 User user=new User();
184 user.setUser_id(null);
185 user.setUser_name(username);
186 String md5_pwd=SyglUtil.md5(password);
187 user.setPassword(md5_pwd);
188 user.setEmail(email);
189 user.setStuNum("");
190 user.setClass_id(0);
191 user.setRole(role);
192 userDao.save(user);
193 result.setStatus(0);
```

```java
194   result.setMsg("注册成功");
195   result.setData(user);
196   return result;
197 }
198
199 public Result resetPwd(String email) {
200   Result result=new Result();
201   User checkUser=userDao.findByEmail(email);
202   if(checkUser==null){
203     result.setStatus(1);
204     result.setMsg("没有此用户,请检查邮箱是否正确");
205     return result;
206   }
207   int userId=checkUser.getUser_id();
208   int newPwd=new Random().nextInt(999999);
209   System.out.println("newPwd"+newPwd);
210   String pwd=Integer.toString(newPwd);
211   String md5_pwd=SyglUtil.md5(pwd);
212   User user=new User();
213   user.setUser_id(userId);
214   user.setPassword(md5_pwd);
215   userDao.updatePwdById(user);
216   result.setStatus(0);
217   result.setMsg("重置密码成功");
218   result.setData(user);
219   MailUtil.sendEmail(pwd, email);
220   return result;
221 }
222
223 // 添加通过 userId 得到 user 对象
224 public Result getUser(int userId) {
225   Result result=new Result();
226   User user=userDao.findById(userId);
227   result.setData(user);
228   return result;
229 }
230
231 /* public Result loadStusByClassId(int classId) {
232   Result result=new Result();
233   if(0==classId){
234     result.setStatus(1);
235     result.setMsg("请提供正确的班级 Id");
236     return result;
237   }
238   List<User> users=userDao.findByClassId(classId);
239   result.setStatus(0);
240   result.setMsg("加载学生列表成功");
241   result.setData(users);
242   return result;
243 }*/
244
245 // 修改:调用教务管理系统的 /student/loadByStuClassId/{stuClassId}
246 public Result loadStusByClassId(int stuClassId) {
247   Result result=new Result();
```

```
248 if(0==stuClassId){
249 result.setStatus(1);
250 result.setMsg("请提供正确的班级 Id");
251 return result;
252 }
253
254 // 构建 Jersey 客户端
255 Client client=Client.create();
256 // 创建 WebResponse 对象
257 WebResource webResource=client.resource("http://localhost:8080/eduAdminSys/student/loadByStuClassId/"+stuClassId);
258 ClientResponse response =webResource.get(ClientResponse.class);
259 String str = response.getEntity(String.class);
260 JSONObject jsonObject= JSONObject.fromObject(str);
261 String data = jsonObject.getString("data");
262 // 将 string 转化为 json 对象
263 List<User> users=ResponseUtil.getStudents(data);
264
265
266 result.setStatus(0);
267 result.setMsg("加载学生列表成功");
268 result.setData(users);
269 return result;
270 }
271 public Result completeUser(int userId,String stuNum, int classId) {
272 Result result=new Result();
273 User checkUser=userDao.findById(userId);
274 int role=checkUser.getRole();
275 if(role==0){
276 result.setStatus(1);
277 result.setMsg("身份为教师，不需要完善学员基本信息");
278 return result;
279 }
280 User user=new User();
281 user.setUser_id(userId);
282 user.setStuNum(stuNum);
283 user.setClass_id(classId);
284 userDao.dynamicUpdate(user);
285 result.setStatus(0);
286 result.setMsg("完善学生基本信息成功");
287 return result;
288 }
289
290 public Result UpdatePwdById(int userId, String password, String newPassword) {
291 Result result=new Result();
292 User checkUser=userDao.findById(userId);
293 if(checkUser==null){
294 result.setStatus(1);
295 result.setMsg("不存在此用户");
296 return result;
297 }
298 String pwd=SyglUtil.md5(password);
299 String checkpwd=checkUser.getPassword();
```

```
300    if(!pwd.equals(checkpwd)){
301        result.setStatus(2);
302        result.setMsg("输入的原密码有误");
303        return result;
304    }
305    User user=new User();
306    user.setUser_id(userId);
307    user.setPassword(SyglUtil.md5(newPassword));
308    userDao.dynamicUpdate(user);
309    result.setStatus(0);
310    result.setMsg("更新密码成功");
311    return result;
312 }
313
314 public Result updateUserNameById(int userId, String userName) {
315    Result result=new Result();
316    User checkUser=userDao.findByName(userName);
317    if(checkUser!=null){
318        result.setStatus(1);
319        result.setMsg("此用户名已经被使用");
320        return result;
321    }
322    User user=new User();
323    user.setUser_id(userId);
324    user.setUser_name(userName);
325    userDao.dynamicUpdate(user);
326    result.setStatus(0);
327    result.setMsg("更新用户名成功");
328    return result;
329 }
330
331 public Result updateEmailById(int userId, String email) {
332    Result result=new Result();
333    User checkUser=userDao.findByEmail(email);
334    if(checkUser!=null){
335        result.setStatus(1);
336        result.setMsg("此邮箱已经被使用");
337        return result;
338    }
339    User user=new User();
340    user.setUser_id(userId);
341    user.setEmail(email);
342    userDao.dynamicUpdate(user);
343    result.setStatus(0);
344    result.setMsg("更新邮箱成功");
345    return result;
346 }
347 }
```

至此，实验管理系统登录模块新增的登录API就完成了。新登录API测试截图如图6-20所示。

图 6-20　新登录 API 测试

接下来，我们要新增加一个与后台用户登录模块做交互的前端页面 login1.html，作为新增加的登录 API 的登录页面。在登录页面上，除了常见的用户名、密码输入框和登录按钮，我们还会设计一个供教师、学生身份选择的下拉菜单。在 login1.js 代码中，会做出如下逻辑判断：

① 当 sign=0 时，为教师登录，跳转到 index.html 页面上，在 cookie 中存入 teacherId；

② 当 sign=1 时，为学生登录，跳转到 student.html 页面上，在 cookie 中存入 studentId。

login1.html 和 login1.js 的源文件路径分别是 WebContent 下的 Web-INF 和 assets-js-self，源代码分别如下：

【代码 6-33】　新增加的登录页面 login1.html 代码

```
 1 <!DOCTYPE html>
 2 <html lang="en">
 3 <head>
 4 <meta charset="utf-8" />
 5 <title>教学任务管理平台</title>
 6 <meta name="keywords" content=" 教学任务管理平台 " />
 7 <meta name="description" content=" 教学任务管理平台 " />
 8 <meta name="viewport" content="width=device-width, initial-scale=1.0" />
 9 <!-- basic styles -->
10 <link href="assets/css/bootstrap.min.css" rel="stylesheet" />
11 <link rel="stylesheet" href="assets/css/font-awesome.min.css" />
12
13 <!--[if IE 7]>
14 <link rel="stylesheet" href="assets/css/font-awesome-ie7.min.css" />
15 <![endif]-->
16
17 <!-- page specific plugin styles -->
18
19 <!-- fonts -->
20 <!-- ace styles -->
21
22 <link rel="stylesheet" href="assets/css/ace.min.css" />
23 <link rel="stylesheet" href="assets/css/ace-rtl.min.css" />
```

```
24 <link rel="stylesheet" href="assets/css/ace-skins.min.css" />
25
26 <!--[if lte IE 8]>
27 <link rel="stylesheet" href="assets/css/ace-ie.min.css" />
28 <![endif]-->
29
30 <!-- inline styles related to this page -->
31
32 <!-- ace settings handler -->
33
34 <script src="assets/js/ace-extra.min.js"></script>
35
36 <!-- HTML5 shim and Respond.js IE8 support of HTML5 elements and media queries -->
37
38 <!--[if lt IE 9]>
39 <script src="assets/js/html5shiv.js"></script>
40 <script src="assets/js/respond.min.js"></script>
41 <![endif]-->
42
43 <style type="text/css">
44   .login-layout{ background-image: url(assets/images/bgs/9.jpg); }
45   .login-layout .widget-box{background-color:transparent;}
46 </style>
47 </head>
48
49 <body class="login-layout">
50 <div class="main-container">
51 <div class="main-content">
52 <div class="row">
53 <div class="col-sm-10 col-sm-offset-1">
54 <div class="login-container">
55 <div class="center">
56 <h1>
57 <i class="icon-leaf green"></i>
58 <span class="white"><!-- 项目化学习协同平台 -->实验管理系统 </span>
59 </h1>
60 <h4 class="blue"></h4>
61 </div>
62
63 <div class="space-6"></div>
64
65 <div class="position-relative">
66 <div id="login-box" class="login-box visible widget-box no-border">
67 <div class="widget-body">
68 <div class="widget-main">
69 <h4 class="header blue lighter bigger">
70 <i class="icon-coffee green"></i>
71 用户登录
72 </h4>
73
74 <div class="space-6"></div>
```

```
75
76 <form>
77 <fieldset>
78 <label class="block clearfix">
79 <span class="block input-icon input-icon-right">
80 <input id="username" type="text" class="form-control" placeholder=" 用户名 " />
81 <i class="icon-user"></i>
82 </span>
83 </label>
84 <label class="block clearfix">
85 <span id="username_msg" class="block input-icon input-icon-right">
86
87 </span>
88 </label>
89 <label class="block clearfix">
90 <span class="block input-icon input-icon-right">
91 <input id="password" type="password" class="form-control" placeholder=" 密码 " />
92 <i class="icon-lock"></i>
93 </span>
94 </label>
95
96 <label class="block clearfix">
97 <select id="userRole" class="form-control" id="form-field-select-1">
98 <option value="">身份</option>
99 <option value="0">教师</option>
100 <option value="1">学生</option>
101 </select>
102 </label>
103 <label class="block clearfix">
104 <span id="password_msg" class="block input-icon input-icon-right">
105
106 </span>
107 </label>
108
109 <div class="space"></div>
110
111 <div class="clearfix">
112
113 <button id="login" type="button" class="width-100 pull-right btn btn-sm btn-primary">
114 <i class="icon-key"></i>
115 登录
116 </button>
117 </div>
118
119 <div class="space-4"></div>
120 </fieldset>
121 </form>
122
```

```
123     </div><!-- /widget-main -->
124
125   </div><!-- /widget-body -->
126   </div><!-- /login-box -->
127
128   </div><!-- /position-relative -->
129   </div>
130   </div><!-- /.col -->
131   </div><!-- /.row -->
132   </div>
133   </div><!-- /.main-container -->
134
135   <!-- basic scripts -->
136   <script type="text/javascript" src="assets/js/jquery-2.0.3.min.js"></script>
137   <script type="text/javascript" src="assets/js/self/basevalue.js"></script>
138
139   <!--[if !IE]> -->
140
141   <script type="text/javascript">
142   window.jQuery || document.write("<script src='assets/js/jquery-2.0.3.min.js'>"+"<"+"/script>");
143   </script>
144
145   <!-- <![endif]-->
146
147   <!--[if IE]>
148   <script type="text/javascript">
149            window.jQuery || document.write("<script src='assets/js/jquery-1.10.2.min.js' >"+"<"+"/script>");
150   </script>
151   <![endif]-->
152
153   <script type="text/javascript">
154   if("ontouchend" in document) document.write("<script src='assets/js/jquery.mobile.custom.min.js'>"+"<"+"/script>");
155   </script>
156
157   <!-- inline scripts related to this page -->
158
159   <script type="text/javascript">
160   function show_box(id) {
161     jQuery('.widget-box.visible').removeClass('visible');
162     jQuery('#'+id).addClass('visible');
163   }
164   </script>
165   <script src="assets/js/jquery-cookie.js"></script>
166
167   <!-- inline scripts related to this page -->
168   <script src="assets/js/underscore.js"></script>
169   <script src="assets/js/backbone.js"></script>
170   <script type="text/javascript" src="assets/js/self/basevalue.js"></script>
```

```
171
172 <script type="text/javascript" src="assets/js/self/common.js"></script><!-- 获取班级列表 -->
173 <script type="text/javascript" src="assets/js/self/login1.js"></script><!-- 新增login1.js-->
174
175 </body>
176 </html>
```

【代码6-34】 新增加的登录页面 login1.js 代码

```
1  $(document).ready(function(){
2
3  /* 登录 */
4  $("#login").click(function(){
5
6  $("#username_msg").html("");
7  $("#password_msg").html("");
8
9                   var username=$("#username").val().trim();
10 var password=$("#password").val().trim();
11 var role=$("#userRole option:selected").val();
12 // 表单是否通过检测
13 var ok=true;
14 if(username==""){
15 ok=false;
16 $("#username_msg").html(" 用户名为空 ");
17 }
18 if(password==""){
19 ok=false;
20 $("#password_msg").html(" 密码为空 ");
21 }
22 if(role==""){
23 ok=false;
24 $("#password_msg").html(" 请选择身份 ");
25 }
26
27 if(ok){
28 $.ajax({
29 url:"http://localhost:8080/sygl"+"/user/userlogin",
30 type:"post",
31 data:{"sign":role,"username":username,"password":password},
32 dataType:"json",
33 success:function(result){
34 if(result.status==0){
35 if(role==0){
36 window.location.href="index.html";
37 //JSON.parse(result.data)   将 result.data 转化为 JSON 对象
38
39 var teacherId=JSON.parse(result.data).teacher_id;
40 $.cookie('userId',teacherId,{
```

```
41 expires:7,// 设置保存期限
42 path:"/"
43 });
44 $.cookie('role',role,{
45 expires:7,// 设置保存期限
46 path:"/"
47 });
48 }else{
49 window.location.href="student.html";
50 var studentId=result.data.student_id;
51 $.cookie('serId',studentId,{
52 expires:7,// 设置保存期限
53 path:"/"
54 });
55 $.cookie('role',role,{
56 expires:7,// 设置保存期限
57 path:"/"
58 });
59 }
60
61 }else if(result.status==1){
62 $("#username_msg").html(result.msg);
63 }
64 },
65 error:function(){
66 alert(" 登录异常 ");
67 }
68 });
69 }
70
71 });
72
73 });
```

好了，现在实验管理系统用户登录模块的前后端改造都已经完成了，我们将 sygl 项目运行在 Tomcat 中，接着看一下页面的登录效果展示。首先，我们一起来看一看原来的登录页面，如图 6-21 所示。

图6-21　原来的登录页面

然后，我们在浏览器中输入：http://lochalhost:8080/sygl/login1.html，打开新增加的登

录页面，如图 6-22 所示。

图6-22　新增加的登录页面

我们首先查一下在教务管理系统的数据库中已经存在的教师信息，如图 6-23 所示。

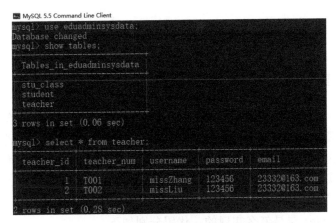

图6-23　查询教务管理系统中的教师信息

接下来，我们输入用户名 missZhang 和密码 123456，选好身份进行登录，如图 6-24 所示。

图6-24　在新登录页面中输入用户信息

单击"登录"按钮，页面成功地按照我们设定的逻辑跳转到 index.html 页面了，如图 6-25 所示。

图6-25 新登录页面输入教师信息跳转到index页面

6.2.3 实验管理系统课程分配模块整合改造

我们继续来看课程分配模块，一起来思考一下如何进行旧的实验管理系统课程分配模块的最小化整合改造。我们要给某个班级分配具体的实验课程，首先得从教务管理系统的数据库中拉取到全部的班级列表，然后在实验管理系统的数据库中提取实验课程列表，将某一门实验课程指定给某个班级。可以看出，这个模块进行改造整合的关键点在于如何从教务管理系统中拉取全部的班级列表。我们还是先来看一下原有的班级模块 Controller 层和 Service 层是怎么实现的，代码分别如下：

【代码6-35】 原有的班级模块 StuclassController.java 代码

```
1  package com.hs.sygl.controller;
2
3  import java.io.UnsupportedEncodingException;
4  import java.net.URLDecoder;
5
6  import javax.annotation.Resource;
7
8  import org.springframework.stereotype.Controller;
9  import org.springframework.web.bind.annotation.RequestMapping;
10 import org.springframework.web.bind.annotation.ResponseBody;
11
12 import com.hs.sygl.service.StuclassService;
13 import com.hs.sygl.util.Result;
14
15 @Controller
16 @RequestMapping("/class")
17 public class StuclassController {
18 @Resource
19 private StuclassService stuclassService;
```

```
20
21 @RequestMapping("/add")
22 @ResponseBody
23 public Result add(String className){
24 String declassName;
25 Result result =new Result();
26 try {
27 declassName = URLDecoder.decode(className, "UTF-8");
28 result=stuclassService.addClass(declassName);
29 } catch (UnsupportedEncodingException e) {
30 e.printStackTrace();
31 System.out.println("转码失败"+e);
32 }
33
34 return result;
35 }
36
37 @RequestMapping("/update")
38 @ResponseBody
39 public Result update(int classId,String className){
40      String deClassName= null;
41 Result result =new Result();
42 try {
43 deClassName = URLDecoder.decode(className, "UTF-8");
44 result=stuclassService.updateClass(classId, deClassName);
45 } catch (UnsupportedEncodingException e) {
46 e.printStackTrace();
47 }
48 return result;
49 }
50
51 @RequestMapping("/load")
52 @ResponseBody
53 public Result load(int classId){
54 Result result=stuclassService.loadClass(classId);
55 return result;
56 }
57 @RequestMapping("/loadAll")
58 @ResponseBody
59 public Result loadAll(){
60 Result result=stuclassService.loadAllClass();
61 return result;
62 }
63 @RequestMapping("/delete")
64 @ResponseBody
65 public Result delete(int classId){
66 Result result=stuclassService.deleteClass(classId);
67 return result;
68 }
69 }
```

【代码 6-36】 原有的班级模块 StuclassService.java 代码

```
1 package com.hs.sygl.service;
2
```

数据共享与数据整合技术

```
3  import com.hs.sygl.util.Result;
4
5  public interface StuclassService {
6      public Result addClass(String className);
7      public Result updateClass(int classId,String className);
8      public Result loadClass(int classId);
9      public Result loadAllClass();
10     public Result deleteClass(int classId);
11 }
```

【代码6-37】 原有的班级模块 StuclassServiceImpl.java 代码

```
1  package com.hs.sygl.service;
2
3  import java.util.List;
4
5  import javax.annotation.Resource;
6
7  import org.apache.log4j.Logger;
8  import org.springframework.stereotype.Service;
9  import org.springframework.transaction.annotation.Transactional;
10
11 import com.hs.sygl.dao.StuclassDao;
12 import com.hs.sygl.entity.Stuclass;
13 import com.hs.sygl.util.Result;
14
15 @Service
16 @Transactional
17 public class StuclassServiceImpl implements StuclassService {
18 @Resource
19 private StuclassDao stuclassDao;
20
21 protected final Logger logger = Logger.getLogger(getClass());
22
23 public Result addClass(String className) {
24 Result result=new Result();
25 Stuclass checkClass=stuclassDao.findByName(className);
26 if(checkClass!=null){
27 result.setStatus(1);
28 result.setMsg("班级名称已经存在");
29 return result;
30 }
31 Stuclass stuclass=new Stuclass();
32 stuclass.setClass_name(className);
33 stuclassDao.save(stuclass);
34 result.setStatus(0);
35 result.setMsg("新增班级成功");
36 result.setData(stuclass);
37 return result;
38 }
39
40 public Result updateClass(int classId, String className) {
41 Result result=new Result();
42 Stuclass stuclass=new Stuclass();
43 stuclass.setClass_id(classId);
```

```
44 stuclass.setClass_name(className);
45 stuclassDao.updateById(stuclass);
46 result.setStatus(0);
47 result.setMsg("更新班级名称成功");
48 return result;
49 }
50
51 public Result loadClass(int classId) {
52 Result result=new Result();
53 Stuclass stuclass=stuclassDao.findById(classId);
54 result.setStatus(0);
55 result.setMsg("加载班级信息成功");
56 result.setData(stuclass);
57 return result;
58 }
59
60 public Result loadAllClass() {
61 Result result=new Result();
62 List<Stuclass> stuclasses=stuclassDao.findAll();
63 result.setStatus(0);
64 result.setMsg("加载班级列表成功");
65 result.setData(stuclasses);
66 return result;
67 }
68
69 @Override
70 public Result deleteClass(int classId) {
71 Result result=new Result();
72 stuclassDao.deleteById(classId);
73 result.setStatus(0);
74 result.setMsg("删除班级成功");
75 return result;
76 }
77
78 }
```

可以看出，原有的加载全部班级列表 API 为 /class/loadAll，通过调用 Service 层的 loadAllClass 方法来实现业务逻辑，无参数传递。所以，这里我们可以直接利旧使用原有的 StuclassController 和 StuclassService 源代码，仅仅只需要重写 StuclassServiceImpl 中的 loadAllClass 方法就可以了。

表 6-7 是改造后的加载全部班级列表 API 的规划。

表6-7 实验管理系统加载全部班级列表的改造API规划

功能	前端传参	API设计	调用教务管理系统的API	原有Service层变动
加载全部班级列表	无	/class/loadAll	/stuClass/loadAll	重新写loadAllClass()

接下来，我们按照表 6-7 中的规划，完成改造后的加载全部班级列表 API。首先，我们将【代码6-37】原有的班级模块 StuclassServiceImpl.java 代码中原有的 loadAllClass 那段代码注释掉，然后在已注释掉的 loadAllClass 代码下面增加一个 loadAllClass 方法，完

成具体的业务逻辑，代码如下：

【代码 6-38】 重写 StuclassServiceImpl 中的 loadAllClass 方法

```
1  public Result loadAllClass() {
2  Result result=new Result();
3
4  // 构建 jersey 客户端
5  Client client=Client.create();
6  // 创建 WebResponse 对象
7  WebResource webResource=client.resource("http://192.168.1.239:9080/eduAdminSys/stuClass/loadAll");
8  ClientResponse response =webResource.get(ClientResponse.class);
9  String str = response.getEntity(String.class);
10 JSONObject jsonObject= JSONObject.fromObject(str);
11 String data = jsonObject.getString("data");
12
13 List<Stuclass> stuclasses=ResponseUtil.getStuClasses(data);
14
15 result.setStatus(0);
16 result.setMsg("加载班级列表成功");
17     result.setData(stuclasses);
18 return result;
19 }
```

我们依然是通过 Jersey 客户端 API 调用企业服务总线里面已经注册好的 REST 风格的 Web 服务，这里 http://192.168.1.239:9080/eduAdminSys/stuClass/loadAll 是项目 5 的 5.2.3 小节中 iESB 上已注册好的提供出来的服务 URL，在前面的小节中已多次使用过类似的方法，这里就不再赘述了。需要注意的是，为了达到最小化改造的目的，我们不希望重新对前端代码做太大的改动，由于前端的数据接收方式是采用数组的格式，因此这里我们写了一个 ResponseUtil 小工具用来从 data 中提取数据并转换数据格式。ResponseUtil.java 位于 com.hs.sygl.util 包下，代码如下：

【代码 6-39】 ResponseUtil.java 代码

```
1  package com.hs.sygl.util;
2
3  import java.util.ArrayList;
4  import java.util.List;
5
6  import org.codehaus.jettison.json.JSONArray;
7  import org.codehaus.jettison.json.JSONException;
8
9  import com.hs.sygl.entity.Stuclass;
10 import com.hs.sygl.entity.User;
11
12 import net.sf.json.JSONObject;
13
14 /**
15  * 响应解析
16  * @author ZhangRuiYuan
17  * @date 2017 年 11 月 7 日
18  */
19 public class ResponseUtil {
```

```
20 //解析
21 public static List<Stuclass> getStuClasses(String response){
22
23 List<Stuclass> list=new ArrayList<Stuclass>();
24
25 try {
26 JSONArray jsonArray=new JSONArray(response);
27 for(int i=0;i<jsonArray.length();i++){
28 org.codehaus.jettison.json.JSONObject object =jsonArray.getJSONObject(i);
29     if(object.getString("class_id")!=null){
30                 Stuclass  stuclass = new Stuclass();
31                     int class_id = Integer.parseInt( object.getString("class_id"));
32                     stuclass.setClass_id(class_id);
33                         stuclass.setClass_name(object.getString("class_name"));
34   list.add(stuclass);
35 }
36 }
37 } catch (JSONException e) {
38 e.printStackTrace();
39 }
40 return list;
41 }
42
43         public static List<User> getStudents(String response){
44
45 List<User> list=new ArrayList<User>();
46
47 try {
48 JSONArray jsonArray=new JSONArray(response);
49 for(int i=0;i<jsonArray.length();i++){
50 org.codehaus.jettison.json.JSONObject object =jsonArray.getJSONObject(i);
51    if(object.getString("class_id")!=null){
52  User  user = new User();
53                     int student_id = Integer.parseInt(object.getString("student_id"));
54                     int class_id = Integer.parseInt(object.getString("class_id"));
55                     user.setUser_id(student_id);
56                     user.setClass_id(class_id);
57                     user.setUser_name(object.getString ("student_name"));
58                     user.setPassword(object.getString ("password"));
59                     user.setRole(1);
60                     user.setEmail(object.getString("email"));
61                     user.setStuNum(object.getString("student_num"));
62
63   list.add(user);
64 }
65 }
```

```
66 } catch (JSONException e) {
67 e.printStackTrace();
68 }
69 return list;
70 }
71 }
```

我们在浏览器中输入http://192.168.1.239:9080/eduAdminSys/stuClass/loadAll，可以看到从iESB平台提供的loadAllstuClass服务传递过来的data是标准的JSONArray格式，其特征如下：

```
[{ "class_id": 1, "class_name": "2014级移动互联01班","creator_id": 1, "create_time": 1513387516000}, { ... }, { ... }]
```

后台接收到的原始数据格式如图6-26所示。

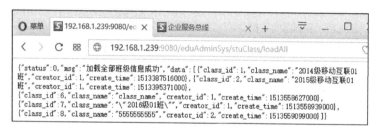

图6-26　后台接收到的原始数据格式

经过ResponseUtil工具转换后提供给前端的数据格式是多维数组，其特征如下：

```
[Stuclass [class_id=1, class_name=2014级移动互联01班], Stuclass[... ], Stuclass[... ]]
```

ResponseUtil工具转换后提供给前端的数据格式如图6-27所示。

```
[
  Stuclass[
    class_id=1,
    class_name=2014级移动互联01班
  ],
  Stuclass[
    class_id=2,
    class_name=2015级移动互联01班
  ],
  Stuclass[
    class_id=6,
    class_name=class_name
  ],
  Stuclass[
    class_id=7,
    class_name= 2016级移动互联01班
  ],
  Stuclass[
    class_id=8,
    class_name=5555555555
  ]
]
```

图6-27　ResponseUtil工具转换后提供给前端的数据格式

改造完成后的班级模块StuclassServiceImpl.java代码如下：

项目6 基于SOA的多系统整合开发与应用

【代码6-40】 改造后的班级模块 StuclassServiceImpl.java 代码

```java
1  package com.hs.sygl.service;
2
3  import java.util.List;
4
5  import javax.annotation.Resource;
6
7  import org.apache.log4j.Logger;
8  import org.springframework.stereotype.Service;
9  import org.springframework.transaction.annotation.Transactional;
10
11 import com.hs.sygl.dao.StuclassDao;
12 import com.hs.sygl.entity.Stuclass;
13 import com.hs.sygl.util.ResponseUtil;
14 import com.hs.sygl.util.Result;
15 import com.sun.jersey.api.client.Client;
16 import com.sun.jersey.api.client.ClientResponse;
17 import com.sun.jersey.api.client.WebResource;
18
19 import net.sf.json.JSONArray;
20 import net.sf.json.JSONObject;
21
22 @Service
23 @Transactional
24 public class StuclassServiceImpl implements StuclassService {
25 @Resource
26 private StuclassDao stuclassDao;
27
28 protected final Logger logger = Logger.getLogger(getClass());
29
30 public Result addClass(String className) {
31 Result result=new Result();
32 Stuclass checkClass=stuclassDao.findByName(className);
33 if(checkClass!=null){
34 result.setStatus(1);
35 result.setMsg(" 班级名称已经存在 ");
36 return result;
37 }
38 Stuclass stuclass=new Stuclass();
39 stuclass.setClass_name(className);
40 stuclassDao.save(stuclass);
41 result.setStatus(0);
42 result.setMsg(" 新增班级成功 ");
43 result.setData(stuclass);
44 return result;
45 }
46
47 public Result updateClass(int classId, String className) {
48 Result result=new Result();
49 Stuclass stuclass=new Stuclass();
50 stuclass.setClass_id(classId);
51 stuclass.setClass_name(className);
52 stuclassDao.updateById(stuclass);
```

```
53 result.setStatus(0);
54 result.setMsg("更新班级名称成功");
55 return result;
56 }
57
58 public Result loadClass(int classId) {
59 Result result=new Result();
60 Stuclass stuclass=stuclassDao.findById(classId);
61 result.setStatus(0);
62 result.setMsg("加载班级信息成功");
63 result.setData(stuclass);
64 return result;
65 }
66
67 /* public Result loadAllClass() {
68 Result result=new Result();
69 List<Stuclass> stuclasses=stuclassDao.findAll();
70 result.setStatus(0);
71 result.setMsg("加载班级列表成功");
72 result.setData(stuclasses);
73 return result;
74 }*/
75 //
76 public Result loadAllClass() {
77 Result result=new Result();
78
79 // 构建Jersey客户端
80 Client client=Client.create();
81 // 创建 WebResponse 对象
82 WebResource webResource=client.resource("http://192.168.1.239:9080/eduAdminSys/stuClass/loadAll");
83 ClientResponse response =webResource.get(ClientResponse.class);
84 String str = response.getEntity(String.class);
85 JSONObject jsonObject= JSONObject.fromObject(str);
86 String data = jsonObject.getString("data");
87
88 List<Stuclass> stuclasses=ResponseUtil.getStuClasses(data);
89
90 result.setStatus(0);
91 result.setMsg("加载班级列表成功");
92     result.setData(stuclasses);
93 return result;
94 }
95
96 @Override
97 public Result deleteClass(int classId) {
98 Result result=new Result();
99 stuclassDao.deleteById(classId);
100 result.setStatus(0);
101 result.setMsg("删除班级成功");
102 return result;
103 }
```

```
104
105 }
```

好了,现在实验管理系统加载全部班级信息模块的后端改造就已经完成了,前端部分利旧就行,不用进行太多改造。我们将 sygl 项目运行在 Tomcat 中,看看效果吧。

按照 6.2.2 小节中的登录步骤,在浏览器中输入:http://lochalhost:8080/sygl/login1.html,打开登录页面,输入张老师的用户名和密码,点击"登录"按钮,会跳转到 index.html 页面。在 index 页面点击左侧边栏的"班级管理"菜单,就会显示出教务管理系统数据库中已存在的所有班级信息,如图 6-28 所示。

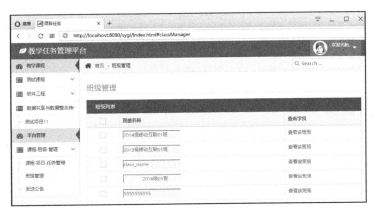

图6-28 班级管理页面

【做一做】

请自行完成将某一门实验课程指定给某个班级的设计与实现。

6.2.4 任务回顾

知识点总结

1. 软件领域的"旧城改造":数据共享、保护既有投资、松散耦合。
2. 分层与分模块最小化改造:重点改造 Service 层;前端和 Controller 层尽量少变动;Dao 层、Entity 层、SQL 映射等其他各层尽量不变动。
3. 方法重载:方法名相同,参数不同,通过参数来决定具体使用哪种方法。
4. 前端需求数据格式的转换:利用 ResponseUtil 小工具将 JSONArray 转换为多维数组。

学习足迹

项目 6 任务二的学习足迹如图 6-29 所示。

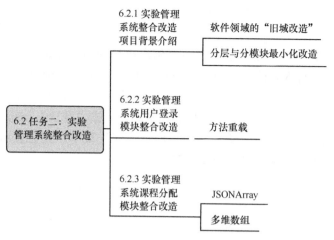

图6-29　项目6任务二的学习足迹

思考与练习

1. ＿＿＿＿＿＿就是在类中可以创建多个方法，它们可以有相同的名字，但必须具有不同的参数，或者是参数的个数不同，或者是参数的类型不同。调用方法时通过传递给它们的不同个数和类型的参数来决定具体使用哪种方法。

2. MultivaluedMap 只能接受＿＿＿＿＿＿数据类型。

3. 请举例说明 JSONArray 的格式特征。

6.3　项目总结

在本项目中，我们通过饭卡计费管理系统整合开发和实验管理系统"旧城改造"这两个任务，了解了 iESB 暴露出来的服务在多系统的整合中是如何被调用的，在不同的系统之间是如何通过 iESB 进行数据共享的，从而加深了对数据共享与数据整合技术在实际应用中的理解。

通过本项目的学习，我们提高了基于 SOA 的多系统整合开发与应用的综合能力。

项目 6 技能图谱如图 6-30 所示。

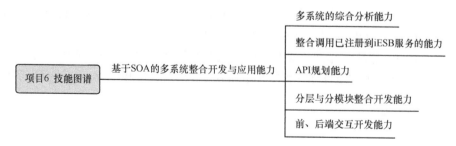

图6-30　项目6技能图谱

6.4 拓展训练

自主开发:页面右上角显示正确的欢迎信息。

◆ **调研要求**

对于选题,细心的同学应该已经注意到,我们登录以后,页面右上角的欢迎信息显示功能是不正常的,没有正确地显示出登录者的信息,请分析并完成该功能。

需包含以下关键点:

① 代码整洁、逻辑清晰;

② 正确地显示出登录者的信息。

◆ **格式要求**:统一使用 Eclipse 进行编程。

◆ **考核方式**:采取代码提交和课内发言两种形式,时间要求 3 ~ 5 分钟。

◆ **评估标准**:见表 6-8。

表6-8 拓展训练评估表

项目名称: 页面右上角显示正确的欢迎信息	项目承接人: 姓名:	日期:
项目要求	**评分标准**	**得分情况**
总体要求(100分) ① 代码整洁、逻辑清晰; ② 现场演示,能正确地显示出登录者的信息; ③ 讲解清楚自己的设计和实现思路	基本要求须包含以下三个内容(50分) ① 逻辑清晰,表达清楚(20分); ② 文档格式规范(10分); ③ 汇报展示言行举止大方得体,说话有感染力(20分)	
评价人	**评价说明**	**备注**
个人		
老师		